營運管理（第三版）

主編 李震、王波 副主編 李傑

崧燁文化

序言

自從人類有了生產活動，就開始了生產管理的實踐。18世紀70年代西方產業革命之後，工廠制度代替了手工作坊，機器代替了人力，管理實踐與理論研究開始系統地、大規模地展開。「一個國家的人民要生活得好，就必須生產得好。」這是美國麻省理工學院的著名學者們經過兩年努力，對美國及西歐和東亞一些國家的八個工業製造部門進行深入調查、研究後完成的集體之作《美國製造業的衰退及對策——奪回生產優勢》一書中的第一句話。由此可見，製造業在一個國家中佔有何等重要的地位。隨著服務業的興起，「生產」的概念進一步擴展，逐步容納了非製造的服務業領域，即不僅包括了有形產品的製造，而且包括了無形服務的提供。服務業在國民生產總值中所占的比重越來越大，其重要性日益被人們認識，成為現代社會不可分離的有機組成部分。過去，把與工廠聯繫在一起的有形產品的生產稱為「生產」(Production)，而將提供服務的活動稱為「營運」(Operation)。現在的趨勢是將兩者合稱為「營運」，生產管理也就自然而然地演化為「營運管理」。

營運管理作為企業管理的基本職能之一，是企業管理學一個不可分割的重要組成部分，管理專業類學生、企業的中高層管理人員都有必要掌握現代企業營運管理的基本理論和方法。

(1) 隨著未來社會共同勞動的規模日益擴大，勞動分工協作更加精細，社會化大生產日趨複雜，只有科學的管理，才能使新技術、新能源、新材料充分發揮其作用，比起過去和現在，未來的管理在未來的社會中將處於更加重要的地位。

(2) 通過學習營運管理，我們才能知道企業是怎樣組織營運活動的，產品與服務是如何生產出來的。如何對營運活動過程進行有效的計劃、組織與控制，是企業管理的首要環節。

(3) 營運活動是一切企業組織中耗費最大的部分之一，搞好營運管理，是企業降低經營成本，提高經濟效益的主要手段。因此，當一個企業想提高效益時，營運活動自然成為關注的焦點。

（4）營運管理是一門綜合性很強的管理科學，內容十分豐富，融入了現代最先進的管理理論、技術和方法。瞭解並掌握這些理論、技術和方法，對於任何管理者而言都是必需的，對提高管理水準大有裨益。

筆者在從事營運管理課程教學的實踐過程中，發現一些學生對該課程缺乏應有的熱情，通過與學生的溝通，發現其中一個重要的原因就是所用教材不能與學生的特點及學校的定位很好地結合，無法直接有效地滿足獨立學院應用型人才定位本身的實際教學需要。對於獨立學院來說，不可能完全沿用或克隆已有的固化的教學體系。

因此，以獨立學院營運管理課程的教學實踐為基礎，考慮獨立學院學生的實際情況，從培養應用型人才而非研究型人才的實際需要出發，我們決定在第二版的基礎上修訂本教材。

本教材力求體現內容面寬、取材新、注重實際運用的原則，教材的編寫基於如下的指導思想：

（1）圍繞獨立學院人才培養目標、教學需要等問題，本教材編寫的指導思想和總體思路為：通過體例創新，激發學生的學習興趣；通過結構創新，精簡教材的篇幅；通過內容創新，體現應用性；教材將貫徹思想性、時代性、應用性的原則，盡可能地採用現代的案例以貼近實際，指導教學。

（2）本教材編寫者力求把教材的內容與實際的教學活動緊密地結合起來，使得教材真正在課程的教學當中起到積極的作用。為此，教材的編寫者全部來自本課程教學第一線的教師，以保證所有的內容都能夠切合教學的實際需要，能夠做好前後鋪墊，章節之間的相互呼應，教材的整體把握，以方便教師對於該門課程教學的理解。

（3）力求通俗易懂，並貫穿企業的製造活動和服務活動已日趨融為一體的思想。

（4）介紹一些應用面更寬廣的、跨職能部門應用的營運管理工具和理念，闡述技術在營運管理中的角色及其對其他營運管理工具和方法的影響，在企業內部的營運管理部門與其他職能部門之間建立起協同工作。

最後，儘管在編寫過程中力求精益求精，但本書仍然存在不盡如人意之處，企盼各位學者、專家和讀者給予批評指正。希望該書能為讀者帶來幫助。

《營運管理》編寫　李震　王波

目錄

第一章 營運管理概論 / 1

　　第一節　營運管理的含義及作用 / 2

　　第二節　營運管理的歷史 / 6

　　第三節　現代營運管理的特徵及其主要發展趨勢 / 12

第二章 生產過程與生產類型 / 18

　　第一節　生產與生產過程 / 19

　　第二節　生產過程的空間組織 / 24

　　第三節　生產過程的時間組織 / 28

　　第四節　生產營運的類型 / 30

第三章 營運戰略 / 39

　　第一節　現代企業的經營環境 / 40

　　第二節　營運戰略概述 / 42

　　第三節　營運戰略的決策過程 / 47

　　第四節　營運戰略的內容 / 48

第四章 產品和服務的開發設計與工藝管理 / 61

　　第一節　產品和服務開發、設計概述 / 62

　　第二節　製造業產品的開發設計與工藝管理 / 67

　　第三節　服務業的產品設計與工藝管理 / 82

第五章 設施的選址和布置 / 91

第一節 生產和服務設施選址 / 92
第二節 生產和服務設施布置 / 104

第六章 生產能力規劃與設計 / 127

第一節 生產能力 / 128
第二節 生產能力規劃的步驟 / 137
第三節 生產能力的決策方法 / 142
第四節 學習效應與學習曲線 / 147

第七章 獨立需求庫存管理 / 154

第一節 庫存管理的基本概念 / 155
第二節 獨立需求庫存管理的控制系統 / 156
第三節 多週期庫存模型 / 159
第四節 單週期庫存模型 / 162
第五節 ABC分析在庫存管理中的應用 / 164

第八章 營運計劃體系 / 173

第一節 營運計劃體系概述 / 174
第二節 綜合計劃概述 / 177
第三節 綜合計劃策略 / 182
第四節 主生產計劃 / 194
第五節 物料需求計劃 / 203

第九章 作業排序與控制 / 210

第一節 作業排序概述 / 212
第二節 製造業中的作業排序 / 216
第三節 服務業的作業排序問題 / 224

第十章　供應鏈管理 / 231

　　第一節　供應鏈管理的基本概念 / 232
　　第二節　供應鏈設計 / 235
　　第三節　採購管理與全球供應鏈 / 244
　　第四節　供應鏈中的「牛鞭效應」/ 249
　　第五節　供應鏈管理的實施 / 254

第十一章　項目管理 / 262

　　第一節　項目管理概述 / 264
　　第二節　項目計劃管理 / 273
　　第三節　網絡計劃技術 / 279

第十二章　全面質量管理 / 295

　　第一節　質量管理與全面質量管理 / 296
　　第二節　質量管理方法 / 307
　　第三節　ISO 9000 系列標準 / 313
　　第四節　質量成本管理 / 317

第十三章　先進生產方式與管理模式 / 325

　　第一節　準時生產與大規模定制 / 326
　　第二節　約束理論 / 330
　　第三節　精益生產 / 331
　　第四節　敏捷製造 / 333
　　第五節　全球化生產營運管理模式展望 / 334

第一章　營運管理概論

本章關鍵詞

生產（Production）
生產管理（Production Management）
營運管理（Operations Management）
生產率（Productivity）
競爭力（Competitiveness）
供應鏈管理（Supply Chain Management，SCM）

【開篇案例】　通過改善營運管理而增值

有效的營運管理通過提高企業的競爭力和長期獲利能力來增加企業價值。下面是企業一些重要的營運決策實例：Intel公司需要新建一個耗資數十億美元的製造工廠來生產下一代電腦芯片，應該建在什麼地方呢？American Airlines（美國航空公司）需要對其資源進行分配以滿足旅客下月空中旅行的需求，針對不同的航班路線如何安排飛機，針對不同的飛機如何安排飛行員，針對不同的飛行如何安排服務員呢？Hewlett–Packard（惠普電腦公司）需要對一條已經全負荷運轉的生產打印機墨盒的生產線提高產量，按收益最大化原則應如何重新設計這條生產線呢？芝加哥911緊急電話中心的經理打算通過提高預測的準確性來合理地分配電話接聽人數，從而減少打電話者的等待時間，應採取什麼方法來預測每個工作時段電話接聽率呢？

上述例子只是營運管理所遇到的問題的冰山一角，無效的營運決策會使公司增加營運成本從而失去競爭優勢；相反，有效的營運決策能增加利潤和促進增長從而提升公司價值。做出有效營運決策的關鍵就是理解營運管理的基本概念，熟練運用一些決策工具和掌握解決問題的方法。

資料來源：Norman Gaither and Greg Frazier. Operations Management [M]. Ed. 9th. South–Western Thomson Learning, USA, 2002.

討論題

1. 什麼是營運管理？
2. 為什麼有效的營運管理能夠提高企業競爭力？

第一節　營運管理的含義及作用

　　生產是人類社會獲得一切財富的源泉。不從事生產活動，人類就無法生存，社會也無法發展。所以，自從企業這個組織形態出現以來，生產職能一直就是企業經營安身立命之本。隨著時代的進化，人類社會生產活動的內容、方式不斷發生變化，生產活動的領域也不斷擴大。

　　近一二十年來，國內外生產管理學界對於生產的理解逐漸深化：生產不僅是對有形產品的製造，同時也包含對無形產品——服務的提供；它是指將生產要素投入轉換為有形產品和無形服務的產出，通過創造效用而增加附加價值的過程。最近，學術界對產品概念的最新定義又突破了有形產品與無形產品的界限，認為還應包括觀念、思想等指導下的社會行為。

　　正是由於上述原因，生產管理這門課程的名稱也從生產管理（Production Management）演變到生產與營運管理（Production and Operations Management），或統稱為營運管理（Operations Management）。營運管理就是對營運過程的計劃、組織、實施和控制，是與產品生產和服務創造密切相關的各項管理工作的總稱。營運管理這門課程闡述的基本概念、方法和技術，不僅適用於製造業，也適用於服務業。鑒於上述理由，本書將不嚴格區分「生產」與「營運」的概念。

　　進入20世紀90年代以來，由於科學技術的不斷進步和經濟的不斷發展，全球化信息網絡和全球化市場經濟的形成，企業面臨著縮短交貨期、提高產品質量、降低產品成本和改進服務以及對不斷變化的市場做出快速反應等方面的壓力，這一現象使企業界越來越認識到營運管理對於企業獲取競爭優勢的重大作用。歸納起來，營運管理有以下作用：

一、生產與營運管理是一切企業（製造業、服務業）的三個主要職能之一

　　企業的三個主要職能分別是行銷、財務和營運。每個企業都在生產著某些產品或提供著某些服務，企業的產品或服務可能相似或完全不同，但是，企業

的基本職能或營運方式卻有很多相似之處。

企業的三個基本職能分別完成不同但又互相聯繫的活動，它們的相互依賴關係如圖1.1所示。企業的財務、營運、行銷這三項基本活動是一個反覆循環的過程：首先，企業建立初期，需要先累積資本以獲取生產所需的各項投入；其次，通過生產與營運將投入轉換成產品或服務；最後，經過行銷活動將產品或服務又轉化成資金，而此資金又投入生產系統以獲取生產與營運所需的更多的投入。如此反覆循環使企業持續生存、發展。這種循環關係如圖1.2所示。

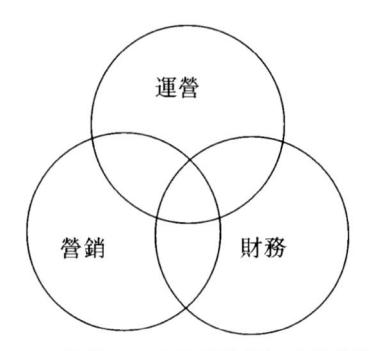

圖1.1 企業三個主要職能的相互依賴關係

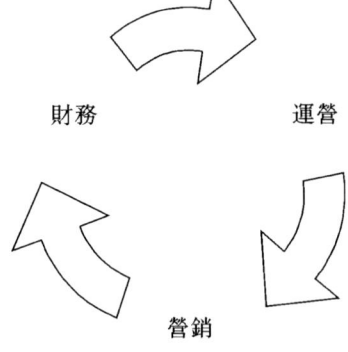

圖1.2 企業基本活動的循環

企業基本活動的循環表示生產/營運和其他活動間的關係是密切相關和相互影響的。它們必須相互配合才能完成企業的目標，因為每一個職能部門的成功不僅依賴於本部門的職能成功發揮，而且依賴於這些職能的相互協調程度。例如，若營運部門不與行銷相互配合，則行銷部門推銷的可能是那些低質量、高成本的產品；或者，營運部門可能生產那些沒有市場需求的產品或服務。

因此，企業要有效地參與市場的競爭，離不開這三項基本職能；而作為企

業的管理人員，正確理解企業的主要職能是必不可少的。

二、企業的生產與營運方面的花費在銷售收入中所占比例最高

在大多數行業的企業銷售收入中，花費最大的部門往往在生產與營運部分，見表1.1。因此，企業要降低成本，提高盈利能力，生產與營運管理自然成為關注的焦點。而實際上，搞好生產與營運管理是製造業與服務業提高利潤的最佳途徑之一。

表1.1　　　　　　各行業中生產營運成本所占的比重

		食品加工業	醫藥製造業	電子及通信設備製造業	普通機械製造業	紡織業
生產運作	產品材料直接勞動成本	84%	59%	84%	80%	85%
	附加費用監督及供應	5%	5%	3%	2%	2%
	合計	89%	64%	87%	82%	87%
銷售、財務與管理費用		6%	22%	7%	10%	6%
利息、非經營項目稅收及利潤		5%	14%	6%	8%	7%

資料來源：根據國家統計局《中國經濟景氣月報》（2003）中的2002年1～11月份工業企業主要行業經濟效益指標數據整理所得（所有標準類已被合併，故所有數字均為近似值）。

三、營運管理是提高生產率的主要途徑

生產是製造產品與提供服務的過程，營運管理是對這一過程進行管理。生產率表示產出（產品或服務的產出）與生產過程中的投入（勞動、材料、能源及其他資源）之比：

$$生產率 = \frac{產出}{投入}$$

生產率的計算適用於一項工作、一個企業乃至整個國家。

通過測算生產率，可對一個企業、一個行業或一個國家的整體生產率做出評價。

從本質上講，生產率反應出資源的有效利用程度，企業管理者關心生產率是因為它直接影響到企業的競爭力；政府關心生產率是因為生產率與一個國家人民的生活水準緊密相關。

要提高生產率，意味著在投入和產出之間形成有利的對比。由於投入要經

過生產過程才能轉化為產出，如圖1.3所示，因此，提高生產率就意味著改善生產過程。而改善生產過程，正是營運管理的任務。

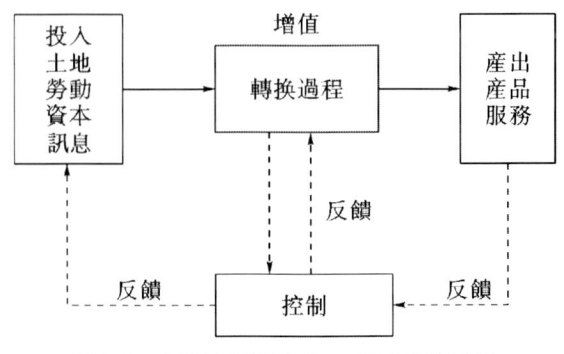

圖1.3　企業的經營過程——投入產出過程

四、營運管理的水準是影響企業競爭力的主要方面

在20世紀七八十年代，許多美國本土企業發現自己的市場份額逐年下降，原因是其產品設計、成本和質量方面無法與國外公司抗衡。提高企業競爭力的影響因素很多，但多數專家同意這樣的觀點，即通過世界級的營運管理向顧客提供有競爭力的產品是主要影響因素之一。

企業之間的競爭主要體現在產品性能、質量、成本、交貨期和服務方面，而這些方面的工作主要通過生產營運管理來實現。

對於一個生產與營運系統缺乏競爭力的企業，管理者往往將注意力更多地集中在生產以外的競爭手段方面。這樣的生產系統經常出現各種突發事件或問題，生產系統的管理層如同消防隊，產品達不到所要求的功能指標，產品生產處於僅能保證最低要求的水準；而對於世界級製造系統，企業競爭戰略的制定很大程度上依賴於生產系統，生產系統的優異性能使其成為企業競爭的關鍵資源，在部門發展中起到巨大的作用。

五、提供誘人的事業發展機會

在美國的所有工作中，40%是用於生產與營運領域的。在這一領域，受過營運管理系統訓練的學員可以從事製造業與服務業的供應鏈、質量、庫存等管理工作，還可以從事諮詢業、IT行業中與營運管理有關的工作。隨著市場與經濟環境的變化，營運管理出現了許多新理論、新方法，使得供應鏈管理、物流管理等領域出現了人才供不應求的局面。因此，在營運管理這一領域，個人

將會有很大的事業發展空間。

六、營運管理的概念和方法也被廣泛用於企業其他職能領域

任何一個職能部門，都需要做計劃，都需要控制工作質量、提高工作效率，這些方法均可以在營運管理中獲得。

第二節　營運管理的歷史

在人類產生與進化過程中，生產勞動一直發揮著極其重要的作用，對生產勞動的管理活動也得到了極大發展。世界各國在農業文明階段，完成了許多宏偉的工程，如中國的萬里長城、埃及的金字塔等，都是古代生產管理與項目管理的杰作。從英國工業革命至今，生產營運管理大體經歷了製造管理階段、生產管理階段和營運管理階段。

一、製造管理階段

18世紀後半葉，開始於英國的產業革命使機器生產代替手工勞動，機械力取代了人力，手工作坊制度轉變成工廠制度。一系列問題也隨之而來，工廠企業的營運過程更加精密複雜。為了實現大批量的生產，工廠主必須準確預測市場需求，並為此採購足夠的原材料。而且，在整個生產工藝流程中，每個工人只能從事某項操作，而機器生產要求工人嚴格遵守勞動紀律和操作規程。大機器生產和以往手工工場鬆散隨意的營運方式迥然不同。在這種情境下，怎樣才能實現合理分工而又緊密協作？使產量增長而成本耗費下降？於是，相應要求對每個人的工作進行有效的組織、指揮和協調，優化勞動者和生產資料的組合。

由於這一時期產業的發展以製造業為龍頭，生產營運活動主要被稱為「製造」，所以我們稱之為「製造管理階段」。這一階段的代表國家是剛剛發生工業革命的英國，主要代表人物有亞當・斯密、查爾斯・巴貝奇、小瓦特等。

（一）亞當・斯密的勞動分工

亞當・斯密在1776年發表的《國富論》中，不僅對古典經濟學說做出了貢獻，而且在微觀管理研究中提出了「勞動分工理論」。斯密第一次分析了勞動分工對組織和社會所能產生的巨大的經濟利益。他以生產別針為例，10個工人各自獨立完成所有別針工序，則他們每天最多做100根別針；若每人從事

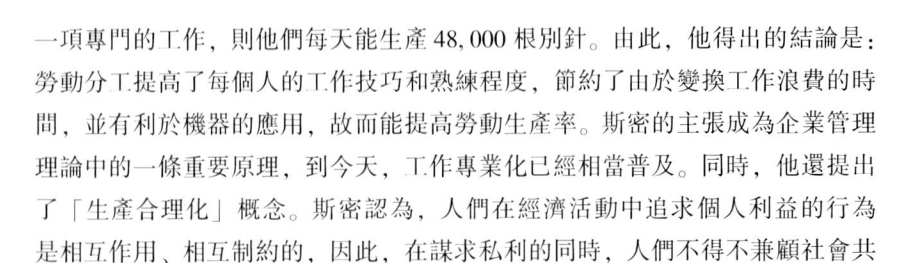

一項專門的工作，則他們每天能生產48,000根別針。由此，他得出的結論是：勞動分工提高了每個人的工作技巧和熟練程度，節約了由於變換工作浪費的時間，並有利於機器的應用，故而能提高勞動生產率。斯密的主張成為企業管理理論中的一條重要原理，到今天，工作專業化已經相當普及。同時，他還提出了「生產合理化」概念。斯密認為，人們在經濟活動中追求個人利益的行為是相互作用、相互制約的，因此，在謀求私利的同時，人們不得不兼顧社會共同利益。這種所謂「經濟人」的觀點成為了西方管理的理論基礎。

(二) 查爾斯·巴貝奇的機器與製造業的經濟學

繼亞當·斯密之後，英國劍橋大學數學教授查爾斯·巴貝奇又進一步發展了關於勞動分工的管理思想。他曾用幾年時間到英、法等國的工廠瞭解和研究管理問題。1832年，他出版了《論機器和製造業的經濟學》一書，著重論述了專業分工與機器、工具使用的關係。他認為，應按照工人的技況水準進行分工，而專業分工之所以能提高生產率，是因為可以縮短工人學會操作的時間，節約變換工序和更換工具所耗費的時間，促使工人技術熟練，促進專用工具和設備的發展等。他根據對製造程序和工作時間的研究成果，提出了以專業技能作為工資與獎金基礎的原理，即以「邊際熟練」原則（即對技藝水準、勞動強度定出界限）作為付酬的依據，是先於泰勒倡導科學管理的先行者。

(三) 小瓦特的科學生產管理的自覺實踐

早在19世紀初，英國一家工廠就開展了一系列科學管理的嘗試。該廠由蒸汽機的改進者瓦特同他人共同建立。1800年，其子小瓦特接管工廠，運用了一些早期的科學管理措施。例如，進行市場研究和預測，有計劃地選擇廠址和進行機器布置，制定生產工藝程序和機器作業標準，測定機器速度，以機器和工人為基礎組織生產過程，實行按勞動成果付酬等。

但是，縱觀這一階段的生產管理，仍然深受小生產方式的影響，尚未形成一套系統的生產管理理論和模式。生產管理的依據主要是個人經驗，沒有形成科學的操作規程和管理方法。工人和管理人員的培訓主要採取師傅帶徒弟的做法，沒有統一的標準和要求。

二、生產管理階段

現代生產管理理論起源於20世紀初的泰勒的科學管理運動。在此之後，生產與作業管理擺脫了經驗管理的束縛，走上科學的軌道。從20世紀初到20世紀60年代，是生產管理階段，主要代表事件是泰勒的科學管理運動、福特的流水線生產、梅奧的霍桑實驗、運籌學在生產佈局與作業計劃中的應用

（管理科學運動）等。

(一) 泰勒的科學管理運動

美國經過南北戰爭，奴隸制被徹底打垮，為資本主義的發展消除了障礙，經濟發展迅速，大型企業紛紛創建，對工廠生產效率的要求日益增加。泰勒對當時生產的低效率感到震驚。他認為，管理者不懂得工作程序、勞動節奏、疲勞因素等對勞動生產率的影響；工人缺乏訓練，沒有正確的操作方法；勞資雙方的情緒對立導致工人有意偷懶等，是該現象的根源所在。於是，他在1880年開始試驗，以求找到完成一項工作的最佳方法。1911年，泰勒出版了《科學管理原理》一書。該書由中國科學管理的先驅穆藕初譯為中文，1916年由上海中華書局印行，書名為《工廠適用學理的管理法》。

泰勒的科學管理理論的要點是：

(1) 科學管理的中心問題和根本目的是提高勞動生產率，為此，必須設計科學的操作方法並合理利用工時。

泰勒認為，工人提高生產率的潛力頗大，為挖掘這種潛力，必須進行工時和動作研究，制定出有科學依據的「合理的日工作量」以及各種工作的標準操作規程和各項作業的勞動時間定額。

(2) 為提高勞動生產率，必須為工作挑選「第一流」的工人。

泰勒認為，人具有各自不同的天賦和才能，只要工作適合，每個人都可以成為一流的工人。「非一流」的工人是那些在體力或智力上不適於干分配給他們的工作或不願努力工作的人。因此，制定工作定額時，必須以第一流工人「在不損害其健康的情況下維持很長年限的速度」作為標準。

(3) 要使工人掌握標準化的操作方法，使用標準化的工具、機器、材料，並使作業環境標準化。

與完成生產任務有關的所有要素都必須實行標準化。泰勒發現，工人不論鏟運何種材料，都使用同樣大小的鏟子。而鏟子的大小應隨材料的重量而變化，從而使每鏟運量達到最佳重量，以保證工人每天鏟運的數量達到最大化。為此，他根據要鏟運的材料性質，設計了一系列各種尺寸的鐵鏟，以供工人選用，從而大幅度提高了工人的生產率。

另外，泰勒還提出了差別計件工資制以及職能化組織原理。同時代的還有弗蘭克·吉爾布雷斯（Frank Gilbreth）、莉蓮·吉爾布雷斯（Lillian Gilbreth）和亨利·甘特（Henry L. Gantt），對他們所做的研究，管理專家們也是較為贊同的。

(二) 福特的流水線生產

1913年，福特在其汽車工廠內安裝了第一條汽車組裝流水線，揭開了現

代化大生產的序幕。他所創立的「產品標準化原理」「作業單純化原理」以及「移動裝配法原理」在生產技術及生產管理史上均具有極為重要的意義。1913年8月，也就是在該裝配線引入之前，一個工人完成一輛汽車底盤的裝配要用12.5小時。8月之後，即裝配線建成之後，由於應用了專業分工和底盤可以自動移動，每個底盤的平均裝配時間縮短為93分鐘。福特公司的汽車銷售量從1903—1904年的1,700輛到1913—1914年的248,307輛，繼而到1920—1921年的933,720輛。

在20世紀二三十年代，最早的日程計劃方法、庫存管理模型以及統計質量控制方法相繼出現，這些構成了經典生產管理的主要內容，這一時期生產管理的焦點主要是一個生產系統內部的計劃和控制。

(三) 梅奧的霍桑實驗

1924年，西方電氣公司在霍桑工廠開展了一項由工業工程師設計的試驗，目的是驗證不同的照明水準對生產率的影響。結果發現不論照明水準如何變化，工人的生產率都得到提高。後來，哈佛大學的埃爾頓·梅奧教授作為顧問參加了這項研究，從1927年到1932年，歷時5年之久。1927年8月至1928年4月，梅奧進行了繼電器裝配室試驗。他在繼電器裝配車間找了6個女工參加試驗，發現女工的缺勤率減少80%，勞動熱情也有所提高。雖然其間縮短了工作時間，但產量仍然上升。研究人員發現是社會條件與督導方式的改變導致工人態度的變化和生產率的提高。為掌握更多的信息，梅奧及其同伴於1928—1931年進行了大規模的訪問和調查，研究工人與上司及工作環境的關係對生產率的影響。結論是：任何一位員工的工作績效，都受到其他人的影響。1931—1932年，研究人員進行了接線板小組試驗。他們選出14名男工，企圖以高效率的工人拿到高報酬來激發低效率工人的熱情。結果發現工人們彼此之間形成了無形的「默契」，既不求先進，也不願落後，結果產量趨同。

梅奧在霍桑試驗的基礎上，於1933年發表了《工業文明的人類問題》一書，標誌著人際關係說的創立。其論點主要是：工人是社會人。古典管理理論認為人工作的目的是為獲取經濟報酬，使經濟收益最大化，因而是「經濟人」。而梅奧則認為工人是「社會人」，是複雜的社會系統的成員，僅僅靠金錢刺激工人的勞動積極性是片面的，必須從社會、心理等方面鼓勵工人提高生產率；企業中除了正式組織之外，還存在著非正式組織，這種非正式組織是組織成員在勞動過程中，由於抱有共同的社會感情、慣例和傾向，無形中形成的，它對群體成員的行為有很大的影響；新型的領導藝術在於正確處理人際關係，提高職工士氣。

（四）管理科學運動

運籌學（管理科學）的產生要追溯到第二次世界大戰期間，英國軍事管理部門邀請一批科學家研究與空中及地面防禦有關的戰略戰術問題，目的是最有效地運用有限的軍事資源。1951年，美國的莫爾斯和舍布爾總結了第二次世界大戰的經驗，合著了《運籌學方法》一書。目前，運籌學的服務範圍已擴展到經濟、運輸、行政、市政規劃等領域。

從發展的淵源上看，管理科學是科學管理的繼續和發展，兩者的共同之處在於：都反對僅憑經驗、直覺和主觀判斷進行管理，主張採用科學方法探求最優的工作方案，力求以最小的耗費實現最大的效益。不過，管理科學以現代科技成果為手段，運用計量模型，突破操作方法的研究局限，對管理領域中的人、財、物、信息等做定量分析，以優化規劃和決策。

第二次世界大戰以後，運籌學的發展及其在生產管理中的應用給生產管理帶來了驚人的變化。庫存論、數學規劃方法、網絡分析技術、價值工程等一系列定量分析方法被引入了生產管理，大工業生產方式也逐步走向成熟和普及，這一切使生產管理學得到了飛速發展，開始進入現代生產管理的新階段。與此同時，隨著企業生產活動的日趨複雜，企業規模的日益增大，生產環節和管理上的分工越來越細，計劃管理、物料管理、設備管理、質量管理、庫存管理、作業管理等各個單項管理分支逐步建立，形成了相對獨立的職能和部門。

三、營運管理階段

從20世紀60年代後期開始，機械化、自動化技術的飛速發展使企業面臨著不斷進行技術改造，引進新設備、新技術，並相應地改變工作方式的機遇和挑戰，生產系統的選擇、設計和調整成為生產管理中的新內容，進一步擴大了生產管理的範圍。尤其是生產管理理論與方法被應用到服務業，局面開始發生改觀。服務行業的構成相當複雜，從航空公司到動物園，大約有2,000多種類型。因此，很難確定一個具有普遍意義的固定模式。然而，一家服務公司——麥當勞以其獨特的方式在質量和生產率方面領先一籌，它定義了高度標準化的服務模式，形成了服務競爭力。

這一階段的生產活動逐步被稱為「營運」活動，所以我們認為從20世紀60年代後半期到現在是生產管理歷史上的「營運管理階段」。

（一）生產管理課程與營運戰略理論的出現

20世紀50年代末至60年代初，生產管理才在美國被看成是一門獨立的研究學科，最早的生產管理書籍是愛德華·布曼（Edward Bowman）、羅伯特·法

特（Robert Fetter）所著的《生產與營運管理分析》（1957 年），隨後是布法（Buffa）所著的《現代生產管理》（1961 年），他注意到生產系統面臨的問題具有普遍性，因而強調要將生產營運作為一門獨立的學問。他們還突出強調了排隊理論、仿真、線性規劃的應用。1973 年，蔡斯（Chase）和阿奎拉諾（Aquilano）在《生產與營運管理》（Production and Operations Management）的初版中提出將管理還原為營運管理，並建議將生命週期法作為生產營運管理教材的主線。該教材一直再版至今。

1969 年，哈佛大學商學院教授魏克漢姆·斯金納（Wickham Skinner）首先提出營運戰略問題，經過 20 世紀 70 年代末和 80 年代初的努力，他和他的同事威廉·阿伯耐西（William Abernathy）、吉姆·克拉克（Kim Clark）、羅伯特·賀氏（Robert Hayes）和史蒂芬·威爾萊特（Steven Wheelwright）逐步完善有關營運戰略的過程模型、戰略內容、戰略目標以及多目標權衡、世界級製造等觀點，尤其強調製造業的經理可以將他們工廠的生產能力作為戰略競爭的武器。

(二) 信息技術的全面介入

20 世紀 70 年代的主要發展是計算機在營運管理中的廣泛應用。在製造業中，一個重大突破是在生產控制中運用了物料需求計劃（MRP）。物料需求計劃通過計算機軟件將企業的各部門聯繫在一起，共同完成複雜產品的製造。這樣，生產計劃人員就可以根據需求的變化，快速調整生產計劃和庫存水準。上萬個零部件的計劃變更需要處理大量數據，如果沒有計算機，這將非常困難。美國生產與庫存控制協會極力推薦物料需求計劃的應用，稱之為「物料需求計劃的徵服」。

從 20 世紀 80 年代後半期至今，信息技術的飛速發展和計算機的微型化，使得計算機開始大量進入企業管理領域，計算機輔助設計、計算機輔助製造、計算機集成製造以及管理信息系統等技術，使得處理物流的生產本身和處理信息流的生產管理本身均發生了根本性的變革。生產全球化的經濟大趨勢以及市場需求變化速度的越來越快，促使企業盡快地引入信息技術、利用信息技術來增強企業的競爭力。生產管理學發展到這一階段，只有同企業的全面經營管理活動有機結合，才能發揮應有的作用。

在 20 世紀 90 年代後期，因特網（Internet）、萬維網（www）迅速普及。信息化企業指的是那些將因特網作為自己業務活動基本元素的企業。網頁、表格以及交互的搜索工具的使用，正在改變著人們收集信息、商務交易和交流的方式。今天，通過因特網進行聯繫，成本相對來說並不昂貴，而且微軟公司和

網景公司已經率先承諾提供免費上網的服務業務。

(三) 新生產方式的影響

20世紀六七十年代，技術進步日新月異，市場需求日趨多變。世界經濟進入了一個市場需求多樣化的新時期，多品種小批量生產方式成為主流，從而給生產管理帶來了新的、更高的要求。以準時生產（JIT）、看板管理、QC小組為代表的日本豐田生產方式，極大地豐富了生產營運管理的內容和手段。

20世紀90年代，由於市場競爭環境變化迅速而又不可預測，企業需要一種新的生產模式：能夠以大規模生產的效益（包括低成本和短交貨期）進行定制產品的生產。1993年派恩（B. Joseph Pine）在《大規模定制——企業競爭的新前沿》（*Mass Customization — The New Frontier in Business Competition*）一書中對大規模定制模式進行了比較完整的描述。大規模定製作為一種新的生產方式目前已有了長足的發展。

(四) 基於供應鏈的生產營運

供應鏈管理的思想就是將集成系統理論用於管理從原材料供應商，經過加工工廠和儲存倉庫，直到最終用戶所構成的供應鏈上由信息、物料和服務組成的流程。最近出現的外購（Outsourcing）與顧客個性化需求的趨勢迫使企業尋找滿足顧客需求的柔性方法。其關鍵在於優化調整核心活動，盡量最快地回應顧客的需求變化。

這一時期生產管理的主要特點是開始注重和強調管理的集成性，不再把由於分工引起的企業活動的各個不同部分看成一塊一塊獨立的活動和過程，而是用系統的觀點來看待整個生產經營過程，強調包括供應商在內的生產經營一體化。

第三節　現代營運管理的特徵及其主要發展趨勢

生產營運管理的特徵是隨著時代的發展而變化的。傳統生產營運管理的著眼點主要在生產系統內部，即著眼於在一個開發、設計好的生產系統內，對開發、設計好的產品的生產過程進行計劃、組織、指揮、協調與控制等。

但是，近二三十年來，現代企業的生產經營規模不斷擴大，產品本身的技術和知識密集程度不斷提高，產品的生產和服務過程日趨複雜，市場需求日益多樣化、多變化，世界範圍內的競爭日益激烈，這些因素使生產與營運管理本身也在不斷發生變化。

第一章　營運管理概論

隨著世界經濟以及技術的發展，製造業企業所處的環境發生了顯著的變化，由此引發了生產營運管理的特徵也發生深刻的變化。特別是近十幾年來，隨著信息技術突飛猛進的發展，為生產與營運管理增添了新的有力手段，也使生產與營運管理學的研究進入了一個新階段，使其內容更加豐富，範圍更加擴大，體系更加完整。生產與營運管理的發展具有代表性的特徵及趨勢主要表現在以下方面：

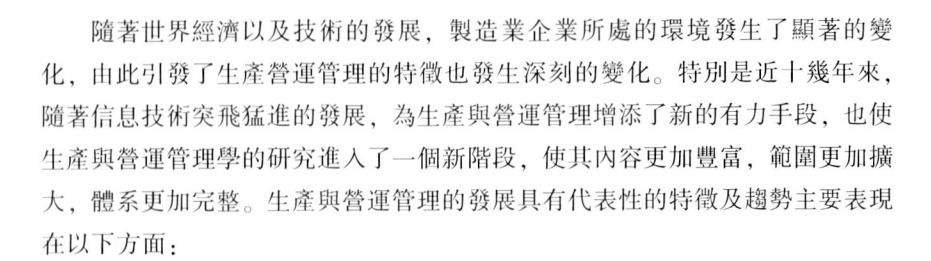

一、生產與營運管理的全球化

隨著全球經濟一體化趨勢的加劇，「全球化生產與營運」成為現代企業生產與營運管理的一個重要課題，因此，全球化生產與營運管理也越來越成為生產與營運管理學的一個新熱點。

二、生產經營一體化

現代生產營運管理的範圍與傳統生產管理相比，變得更寬了。如上所述，當代企業所面臨的諸多新課題，如果從企業經營決策的角度來看，為了使生產營運系統有效運行的前提（生產工藝的可行性，生產系統構造的合理性）得到保障，生產營運管理的決策範圍必然要求深入到產品的研製開發與生產系統的選擇、設計與改造的領域中去。所以，生產營運管理不再僅僅是對現有生產系統進行計劃、組織、協調與控制的運行管理，而且要參與到新產品研製開發和生產系統的選擇、設計和改造中去。

由於生產營運管理的成果（產品的質量、成本、交貨期等）直接影響產品的市場競爭力，在市場競爭日趨激烈的今天，人們將越來越多地從其產品的市場競爭力去考察生產營運管理的成果和貢獻，並力圖通過市場信息的反饋來不斷改進生產營運管理工作。為了使生產系統的運行更有效，適時適量地生產出能夠最大限度地滿足市場需求的產品，避免盲目生產，減少庫存積壓，在管理上要求把供、產、銷更緊密地銜接起來。生產的安排，需要更多更及時地獲得市場和顧客需求變化的信息。因此，可以說生產營運管理的範圍，從以往的生產系統的內部運行管理向「外」延伸了。

計算機技術和網絡技術的發展，CAD、CAPP、CAM、MRPII/ERP、OA、SCM、CRM 及 CIMS 等在企業中的推廣應用，為企業內部，供應鏈內部的信息繼承和供、產、銷、財務、人事等功能的集成提供了有力的支持，使生產管理與企業經營管理緊密地融合和相互滲透成為可能。

綜上所述，企業的經營活動與生產活動，經營管理與生產管理的界限會越

越來越模糊，企業的生產與經營，也包括行銷、財務等活動在內，相互之間的內在聯繫將更加緊密，並互相滲透，朝著一體化的方向發展，形成一個完整的生產與經營的有機整體。這樣的生產經營系統能夠更有效地配置和調度資源，靈活地去適應環境的變化，這是現代生產營運管理重要的發展趨勢之一。

三、生產與營運模式的主流發生轉移——多品種生產、快速回應與靈活應變

隨著科學技術的飛速發展和人民生活水準的不斷提高，當今社會進入了一個市場需求日益多樣化、多變化的時代。多品種、中小批量生產將成為社會生產的主流方式，從而帶來生產管理上的一系列變化。

21世紀初以來，以福特製為代表的大量生產方式揭開了現代化社會大生產的序幕。該生產方式創立的生產標準化原理（Standardization）、作業單純化原理（Simplification）以及分工專業化原理（Specialization）等奠定了現代化社會大生產的基礎。但是發展到今天，一方面，在市場需求多樣化面前，這種生產方式顯露出缺乏柔性、不能靈活適應市場需求變化的弱點；另一方面，飛速發展的電子技術、自動化技術以及計算機技術等，以生產工藝技術以及生產管理方法兩方面，對大量生產方式向多品種、中小批量生產方式的轉換提供有力的支持。以福特製為代表的少品種、大批量生產營運模式正逐步被多品種、中小批量混合生產營運模式所代替。生產營運模式的這種轉變使得在大量生產模式下靠增大批量降低成本的方法已不再奏效，生產與營運管理面臨著多品種、中小批量和降低成本的矛盾，從而要求從生產「硬件」（柔性生產設備）和「軟件」（計劃與控制系統、工作組織方式和人的技能多樣化等）兩個方面去探討新的方法；要求從管理組織結構、管理制度到管理方法採取新的措施。日本豐田汽車公司在這方面做了有益的嘗試，豐田生產方式給大家提供了成功的經驗。

由於市場複雜多變，快速回應和靈活應變的能力已成為了當代企業生存和發展的關鍵。密切與市場、與顧客的聯繫，改革臃腫的管理機構，管理機構扁平化，以提高對市場變化的反應速度和決策速度；提高生產系統的柔性和可重構性，在發展壯大自己核心能力的同時，廣泛開展社會協作和組織動態聯盟，以提高企業的應變能力。這是現代生產營運管理面臨的必然選擇。

閱讀資料1-1　企業生產方式的變革

由於社會需求的發展和科學技術的進步，當今時代，絕大多數企業採用的生產方式已不是大量生產，多品種、中小批量生產成為生產方式的主流，從而給企業生產管理帶來巨大影響。

一、需求向多樣化發展

人們的生活條件不斷改善，消費者的價值觀念變化很快，消費者的需求日益多樣化，個人對新穎商品的需求與日俱增，從而引起了商品壽命週期相應縮短。為了適應這種市場需求多變的環境，很多製造廠家競相推出一些生產週期短而生產數量少的產品。也就是說，由於市場需求多變，企業必須接受並適應市場需求的多品種、中小批量生產的方式。

現在，產品更新換代的速度加快，產品種類不計其數，近30年來出現的新技術、新產品已遠遠超過過去2,000多年的總和。

一個產品從構思、設計、試製到商業性投產，其週期越來越短，如表1.2所示。

表 1.2　　　不同時期產品研製、投產同期長短比較

時　　期	產品從構思、設計、試製到商業性投產所花時間
19世紀	70年左右的時間
兩次世界大戰期間	40年左右的時間
第二次世界大戰後至20世紀60年代	20年左右的時間
20世紀70年代後期	5～10年的時間
現在	3年或更短

二、生產方式的轉變對生產管理的影響

首先，生產品種經常變換，生產過程就不很穩定，生產系統能力的比例性很難實現，生產系統經常出現瓶頸，使資源利用不均衡。

其次，由於品種變換，若沒有很好的生產計劃技術和管理信息系統，則會從原材料到在製品直至產成品的各個環節中出現許多庫存。這些庫存佔有企業大量流動資金，有些以後可能不再有用，造成企業資金的大量浪費。

另外，由於品種多，每種品種的數量又少，經常出現品種之間的轉換，調整時間對設備加工時間來說占了很大比重，設備的工時利用率也因此下降。所以，如何減少設備調整時間，成了多品種、中小批量企業的生產管理中的一個大問題。

在生產管理中，技術瓶頸、庫存、設備調整時間等矛盾更為突出，從而給生產管理帶來了從組織結構到管理方法上的一系列新變化，為生產管理提出了一系列新的研究課題。

四、人本管理與不斷創新

隨著知識經濟時代的到來，信息和知識將成為最重要的財富和資源。在知識經濟社會創新是經濟增長的主要動力。一個企業的競爭力的強弱，取決於該企業的創新能力的強弱。對於生產系統也是一樣，一個生產系統能否有效地進行，能否根據需求的變化、環境的變化而呈現靈活的應變能力，關鍵在於要不斷地創新。而創新能力主要依賴於人的智力。所以，要想使企業的生產系統保持充沛的活力，企業要想取得和保持競爭優勢，必須重視智力資源的充分開發和有效利用。現代企業強調人才的作用，重視對員工的教育和培訓。

五、生產管理模式的更新

由於市場的變化，現代管理理論和科學技術的發展以及企業生產方式的變化，原來曾經採用的許多生產模式、組織結構變得不合適了，生產系統需要不斷地優化與再設計，生產管理的模式也隨之更新，管理的側重點也必然發生變化。例如，在泰勒時代，生產管理的重點是進行動作分析，從而使動作標準化，以追求每一個個體的高生產效率；而到了福特時代，則注重的是整體協調，以實現流水線的節拍，通過規模效益達到了高效低成本運行的目的；到了準時生產制，則強調的是柔性，通過減少浪費來降低成本，實現企業獲取利潤的目標；而21世紀的敏捷生產，則強調要抓住來去匆匆的機遇，就要有企業之間的相互合作，形成動態的沒有固定邊界的企業組織——虛擬企業，以實現快速反應。

六、追求綠色生產

由於傳統資源漸漸枯竭，生態環境日益成為影響社會經濟發展的重要戰略問題，傳統的大量消耗資源、污染和破壞生態環境的生產營運將受到嚴峻的挑戰。隨著對人與環境和諧相處需求的上升，環保問題日益被人們所關注。在營運管理中的環保問題是指產品在製造和使用過程中對於環境的影響程度。當環境問題成為主要競爭因素時，就將出現基於環保的競爭，提出綠色生產問題。

綠色生產是關注生態平衡、關注生產者的社會責任的生產營運方式，意味著生產營運過程中資源消耗少，造成的環境污染小，最終向社會和市場提供的也是環保型產品。因此，為了提高環保水準，企業在生產過程中以及產品使用過程中要重視對環境的保護問題。諸如物料的循環利用、無廢工藝、清潔技術、污染預防技術等，都是綠色生產營運的具體表現。可以預見，在可持續發展戰略和科學發展觀的指導下，綠色生產將日益受到重視並呈加速發展趨勢。

生產與營運管理是現代企業管理科學中最活躍的一個分支，也是近年來新思想、新理論大量湧現的一個分支。

課後習題

1. 說明行銷、財務、營運三種基本職能之間的關係。
2. 舉例說明現代營運管理的特徵及其主要發展趨勢。
3. 簡述營運管理的歷史。

第二章　生產過程與生產類型

本章關鍵詞

生產過程（Production Process）
連續性（Continuity）
平行性（Parallel）
比例性（Proportion）
均衡性（Rhythm）
適應性（Flexibility）
工藝專業化（Process-Oriented Specialization）
對象專業化（Product-Oriented Specialization）
順序移動（Serial Movement）
平行移動（Parallel Movement）
平行順序移動（Parallel-serial Movement）
生產類型（Types of Production）

【開篇案例】　Z公司的生產系統組織

　　Z公司決定從法國總部引進3條模塊封裝生產線用於模塊部的模塊生產。每條生產線的核心設備包括6臺晶元粘接機、9臺引線粘接機和3臺灌膠機，每條線的最大設備產能是每小時產出6,000個模塊。對於設備的安裝和布置就緊緊地圍繞著晶元粘接、引線粘接和灌膠3道關鍵工序來進行。開始採用機群式布置，結果生產效率不高；工業工程師經過分析，按成組方式布置設備，效率明顯提高；後來進一步改進生產組織方式，採用U形生產方式布置，在效率進一步提高的條件下，在製品數量大幅度降低，異常問題在第一時間得到顯露，利於迅速採取措施。

討論題

為什麼不同生產組織方式的生產效率明顯不同？

第一節　生產與生產過程

一、生產與生產過程概述

生產是通過勞動，把資源轉換為能滿足人們某些需求的產品的過程，這一把資源轉化為產品的過程就是生產過程。這個轉換過程同時也是價值增值的過程。常見的轉換形式有：

（1）形態轉換。這是指改變加工對象的形狀和性質。例如，把金屬材料切割成所需要的形狀、把生蔬菜烹調成可口的菜肴。

（2）時間轉換。這是指通過庫存換取價值上的變化。例如，可以在某物品價格低廉時大量購進，價格上漲時賣出以獲取利潤。

（3）場所轉換。這是指通過地點的改變換取價值上的變化。例如，把中國的絲綢、瓷器運往國外進行銷售。

無論是製造行業，還是服務行業，其生產系統都存在著把投入的營運資源轉換成產出的生產過程（如表2.1所示）。生產過程的輸出，不僅指有形的實物產品，還包括無形的產品——服務。

表2.1　　　　　　　　　　不同行業的生產過程

行業	加工對象	投入	生產過程	產出
汽車裝配	汽車零部件	汽車零部件、工廠、設施、能量、工人	總裝、噴漆	汽車
大學	學生	教材、教室、教學設施、教師	向學生講授知識，讓學生參與實驗科研、撰寫論文等活動	有知識有素質的專門人才
百貨商店	顧客	展示、商品、營業員	吸引顧客、推銷產品、供應、訂貨	滿意的顧客

服務業與製造業的生產過程在營運管理方面最大的區別是，在服務業的生產過程中顧客直接參與，即在接受服務時，顧客處在現場。現場又可以分為前臺和後臺。例如，銀行的營業員、航空公司的候機廳等都屬於前臺。前臺是直接與顧客接觸的生產過程，而後臺則保證了前臺為顧客服務的工作順利進行。後臺的營運是對實物和信息進行處理，類似於製造業工廠的營運。

我們討論生產過程，主要從營運管理角度來審視。按傳統生產管理的觀點認為生產過程是指從原材料投入到產品產出的一系列活動的營運過程。按現代營運管理的觀點對生產過程的理解在原有的基礎上前伸後延，這是一種廣義的生產過程——整個企業圍繞著產品生產的一系列活動。它不僅包括從原材料投入到產品產出的整個過程，還應包括產品生產之前的生產技術準備過程，也包括產品銷售以後的營運服務過程。除此之外，還包括為保證產品正常生產所需要的各種輔助性工作及服務工作。

二、生產過程的構成

現代企業生產過程主要可分為生產技術準備過程、基本生產過程、輔助生產過程、生產服務過程和附屬生產過程。

（一）生產技術準備過程

它是指產品投產前所做的全部生產準備工作，如市場調研、產品設計、工藝準備、材料與工時定額的制定與修改、調整勞動組織和設備布置、新產品試製和鑒定等。

（二）基本生產過程

它是指企業生產基本產品的過程。企業所生產的產品，按其專業特點及使用對象，可分為基本產品、輔助產品和附屬產品。基本產品指代表企業專業方向並滿足市場需求的產品，如機床廠生產的機床、航空公司提供的航班服務、醫院為病人治療等。輔助產品指企業生產的某些產品是為了保證基本生產的需要，而不是用來滿足社會需求。如機床廠生產的為保證機床製造所需要的工裝、蒸汽、壓縮空氣。這些工裝、蒸汽、壓縮空氣是機床廠自己使用的，而不是為社會提供的。附屬產品指企業有時生產一些不代表企業專業方向而滿足市場需要的產品，如飛機製造廠生產的鋁製品、鍋爐廠生產的液化氣罐。

（三）輔助生產過程

它是指為保證基本生產正常進行所必需的各種輔助性生產活動，也是生產輔助產品的生產過程，如動力生產、工藝裝備製造等。

（四）生產服務過程

它是指為了保證基本生產和輔助生產所進行的各種生產服務活動，如原材

料、半成品、工具的保管與發放、計量工作、廠內運輸等。

(五) 附屬生產過程

它是指生產附屬產品的過程,如利用邊角廢料進行生產。

對於一個具體的企業來說,不一定同時具備這五種生產過程。企業各種生產過程的構成,取決於很多因素,如產品結構的特點、產品加工工藝的特點、企業所屬行業的特點、企業與社會分工協作的程度等。現在越來越多的企業注重於把精力集中於核心競爭力,而把其他的業務外包出去。例如,位於巴西里約熱內盧西北方向約100英里(1英里＝1.609,3千米)處的巴西大眾汽車廠,每天生產100輛卡車,員工約1,000人。其中,近200人負責全廠的質量控制、市場行銷以及產品開發與設計;800人負責裝配,而裝配中的許多工作(從點火槍的計數到發動機的固定等)都是由供應商來完成的。

現代企業產品生產過程中,基本生產過程是最主要的組成部分。產品生產過程由一系列生產環節所組成。一般包含加工製造過程、檢驗過程、運輸過程和停歇過程等。

從工藝角度分析,在生產過程中凡屬直接改變生產對象的尺寸、形狀、物理化學性能以及相對位置關係的過程,統稱為工藝過程;其他過程則稱為輔助過程。

為了便於對生產過程進行深入的研究,常常把產品生產過程分為若干工藝階段。每一工藝階段又劃分為許多工序。工序是工藝過程的基本的組成單位,通常由一名工人或一組工人,在一個工位上,對同一勞動對象進行連續加工的一系列生產活動。它是生產過程的較小步驟。對於加工一個零件,如果使用的設備或工位變了,就變成另一道工序了。在生產管理上,工序是制定工時定額、計算加工勞動量、配備工人、核算生產能力、安排生產作業計劃和進行質量檢驗的基本單位。

三、生產過程先進性與合理性的主要標誌

看一個生產系統設計的合理性及其運行管理的有效性,可以從該生產系統的組織結構及其產品生產過程運行的實際效果來衡量。通常可以採用以下指標來反應:

(一) 連續性

連續性包括生產過程在空間上的連續性和在時間上的連續性。空間上的連續性是指生產過程的各個環節在空間佈置上緊湊合理,使加工對象所經歷的物流線路順暢,搬運工作量小,沒有迂迴往復的現象。時間上的連續性是指生產

對象在加工過程中各工序的安排緊密銜接，沒有不該出現的停頓和等待現象。

生產的連續性好，可以減少運輸費用和在製品管理費用，降低產品成本，有利於保證合同交貨期；節約生產面積和庫房面積，節省基本投資，並使流動資金週轉加速，提高資金使用效率。

為提高生產過程的連續性，需要採取以下措施：

（1）做好全廠的廠區佈局、車間內部生產作業區和生產線的合理布置。

（2）採用先進的生產組織形式，如流水生產線、成組生產單元等。

（3）科學編製生產作業計劃，加強生產過程的銜接協調，減少生產中各種停頓和等待的時間。

（二）平行性

平行性是指加工對象在生產過程中實現平行交叉作業。以機械製造為例，這種生產過程的平行性可以體現在以下幾個方面：

（1）各種零部件生產的平行性。由於產品是由許多零件和部件所組成的，每一種零件的生產或者每一種部件的裝配，都可以單獨進行，因此可以在不同的工位上平行地進行各種零件、部件的生產。

（2）一批當中的產品（或零部件）在各工序平行生產。各產品是成批生產的時候，這批當中的各個產品可以在各工序上平行地進行生產。

（3）不同產品的平行生產。從一個工位及一道工序來看，它只能一個一個零部件、一種一種產品地進行生產，但從整個企業來看，就可以平行地同時生產不同類型的產品。

當企業生產的品種較多時，平行地進行各種產品的生產，可以滿足市場或用戶對多種產品的需求；反之，如果採用產品輪番生產的方式，當市場對它們同時有需求時，就會產生要麼缺貨、要麼有庫存累積的現象。

生產的平行程度越高，成批等待時間就越少，生產週期也越短。例如，一個產品由五個零件組成，若採用順序加工的方式，週期為全部零件的加工時間與機器裝配時間之和；若採用平行加工的方式，則週期為勞動量最大的那個零件的加工時間和機器裝配時間之和。

（三）均衡性

均衡是要求在相等的時間間隔內完成大體相等的生產工作量。避免前鬆後緊、計劃期末突擊加班；或者時鬆時緊，使生產經常處於不正常的狀態。

均衡生產（有節奏地進行生產）能夠充分地利用人力和設備，可以防止經常性的突擊趕工；有利於保證和提高產品質量，縮短生產週期，降低產品成本，有利於安全生產。

均衡生產，表現在產品的投入、生產和出產三個方面。其中，產品出產的節奏性是主要的一環。企業各個生產環節的活動，都應保證產品出產的節奏性。

生產過程的均衡性，不僅貫徹在基本生產的各個環節上，而且還體現在輔助生產過程、生產技術準備過程等環節。生產過程的各部分都要按照基本生產過程的均衡性來組織自己的工作，這樣整個生產過程的均衡性才能有保證。

(四) 比例性

比例性是指生產系統各環節的生產能力要保持恰當的比例，使其與生產任務所需求的能力相匹配。

要做到生產過程的比例性，在生產系統建立的時候，就應根據市場的需求，確定企業的產品方向，從而根據產品的製造要求確定生產系統內各階段、各工序之間能力的比例性。因此，在生產系統建立初期，生產過程的比例性還是容易實現的。在生產系統運行一段時間之後，市場所需要的產品可能有了變化；或者隨著科學技術的發展，製造產品的工藝方法改變了；或者勞動組織有所改善。這些都會使生產過程中原來成比例的能力配置現在不成比例了。因此，要經常對生產過程的能力比例性進行調整，調整的方法除了在數量上對某些環節的能力進行調整之外，還可以針對瓶頸採取若干措施，以實現生產過程的比例性。

(五) 適應性

生產過程的適應性又稱柔性，是指用同一組設備和工人，在生產組織形式基本不變的條件下，具有適應加工不同產品的生產能力，並且能保持高生產率和良好的經濟效益。

隨著生活水準的提高和科學技術的發展，目前企業所面臨的市場與經濟環境，已與19世紀和20世紀大不相同。由生產決定消費的時代已經一去不復返了。市場需求的多樣化和市場需求的快速變化，使企業的生產系統必須面對適應這樣一個多變的環境。若不具備這種適應能力，那麼就很有可能由於不能適應市場變化而被淘汰。

生產過程的適應性，是在新的市場環境下檢驗企業競爭力的一個重要指標。提高生產過程的適應性，可以增強生產系統參與市場競爭的能力，可以使企業抓住轉瞬即逝的市場機遇，以使企業在殘酷的競爭中立於不敗之地。

總之，產品生產過程，既要占用一定空間，又要經歷一定的時間。因此，合理組織生產過程，就需要將生產過程的空間組織與時間組織有機地結合起來，充分發揮它們的綜合效率。

閱讀資料 2-1　柔性自動化的興起

隨著科學技術的發展，人類社會對產品的功能與質量的要求越來越高，產品更新換代的週期越來越短，產品的複雜程度也隨之增高，傳統的大批量生產方式受到了挑戰。為了同時提高製造工業的柔性和生產效率，在保證產品質量的前提下，縮短產品生產週期，降低產品成本，使中小批量生產能與大批量生產抗衡，柔性自動化系統便應運而生。

自從1954年美國麻省理工學院第一臺數字控制銑床誕生後，20世紀70年代初柔性自動化進入了生產實用階段。幾十年來，從單臺數控機床的應用逐漸發展到加工中心、柔性製造單元、柔性生產線和計算機集成製造系統，使柔性自動化得到了迅速發展。

就機械製造業的柔性生產線而言，其基本組成部分有：

（1）自動加工系統。自動加工系統是指以成組技術為基礎，把外形尺寸（形狀不完全一致）、重量大致相似、材料相同、工藝相似的零件集中在一臺或數臺數控機床或專用機床等設備上加工的系統。

（2）物流系統。物流系統是指由多種運輸裝置構成，如傳送帶、軌道-轉盤以及機械手等，完成工件、刀具等的供給與傳送的系統，它是柔性生產線主要的組成部分。

（3）信息系統。信息系統是指對加工和運輸過程中所需各種信息收集、處理、反饋，並通過電子計算機或其他控制裝置（液壓、氣壓裝置等），對機床或運輸設備實行分級控制的系統。

（4）軟件系統。軟件系統是指保證柔性生產線用電子計算機進行有效管理的必不可少的組成部分。它包括設計、規劃、生產控制和系統監督等軟件。

第二節　生產過程的空間組織

現代企業的生產是建立在生產專業化和協作基礎上的社會化大生產，任何產品的生產過程都是由一系列生產單位通過分工與協作來完成的。

以怎麼樣的方式把生產系統的工位組織起來，使產品生產過程能有效地運行是研究生產過程組織的主要問題。

生產過程的空間組織按什麼原則進行專業化分工，將會影響到生產過程的連續性和柔性，從而影響到產品的生產週期、加工過程的在製品庫存以及適應市場變化的能力等指標，因此生產過程必須選擇合適的專業化原則。

一、工藝專業化

工藝專業化又稱為工藝原則，即按照生產過程中各個工藝階段的工藝特點來設置生產單位。在這種生產單位內，集中了同種類型的生產設備和同工種的工人，可完成各種產品的同一工藝階段的生產，即加工對象是多樣的，但工藝方法是同類的，每一生產單位只完成產品生產過程中的部分工藝階段和部分工序的加工任務。

工藝專業化原則可以體現在企業、組織的各個層次，比如工廠、車間、工段等。以機械製造類企業為例，按工藝專業化原則建立的生產單位具體形式如下：

(1) 工廠。如鑄造廠、鍛造廠、電鍍廠等。
(2) 車間。如機械加工車間、鍛壓車間、焊接車間等。
(3) 工段。以機械加工車間為例，分別有車工工段、銑刨工段、磨工工段等。

在服務業，同樣存在以什麼專業化原則來建立生產單位的問題。若以工藝專業化原則劃分學校教學單位，則是按學科專業特性劃分，如中小學的語文、數學、外語教研室，大學的各種系和教研室等。

工藝專業化示意圖見圖2.1。

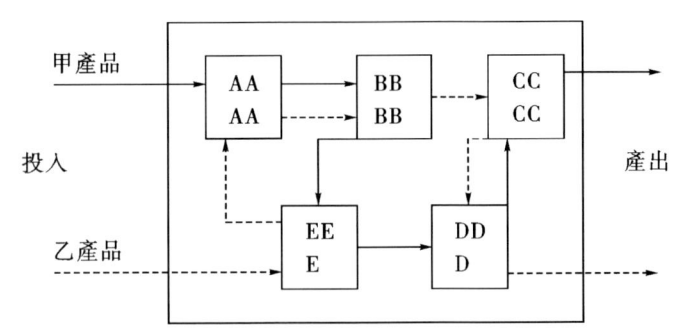

A、B、C、D、E為不同類型設備，──→為甲產品路線，----→為乙產品路線

圖2.1　工藝專業化原則

工藝專業化組織形式的優點是：適應性強，可以適應企業中不同產品的加工要求；便於充分利用設備和生產面積；利於加強專業管理和進行專業技術指導；個別設備出現故障或進行維修，對整個產品的生產製造影響小。它的缺點是：產品加工過程中運輸路線長，運輸數量大，停放、等待的時間多，生產週期長；增加了在製品數量和資金占用；生產單位間的協作複雜，生產作業計劃

管理、在製品管理工作複雜。

工藝專業化形式適用於企業產品品種多的單件小批量生產類型的企業。它一般表現為按訂貨要求組織生產，特別適用於新產品的開發試製。

二、對象/產品專業化

對象/產品專業化是按照產品的不同來設置生產單位（車間、工段、小組）。在對象/產品專業化的生產單位裡，集中了為製造某種產品所需要的各種設備和各工種的工人，能獨立地完成產品生產，是封閉式的生產單位。

按對象專業化原則建立的生產單位，其具體形式如下：

（1）工廠。如汽車製造廠、齒輪製造廠、飛機製造廠等。
（2）車間。如發動機車間、底盤車間、齒輪車間等。
（3）工段。如齒輪工段、曲軸工段、箱體工段等。

在服務業，也有以對象專業化原則來建立生產單位的。如醫院系統的專科醫院包括胸科醫院、五官科醫院、腫瘤醫院等。到這類醫院來的病人，要治療的都是同種疾病（加工對象相同或相似）。

對象專業化示意圖見圖2.2。

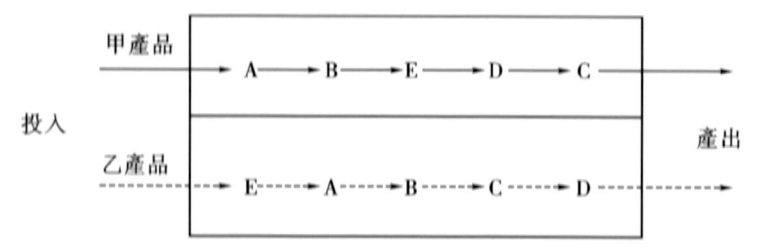

A、B、C、D、E為不同類型設備，⎯⎯為甲產品路線，-----為乙產品路線

圖2.2　對象專業化原則

按照對象專業化組成的生產單位的優點是：產品在加工過程中，可採用先進的生產組織形式，生產週期短、運輸路線短、在製品和流動資產占用量少；減小各生產單位協作往來聯繫，從而簡化計劃、調度、核算等管理工作。其缺點：在產量不大時，難以充分利用生產設備和生產面積；難以對工藝進行專業化管理；對品種變換適應能力差。

圖2.3是一名工人在吉利集團蘭州基地的汽車裝配線上工作。

圖 2.3　工人在吉利集團蘭州基地的汽車裝配線上工作

需要注意的是，在企業實際進行空間組織時，可以將工藝專業化原則與對象專業化原則綜合運用進行佈局。可以有以下兩種組織形式：

（1）在產品導向的生產單位裡，按工藝導向的形式組建下一級生產單位。例如，汽車發動機車間裡布置有熱處理工段等。見圖 2.4。

圖 2.4　混合原則

（2）在工藝導向的生產單位裡，按產品導向的形式組建下一級生產單位。例如，大學的管理系所開設的管理學、營運管理等課程。

第三節 生產過程的時間組織

生產過程的時間組織，主要是研究一批零件在加工過程中，採用何種移動方式。一般來說，一批零件在工序間的移動方式有順序移動、平行移動、平行順序移動三種方式。

一、順序移動方式

順序移動方式是指一批零件在上道工序全部完工以後，才送到下道工序去進行加工，見圖2.5。這種方式的特點在於，零件在工序之間是按次序連續的整批運送，生產週期長。這種移動方式加工週期的計算公式如下：

$$T_{順} = n \cdot \sum_{i=1}^{m} t_i$$

式中：$T_{順}$ 表示一批零件順序移動的加工週期；n 表示零件批量；m 表示零件加工工序數目；t_i 表示第 i 道工序的加工時間。

例2.1：已知 $n=4$，$m=4$，$t_1=10$ 分鐘，$t_2=5$ 分鐘，$t_3=15$ 分鐘，$t_4=10$ 分鐘，則 $T_{順}=4×(10+5+15+10)=160$（分鐘），如圖2.5所示。

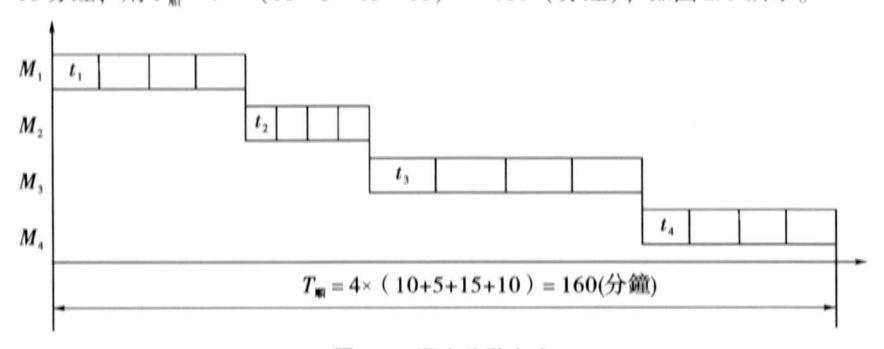

圖2.5 順序移動方式

二、平行移動方式

平行移動方式是指一批零件中的每個零件在前一道工序完工後，立即傳送到下一道工序繼續加工，見圖2.6。這種方式的特點是：零件在各工序之間是逐件運送，並在不同工序上平行加工的。這種移動方式的加工週期的計算公式如下：

$$T_{平} = \sum_{i=1}^{m} t_i + (n-1) \cdot t_長$$

式中：$T_平$ 表示一批零件平行移動的加工週期；$t_長$ 表示各道工序中最長工序的單件工時；其餘符號同前。

將例 2.1 中的單件工序時間代入，可得 $T_平$ =（10 + 5 + 15 + 10）+（4 − 1）× 15 = 85（分鐘），如圖 2.6 所示。

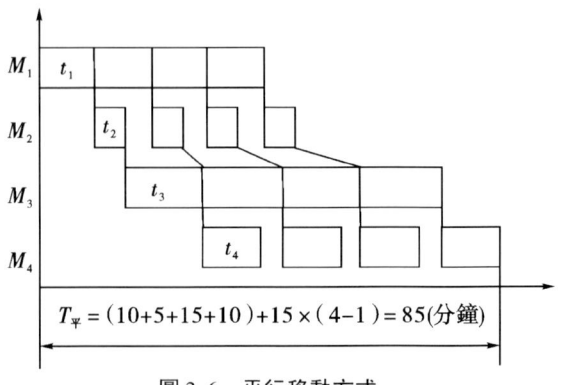

$$T_平 = (10+5+15+10) + 15 \times (4-1) = 85 (分鐘)$$

圖 2.6　平行移動方式

三、平行順序移動

平行順序移動方式是指將順序移動和平行移動兩種方式結合使用。也就是說，一批零件在前一道工序尚未全部加工完畢，將已加工好的一部分零件轉送到下一道工序加工，並使下一道工序能連續地加工完該批零件。其具體做法是：後一道工序單件加工時間比前一道工序單件加工時間長，則前一道工序往後一道工序按件運送；後一道工序單件加工時間比前一道工序單件加工時間短，後一道工序的最後一個零件只能等到前一道工序所有零件加工完畢後，才能開始加工，則後一道工序的第一個零件加工時間，可從最後一個零件的加工時間依次向前倒推確定，見圖 2.7。

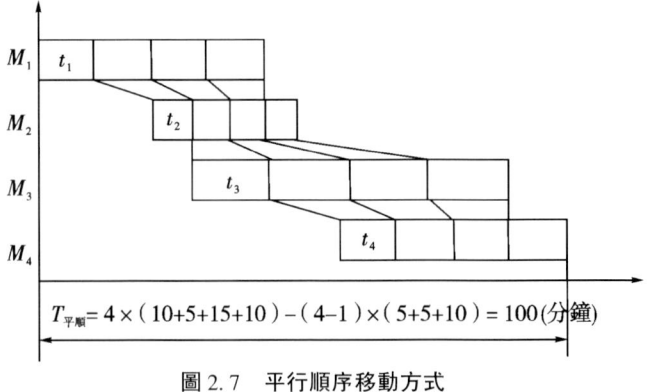

$$T_{平順} = 4 \times (10+5+15+10) - (4-1) \times (5+5+10) = 100 (分鐘)$$

圖 2.7　平行順序移動方式

這種移動方法的加工週期的計算公式如下：

$$T_{平順} = n \cdot \sum_{i=1}^{m} t_i - (n-1) \cdot \sum_{i=1}^{m-1} t_{i短}$$

也即：

$$T_{平順} = T_{順} - (n-1) \cdot \sum_{i=1}^{m-1} t_{i短}$$

式中：$T_{平順}$ 表示平行順序移動方式加工週期；$t_{i短}$ 表示較短工序，相鄰兩工序中，工時較短的工序單件工時。

將例2.1中的數值代入，得 $T_{平順} = 4 \times (10+5+15+10) - (4-1) \times (5+5+10) = 100$（分鐘）。

從上述三種移動方式可以看出，順序移動方式的生產週期最長，平行順序移動方式的生產週期較短，平行移動方式的生產週期最短；在設備利用方面，當前一道工序的單件時間大於後一道工序的單件時間時，平行移動方式會產生機床停歇時間；在組織管理方面，順序移動方式最簡單，平行順序移動方式最複雜。因此，在具體選擇零件的移動方式時，應根據各自特點，結合生產的各種條件確定。當批量小、工序單件時間短，可採用順序移動方式；當批量大、工序單件時間長，宜採用平行順序移動或平行移動方式。對於工藝專業化的車間、工段、小組宜採用順序移動方式；對象專業化的車間、工段、小組，宜採用平行或平行順序移動方式。

第四節　生產營運的類型

如果從管理的角度，可以將生產營運分成兩大類：製造性生產和服務性營運。

一、製造性生產的類型

（一）流程型生產與加工裝配型生產

按照工藝特徵分類，可以把企業的生產營運劃分為流程型生產與加工裝配型生產。

流程型生產企業與加工裝配型生產企業不同。流程型生產是指被加工對象不間斷地通過生產設備，通過一系列的加工裝置使原材料進行化學變化或物理變化，最終得到產品。典型的流程製造行業包括化工、食品飲料、製藥、化妝品等以配方為基礎的行業。

加工裝配型的企業是指產品在結構上是可拆分的，產品是由零部件或元件

組成的，因此產品在加工時零部件先分別加工，然後再總裝成產品。由於產品加工工藝的這一特性，產生了零部件加工時的平行性特徵以及組織生產過程的連續性問題（時間銜接）。又由於一個產品對其組成的零部件有不同的數量要求，這就對生產過程提出了數量配套的要求。因此，加工裝配型的企業，其生產過程的組織比較複雜，既要求數量配套，又要求時間銜接，而當企業生產的品種增多而且經常變化時，這一難度就更加高。

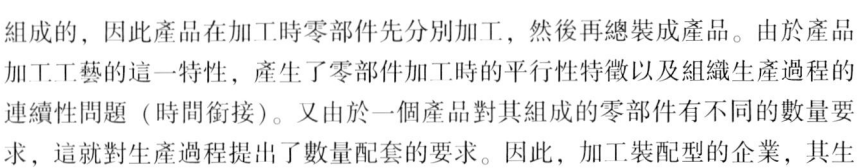

流程型生產與加工裝配型生產的特點不同，導致生產管理的特點不同。流程型生產的地理位置集中，生產過程自動化程度高，只要設備體系運行正常，工藝參數得到控制，就可以正常生產合格產品。生產過程中的協作與協調任務少。加工裝配型生產的地理位置分散，零件加工和產品裝配可以在不同的地區甚至在不同的國家進行。零件種類繁多，加工工藝多樣化，又涉及多種多樣的加工單位、工人和設備，導致生產過程中協作關係十分複雜，計劃、組織、協調與控制任務相當繁重，生產管理大大複雜化。因此，生產管理研究的重點一直放在加工裝配型生產上。

(二) *存貨型生產與訂貨型生產*

按企業接受訂貨的方式和顧客要求定制的程度分類，可以將製造性生產劃分為存貨型生產和訂貨型生產。存貨型生產是指在對市場需求量進行預測的基礎上，有計劃地進行生產，產品有庫存。為防止庫存積壓和脫銷，存貨型生產管理的重點是供、產、銷之間的銜接，按「量」組織生產過程各環節之間的平衡，保證全面完成計劃任務。這種生產方式的顧客定制程度很低，通常是標準化地、大批量地進行輪番生產，其生產效率比較高。

訂貨型生產是指在收到顧客的訂單之後，才按顧客的具體要求組織生產，進行設計、供應、製造和發貨等工作。由於是按顧客要求定制，故產品大多是非標準化的，在規格、數量、質量和交貨期等方面可能各不相同。由於是按訂貨合同規定的交貨日期進行生產，產品生產出來立即交貨，所以基本上沒有產成品存貨。訂貨型生產管理的重點是確保交貨期，按「期」組織生產過程各環節的銜接平衡。

訂貨型生產方式還可以進一步按為顧客定制的製造階段劃分為：

（1）面向訂單裝配（ATO）。這是指接到客戶訂單後，將有關的零部件裝配成客戶所需的產品。

（2）面向訂單生產（MTO）。這是指接到客戶訂單後，才開始組織採購和生產。

（3）面向訂單設計（ETO）。這是指按照客戶要求組織設計和生產，一般為非重複的單項任務。

（三）大量生產、成批生產和單件生產

按生產任務的重複程度和工位的專業化程度分類，可以將製造性生產劃分為大量生產、成批生產和單件生產三種類型。

大量生產的特點是生產的品種少而每一品種的產量大，生產穩定且不斷地重複進行。一般這種產品在一定時期內具有相對穩定的很大的社會需求。如螺栓、螺母、軸承等標準件，家電產品、小轎車等。工位固定完成一兩道工序，專業化程度很高。大量生產類型有條件採用高效的專用設備和專用工藝裝備，工位按對象專業化原則設置，採用生產線和流水線的生產組織形式。在生產計劃和控制方面也由於生產不斷重複進行，規律性強，有條件應用經過仔細安排及優化的標準計劃和應用自動化裝置對生產過程進行監控。工人也易於掌握操作技術，迅速提高熟練程度。

當企業採用大量生產方式時，生產組織經常採用流水線（Flow Line）的生產方式。這是對象專業化的最高形式。流水線是指勞動對象按照一定的流程（工藝路線），順序地通過各個工作中心，並按照一定的速度（節拍）完成作業的連續重複進行的一種生產與營運組織形式。

成批生產的特點是生產的產品產量比大量生產少，而產品品種較多，各種產品在計劃期內成批地輪番生產，大多數工位要負擔較多工序。由一批產品的製造改變為另一批產品的製造，工位上的設備和工具就要做相應的調整，即要花一次「準備結束時間」。每批產品的數量越大，則工位上調整的次數越少；反之，每批產品的數量越少，則工位上調整的次數越多。所以，合理地確定批量，組織好多品種的輪番生產，是成批生產類型生產管理的重要問題。根據生產的穩定性、重複性和工位專業化程度，成批生產又可分為大批生產、中批生產和小批生產。大批生產的特點接近於大量生產，小批生產的特點接近於單件生產。每隔一定時間組織產品輪番生產時，有固定重複期的叫定期成批生產，沒有固定重複期的叫不定期成批生產。

單件生產的特點是產品對象基本上是一次性需求的專用產品，一般不重複生產。因此，生產中品種繁多，生產對象不斷在變化，生產設備和工藝裝備必須採用通用性的，工位的專業化程度很低。在生產對象複雜多變的情況下，一般宜按工藝專業化原則，採用機群式布置的生產組織形式。生產作業計劃的編製不宜集中，一般採取多級編製自上而下逐級細化的方法，在生產指揮和監控上要使基層能夠根據生產的實際運行情況有較大的靈活處置權，以提高生產管理系統的適宜能力。單件生產要求工人具有較高的技術水準和較廣的生產知識，以適應多品種生產的要求。

表 2.2　　　　　　　　　三種生產類型比較

	大量生產	成批生產	單件生產
生產的品種和數量	品種少，數量多	品種較多，數量較多	品種繁多，數量少
生產穩定性和重複性	很強	一定的穩定性和重複性	差
使用的設備和工裝	專業，自動化	部分專用，部分通用	通用設備
專業化方式	對象專業化	兩種兼有	工藝專業化
生產計劃	整體優化，仔細	優化有所下降	粗略
生產控制	即時監控	現場控制較難	生產控制任務很重
生產效率	高	中	低

二、服務性營運的類型

(一) 純服務性營運和一般服務性營運

按照是否提供有形產品，可將服務性營運劃分為純服務性營運和一般服務性營運兩種。純服務性營運不提供任何有形產品，如諮詢、指導和講課等；一般服務性營運則提供有形產品，如批發、零售、郵政、運輸、圖書館書刊借閱等。

(二) 高接觸型營運、混合型營運和準製造型營運

按照與顧客直接接觸的程度，可將服務性營運劃分為高接觸型營運、混合型營運和準製造型營運三種。

高接觸型營運是指那些與顧客直接打交道或直接交往的服務性營運，如旅館的接待服務、保險公司的個人服務、餐廳的上菜服務、零售業的櫃臺銷售服務、醫院的門診服務以及課堂教學等。高接觸型營運的效率和質量，主要取決於服務人員的職業道德和工作能力。

準製造型營運就是不與顧客直接打交道，而是從事業務和信息處理的服務性工作，如企業的行政管理、會計事務處理、存貨管理、計劃與調度、採購作業、批發、設備維護等。這些準製造型營運從性質上看，與製造系統的類似作業並無本質區別，可直接應用製造業先進的生產管理方法來改進這類服務性營運的效率。

混合型營運是指性質和內容介於高接觸型營運和準製造型營運之間的各種服務工作，如銀行的出納作業、火車站的售票作業、售後服務部門的修理工作、超市的上貨工作等。

(三) 技術密集型營運和人員密集型營運

按生產營運系統的特性劃分，可將服務性營運劃分為技術密集型營運和人員密集型營運。這種分類方式的區別主要在於人員與設施裝備的比例關係。前者需要更多的設施及裝備投入，後者則需要高素質的人員。

表 2.3　　　　　　　　服務業營運類型的劃分

按營運系統特性分		按顧客的需求特性分	
		通用型 ←————————→ 專用型	
	技術密集 ↑↓	航空、運輸、金融、旅遊、娛樂、郵電通信、廣播電視	醫院、汽車等修理業、技術服務業
	人員密集	零售、批發、學校、機關、餐飲	諮詢公司、建築設計師、律師、會計師事務所

航空公司、運輸公司、銀行、娛樂業、通信業、醫院等都屬於技術密集型營運；百貨商店、餐飲業、學校、諮詢公司等屬於人員密集型營運。從中不難看出生產營運管理的相應特點：前者更注重合理的技術裝備投資決策，加強技術管理，控制服務交貨進度與準確性；後者更注重員工的聘用、培訓和激勵，工作方式的改進、設施選址和布置等問題。

【綜合案例分析】　　　　　法勃萊克公司案例

3月的某天下午，法勃萊克公司的領班Frank Deere去見公司機械產品部經理Stewart Baker。Baker說：「Hi, Frank，我希望能聽到關於這周的Pilgrim公司訂單的好消息。我不想如上周那樣弄得神經緊張。」

法勃萊克公司組建於1938年，建廠初期專門為包裝機械廠加工機器鑄件。近年來公司在高質量機床部件市場取得重要地位。僅1986年一年，公司向不同行業的130家機器製造商銷售了價值1,500萬美元的零部件。法勃萊克公司總部及生產廠設在印第安納州的一幢有150,000平方英尺（1平方英尺＝0.092,903平方米）面積的單層現代化的大樓內。

公司致力於提高快速準時交貨與低成本高質量的信譽。為此，公司總經理強調公司戰略的4個關鍵因素：①高報酬高技能的工人；②大量適應各種精密機械加工的通用機床；③一個為低成本高質量製造產品提供富有想像力的方法的工程部門；④某些工序的強大的檢測與質量控制能力。

公司雇傭250人，其中200人從事生產與維修工作，公司員工參加機械工會。該公司的員工工資水準在當地一直是較高的。

一、Pilgrim 公司的合同

Stewart Baker 從商學院畢業後，於1968年6月進入法勃萊克公司市場部工作。當他得知 Pilgrim 公司（一個主要的機械製造商）的一家供應商因勞工問題而供貨有困難時，他於1月初得到 Pilgrim 公司的第一張訂貨合同。零件由外購的鑄件加工至公差尺寸。由於零件是裝在發動機上，會產生高溫與摩擦壓力。

Pilgrim 公司明確說，這是一次嘗試性合同，如果法勃萊克公司的產品質量與交貨信譽是令人滿意的，就會得到更大量、更長期的合同。1月中旬，Baker 被指派為機械產品部經理，並負責建立法勃萊克的汽車零件市場。

公司大部分的機床操作工工資是以工時定額為基礎的超產激勵支付方式。如果一個工人沒有達到標準定額，其工資等於完工件乘以單位標準金額工資。當某工人超過了標準定額，他的收入成正比例增長。法勃萊克的機床工平均作業量大約為標準定額的133%，大多數工人能得到高於定額標準的獎金，有些人則大大地超過了133%的平均水準。因此，公司以定額標準的133%作為生產與平衡機時及人力的定額。

法勃萊克公司管理部門擔心的是防止來自於因限定了任一工人的生產標準額則產生設備間的干擾現象（當一工人因等工待料而產生的強制性空閒時間），而工人都有能力超過定額標準。如果出現了設備干擾現象，一個熟練工人所節省的時間僅僅是增加每一週期的空閒時間，而不是增加生產時間。為避免這一情況，公司採取了一個政策，試圖分配給每一個操作工以足夠的機器。在這種情況下，使工人們確信，在較寬的限制範圍內，他們獲得獎金的能力取決於他們自己的能力及獲得高額獎金的願望，而不能怪罪於設備干擾。

二、調整銑床作業

在正常的作業量下，按上述政策分配一定量的機器給操作工是可行的。然而，當生產量上升時，則需計劃較緊的機時，並雇傭附加的工人。在這種情況下，調整雇工數量是很重要的。1969年年初，全公司的產量大大超過正常量。Pilgrim 公司的零件加工有八道工序：①開箱與目視檢驗外購鑄件；②粗銑軸承面；③精銑軸承面；④銑平面；⑤銑鍵槽；⑥鑽8個孔；⑦精磨軸承面；⑧最後檢驗與包裝裝箱。

由於設計上的要求，4道銑切工藝按固定的順序加工是必需的。加工時需增加車間的銑床能力。工程部認為，按著加工次序，分配四臺以上的銑床而又

不嚴重破壞銑床組其他工作的生產計劃是不可能的。預計日後一段時間對銑床能力的需求仍然會很高，這一情況也許會限制以後分配給 Pilgrim 訂單四臺以上的銑床。現有四臺銑床排列得很近，有自動喂料功能，一個工人操作全部四臺銑床是可能的。

Pilgrim 公司的零件製造從 1969 年 1 月開始，一臺鑽床與一臺磨床已搬到了四臺銑床邊上。兩位材料檢驗員和兩位曾一起工作的機床工被派到了這條新的生產線上。一位操作工負責四臺銑床，另一位操作工負責鑽床與磨床。操作工在以前的崗位上，工資是參照各自的激勵基數支付的，材料檢驗工按小時支付。這種支付方式被延續到新的作業。由於查明質量責任是困難的，工人的工資按總產出量基數支付，而不是按合格產品總數。

銑床的日產標準定在 100 個成品上，而一個有經驗的銑工每天至少能生產 133% 的定額標準產品。假定每日生產 133 個零件，每週會多出 15 個零件以做緩衝儲備。Stewart Baker 認為這樣有點緊張，但是由於邊際利潤所限，他又不願增加更多的工人。

開工後不久，物料流動是平穩的，在崗位之間沒有不可接受的工序在製品。第一批的 680 件在 1 月 31 日準時裝運。小組穩定在 133% 的標準定額的平均水準上。Frank Deere 向 Baker 匯報：該小組加工新產品與生產以前的產品一樣好。小組成員與以前一樣，一起休息，一起吃飯。

三、裝運計劃與問題

生產了 Pilgrim 公司的兩批零件後，一位銑工在週末發生了一次車禍。他因幾處受傷被送進醫院，儘管傷癒歸來的準確時間無法預計，但可以肯定，他在幾個月內不可能出院。

星期一上午，Deere 派了一位技術特別熟練的工人 Arthor Moreno 做銑床工作。午飯後，Moreno 開始做 Pilgrim 公司的活。這一分派意味著 Moreno 從原來獎金較高的生產任務上調走。他原來是獨自工作，每週收入 215 美元，近 85 美元是超定額獎金。然而領班認為 Moreno 原來的工作做不長久，調他到新的崗位工作幾個月，他也能工作得很出色。

Deere 和 Baker 估計小組能順利地完成 2 月 14 日的裝運計劃。除了在鑽床和磨床前偶爾堆積起在製品外，到週三為止，Moreno 的工作幹得不錯，看來調動是平穩和成功的。

2 月 13 日週四，Moreno 向領班說，他幹銑工也許不能賺到以前那樣多的錢，領班認為這個婉轉的不滿對某些近來改變工作的人來說是在意料之中的。2 月 18 日週二，Moreno 領到了新工作的周工資。他衝著 Deere 發火，揮動著

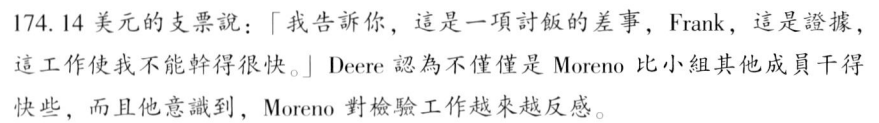

174.14 美元的支票說：「我告訴你，這是一項討飯的差事，Frank，這是證據，這工作使我不能幹得很快。」Deere 認為不僅僅是 Moreno 比小組其他成員幹得快些，而且他意識到，Moreno 對檢驗工作越來越反感。

週三中午前，進行了一項關於銑床工作的時間研究。Moreno、領班與研究人員都認為該產品的操作標準在技術上是合理的。Moreno 告訴領班，他擔心不能超額完成定額的 133%。Deere 承認線內的全部工作與平均生產率是完全一致的，他告訴 Moreno：「不要為下道工序堆積工件而著急，如果你想幹得快些，就幹起來吧！」

到週四下午，Moreno 又擔心了，他干完了工作，卻找不到為銑床準備工件的材料檢驗員。除了 Pilgrim 公司的鑄件外，檢驗員還有其他任務，此刻正在工廠的另一地點工作。其他人告訴他，不知道檢驗員在哪兒。

到週五，Pilgrim 公司的裝運工作按計劃進行，雖然工件開始在鑽床與磨床前堆積起來了，但沒出現什麼問題。

下一週，一個新問題產生了，檢驗員在裝箱前查出週一、週二兩天生產的 38 件不合格品。因關鍵的軸承面超出公差和太粗糙，問題似乎是出在磨床加工上。領班 Deere 要求負責鑽床與磨床的 Clark 在週三加班 8 小時重磨有缺陷的工件，同時消除掉堆積的在製品。Clark 為有加班機會而高興，他使領班相信，他對質量問題沒有責任。Clark 說：「如果你想發現問題，請問 Moreno，他給了我大量的廢品，我不得不放慢磨床的進給速度以得到還算不錯的成品。」而 Moreno 正以標準定額的 167% 的水準加工零件。

2 月 28 日裝運發貨時，卡車被拖延了一個小時，等待少量的還在加工的產品接受檢驗與裝箱。到 3 月 4 日週二，Deere 清楚地知道質量問題並沒有解決，Clark 需要加班的時間仍很大。他們正面臨著難以在週五裝運的現實。下午，Baker 來檢查 Pilgrim 公司的貨物情況。

Deere 說：「Baker，我們遇到了真正的問題，看來我必須增加工人，替代某些人，加班和設置另一臺磨床。當然，在我決定我將要做的事情之前，我會與主管談的。」

「等一會兒，」Baker 說，「我們還不知道引起這些不合格品的原因。如果我們放過這些隱蔽的問題和諸如加班的問題，我們會失去這份訂單的。」

Deere 回答說：「我還能幹什麼？Baker，難道你不想準時履約嗎？」

「行，我們在一週或更早以前干得很好。」Baker 回答說：「Moreno 一定與此有關，Clark 看到堆在面前的一天比一天多的在製品使他感到煩惱，Moreno 的快速意味著 Clark 的磨床操作變慢。你知道，我從沒有看見 Moreno 與小組其

他成員在一起，除了他們上班時。」

「我猜你想讓我開除 Moreno。」Deere 回答說，「他是我手下最棒的一個。Baker，你將會準時得到 Pilgrim 的訂單，現在我有其他事情要做。你知道，我還有 28 名銑工可對付局面。」

案例來源：龔國華，李宏餘，許寒瑞．生產與營運管理案例精選 [M]．上海：復旦大學出版社，2002．

討論題

1. 案例中介紹的是哪一種生產類型？該生產類型有什麼特點？生產管理的重點是什麼？
2. 引起 Pilgrim 公司訂單產品不合格的可能原因是什麼？
3. 法勃萊克使用的刺激政策對 Moreno 的行為產生了什麼後果？
4. 短期內，對 Pilgrim 訂單加工可採取什麼改進措施？
5. 關於這一案例中的情況，從長期看有何隱憂？

課後習題

1. 試述現代企業的生產過程由哪幾個過程組成。
2. 怎樣判斷企業的生產過程是否合理？
3. 不同類別企業的營運管理是否存在一些共性和規律？若存在共性，分類的標誌是什麼？
4. 已知一批零件，批量為 5，經過四道工序加工。按照工藝順序，各工序加工時間為 5 分鐘、15 分鐘、10 分鐘和 5 分鐘。試求在平行移動和平行順序移動條件下的加工週期。

第三章　營運戰略

> **本章關鍵詞**
>
> 產品戰略（Product Strategy）
> 營運戰略（Operation Strategy）
> 核心能力（Core Capability）
> 營運系統（Operation System）
> 製造柔性（Manufacturing Flexibility）
> 競爭能力（Competition Capability）
> 生產集成（Production Integration）
> 競爭策略（Competitive Strategy）

【開篇案例】　美國郵政服務公司

　　美國郵政服務公司的基本目標就是贏得顧客滿意、改善雇員和組織的效率及財務績效，它的職責就是為全美國範圍的個人、團體和商業組織提供郵政服務，服務宗旨是快捷、可靠和高效。具體來說，美國郵政的目標就是為顧客提供最有價值的產品和服務，從而使它成為 21 世紀美國主要的郵政營運商，這就要求它集中全力滿足顧客需求、建立合理的組織和始終保持領先。確保美國郵政成長的四大核心戰略就是：優質的服務水準、嚴格的成本控制、努力成為 21 世紀的成長型企業和為顧客創造價值。

　　從 1998 年開始的一個五年戰略規劃反應了美國郵政服務公司在數據收集、數據分析和制定決策時所面臨的環境都已與它成立之時大相徑庭。激烈的競爭、替代工具的出現、全球化的趨勢和較高的顧客期望把美國郵政服務公司引到了一個新的十字路口，它只能努力提高生產與營運效率，狠抓產品和服務革新，才能降低成本、增加利潤，也只有這樣才能實現它的服務宗旨。

　　資料來源：Norman Gaither and Greg Frazier. Operations Management ［M］. Ed. 9th. South‑Western Thomson Learning, USA, 2002.

討論題

1. 什麼是營運戰略？
2. 美國郵政採用了什麼樣的營運戰略？
3. 營運戰略對企業獲得競爭優勢的意義何在？

第一節　現代企業的經營環境

一、全球化的趨勢

近20年來，世界經濟體制發生了重大變化，越來越多的國家開始接受國際貿易共同的遊戲規則，實行金融自由化和貿易自由化的政策，再加上交通、通信技術的突飛猛進，使得技術、資金、勞務在全球範圍內自由流動，跨國公司利用各國的比較優勢在全球設立生產基地，原來的區域性社會分工被全球性社會分工所替代，這就使得現代企業不得不在全球範圍尋找自己生存的恰當位置。

二、顧客需求的個性化

在賣方市場時代，商品供不應求，企業追求標準化、規模化的生產，以建立成本優勢，顧客個性化的傾向受到了壓制，隨著信息時代的到來以及商品的極大豐富使得當今的市場進入買方市場，顧客追求個性的張揚和標新立異的願望得以實現並會在不遠的將來成為趨勢。而網絡經濟的發展是實現個性化定制的催化劑，電子商務、網上定制日漸風靡。企業傳統的經營模式受到了挑戰。

三、產業結構的變化

從外部來看，世界範圍的經濟結構調整，尤其是發達國家的產業結構正在發生重大的變化，跨國公司的迅速擴展，對全球資源配置能力的增強，引發了投資方式和國際分工的變化，導致中國產業結構發生深刻變化，產業競爭由國內轉向國際。從內部來看，改革開放以來，有中國特色的市場經濟取代了計劃經濟成為中國主導的經濟運行模式，產業結構出現了明顯的變化。主要表現在：第一產業的產值結構和勞動力結構持續下降，1978年中國三大產業的產值結構為 28.1∶48.2∶23.7，1998年為 18.0∶49.2∶32.8，到了2002年變為 14.5∶51.8∶33.7；以工業為主體的第二產業的產值結構和勞動力結構逐步提

高，但製造業附加值低，缺乏國際競爭力，勞動密集型產品出口占主導；雖然第三產業的產值結構和勞動力結構不斷提高，但仍滯後於國民經濟發展的需要，比重甚至低於世界上一些發展中國家。

四、知識經濟時代的到來

當今的世界已進入一個信息傳遞高速化、商業競爭全球化、科技發展高新化的知識經濟時代，它是建立在知識和信息的生產、分配以及應用基礎之上，以高速信息網絡為基礎設施、以知識資本為主要資本形態、以無形資產投入為主要投入方式、以知識密集型的軟產品為主導產品形式的可持續發展的新型經濟。而為這種經濟提供動力的公司成為了新時代的企業明星，工業經濟時代的「石油大亨」「汽車大王」正在被「網絡之王」「電腦大王」所取代。在世界500強中，沃爾瑪、英國電信、戴爾和微軟在收入和利潤增長方面都令人叫絕，制藥、技術和電信等新興領域的公司的表現大大超過鋼鐵、汽車和能源等領域的公司，說明舊經濟和新經濟之間的差別正日益擴大。

五、技術的飛速發展

近年來，各種各樣的技術層出不窮，特別是以計算機為代表的電子技術的飛速發展，以及技術轉化為生產力的時間越來越短並在各行業中迅速擴散，對企業適時地應用最新技術成果實現價值創造過程提出了前所未有的要求。而且當今技術的發展還呈現出一個新的特點，就是許多新的技術不是在繼承老技術的基礎上發展起來的，而是呈現跳躍性，直接取代老技術。另外，技術的不斷更新，導致產品壽命週期不斷縮短，產品品種不斷變化，使得規模化生產模式面臨全新的適應性的考驗。

六、國家宏觀政策的變化

工業企業運行不僅受市場需求影響很大，而且對國家宏觀政策變化也很敏感。黨的十五大以來，中央提出轉化經營體制改革，各地運用其相對優勢大力發展鄉鎮企業，蘇南模式、溫州模式大獲成功，鄉鎮企業風靡一時；隨著改革開放的深入，西部大開發政策的實施，給企業的發展帶來新的機遇和挑戰；國家一系列政策調整，必然會對相關的企業帶來深刻的影響。這就要求企業建立靈活的反應模式，以應對國家宏觀政策變化所帶來的挑戰。

第二節　營運戰略概述

一、營運戰略的定義

「戰略」一詞原是軍事術語，最早源於希臘語「Strategos」，其含義是「將軍指揮軍隊的藝術和科學」。在中國古代的《左傳》和《史記》中對「戰略」一詞也有描述。從管理的角度看，最早是由美國經濟學家切斯特·巴納德（Chester I. Barnard）把戰略觀念引入企業管理中。他在1938年出版的《經理的職能》一書中首次運用戰略概念。目前，「戰略」在企業管理中已經被十分廣泛地應用，如經營戰略、行銷戰略、產品戰略、價格戰略、投資戰略、組織結構戰略、持續發展戰略、聯合戰略等。

戰略是對全局發展的籌劃和謀略，它實際上反應的是對重大問題的決策結果，以及組織將採取的重要行動方案。企業戰略則是對企業重大問題的決策結果以及企業將採取的重要行動方案，是一種定位，是一種觀念，是企業在競爭的環境中獲得優勢的韜略。

營運戰略是指企業為了實現組織願景，對銷售、設計、加工、交貨等各個環節設計一套調配和運用各種內外部資源的政策和計劃，以便實現企業的長期競爭戰略。它的著眼點是企業所選定的目標市場；它的工作內容是在既定目標導向下制定企業建立生產系統時所遵循的指導思想，以及在這個指導思想下的決策規劃、決策程序和內容；它的目的是使生產系統成為企業立足於市場、並獲得長期競爭優勢的堅實基礎。營運戰略一般包括如下內容：

（1）產品選擇。目標市場確定以後，需要考慮選擇什麼產品，怎樣的產品才能占領市場。

（2）生產能力需求計劃。這是指在戰略計劃期內，對生產能力數量上的需求、時間上的需求以及種類的計劃。

（3）工廠設施。工廠設施包括確定工廠規模、選廠址、確定專業化水準。

（4）技術水準。技術裝備對競爭力的作用是第一位，選擇技術合適的設備，確定自動化程度是一項十分重要的工作。

（5）協作化水準。確定自制與外購的比例，以及協作廠的數量。

（6）勞動力計劃。確定所需勞動力的技能水準，工資政策，穩定勞動力的措施。

（7）質量管理。這是指對不良品的預防、質量監督與控制。

(8) 生產計劃與物料控制。這是指資源利用政策、計劃集中程度和計劃方法。

(9) 生產組織。它是指確定生產系統結構、職務設計和職位責職。

二、營運戰略制定的影響因素

(一) 企業外部因素

1. 國內外宏觀經濟環境和經濟產業政策

任何一個企業在制定其經營戰略時都不可能不考慮這個因素。但這個因素與生產營運戰略的直接關係主要在於，環境和政策將影響生產營運戰略中的產品決策和生產組織方式的選擇。

2. 市場需求及其變化

市場需求及其變化這個因素似乎與制定企業經營戰略的關係更為密切，但實際上它也直接影響著生產營運戰略的制定。例如，企業經營戰略決定向電視機產業進軍，那麼應該生產什麼樣的電視機呢？如果選擇高清晰度電視機，對技術的要求則相當高，市場價格也低不了，銷路究竟如何尚難料；而且現有的生產系統、生產能力能否適應，為適應必須做哪些重大變化，可行性如何等，均需考慮。如果認為市場的最大需求不是價格昂貴的高清晰度電視機，而是相對而言便宜得多的普通電視機，那麼應該選擇普通電視機來生產。因此，生產營運戰略的制定，也需要直接考慮到市場的需求。還應考慮到市場的變化，以便及時考慮轉產、新產品開發、生產能力的擴張等戰略性問題。

3. 技術進步

技術進步從兩方面影響企業的生產和營運：一方面是對新產品和新服務的影響，另一方面是對生產方法、生產工藝、業務組織方式本身的影響。隨著技術進步的發展，生產營運戰略必須做相應的調整，或者從一開始制定生產營運戰略時，就充分考慮到技術進步的因素。

4. 供應市場

供應市場主要是指所投入資源要素的供應，如原材料市場、勞動力市場、外購件供應市場等。這個因素對企業產品的競爭力有極大的影響。例如，不可靠的外購件供應市場可能會影響產品質量或影響按時交貨，從而影響企業在質量和時間方面的競爭優勢。

(二) 企業內部因素

1. 企業整體經營目標與各部門職能戰略

企業整體經營目標通常是由企業經營戰略所決定的。在企業整體經營目標

之下，企業的不同職能部門分別建立自己的職能部門戰略和自己力圖達到的目標。因此包括生產營運戰略在內的各個職能級戰略的制定，都受企業整體目標的制約和影響。各職能級目標所強調的重點不同，往往對生產營運戰略的制定有影響，而且影響的作用方向是不一致的。例如，行銷部門往往希望多品種小批量生產，以適應市場需求的多樣化特點，而生產部門也許希望生產盡量穩定，少變化，從而提高系列化、標準化、通用化（簡稱「三化」）水準，以提高勞動生產率，降低生產成本。又如，生產部門為了保持生產的穩定性和連續性，希望保持一定數量的原材料及在製品庫存，但財務部門為了保持資金週轉，可能希望盡量減少庫存等。因此，在同一個整體經營目標之下，生產營運戰略既受企業經營戰略的影響，也受其他職能戰略的影響。在制定生產營運戰略時，要考慮到這些相互作用、相互制約的目標，權衡利弊，使生產營運戰略決策能最大限度地保障企業經營目標的實現。

2. 企業能力

企業能力對制定生產營運戰略的影響主要是指，企業在營運能力、技術條件以及人力資源等方面與其他競爭企業相比所佔有的優勢和劣勢，在制定生產營運戰略時盡量揚長避短。例如，當市場對某種產品的需求增大，而且經預測這種需求將會維持一段較長的時間時，那麼是否應該選擇這種產品進行生產，除了考慮到市場的這種需求優勢以外，還必須考慮到自己企業的生產能力以及技術能力。此外，根據企業所具有的能力特點，制定生產營運戰略時可將重點放在不同之處。例如，企業的技術力量強大、設備精度高、人員素質好，進行產品選擇決策時可能應該以高、精、尖產品取勝；如果企業的生產應變能力很強，那麼集中力量開發和生產與本企業生產工藝相近、產品結構類似、製造原理也大致相同的產品，在市場競爭中以快取勝。

還有一些其他影響因素，如過剩生產能力的利用、專利保護問題等，這裡不再一一細述。總而言之，生產營運戰略決策是一個複雜的問題，它雖然不等同於企業的經營戰略，但也要考慮到整個社會環境、市場環境、技術進步等因素，同時還要考慮到企業條件的約束以及不同部門之間的相互平衡等；否則將會影響到企業整個的生存和發展。作為一個生產營運管理人員來說，在制定生產營運戰略時，必須全面細緻地對各方面因素加以權衡和分析。一般來說，在進行決策時是有一些基本的思路和方法可循的，這就是下面幾節所要介紹的內容。

三、營運戰略對於提高企業競爭力的作用

在市場需求旺盛時，人們不注意營運戰略問題，這時只關心大量製造產品

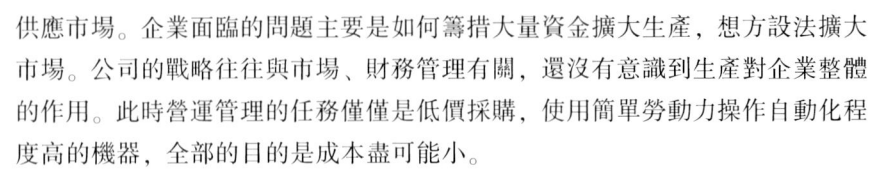

供應市場。企業面臨的問題主要是如何籌措大量資金擴大生產，想方設法擴大市場。公司的戰略往往與市場、財務管理有關，還沒有意識到生產對企業整體的作用。此時營運管理的任務僅僅是低價採購，使用簡單勞動力操作自動化程度高的機器，全部的目的是成本盡可能小。

1970年，美國學者斯金納（W. Skinner）意識到美國製造業的這個弱點，提出要考慮營運戰略，與企業已有的市場戰略和財務戰略相配套。在以後的研究中，學者們不斷強調將營運戰略作為競爭手段的重要性，指出企業如果不加以重視，會失去長期的競爭能力。這個觀點到了1980年，當美國的加工業被日本全面趕上並超過時，被證明是正確的。

案例分析

在20世紀60年代晚期和70年代早期，日本一家小型的汽車製造商正面臨著一個蕭條的並伴隨著通貨膨脹的經濟形勢，因為沒有一家公司能夠僅依靠生產單一的產品在萎縮蕭條的經濟形勢下生存，所以增加產品品種是非常有必要的。Taiichi Ohno和他的合作者開發了豐田生產系統（TPS）。建立TPS所依據的關鍵想法是在你正需要的時候生產你恰恰需要的產品。同樣，其潛在的問題也很簡單：不允許出現差錯。供應商和設備必須足夠可靠，生產必須足夠靈活，質量必須足夠高，每個方面都必須保證足夠的一致性。這個系統成功的關鍵之處在於其完美地協調了和供應商之間的關係，其必須在和製造商一樣保持靈活性的同時，滿足準確的時間安排和精確的績效規格。事實上，TPS是對亨利·福特組裝線或流程概念的重新發現，並加以重大改進：TPS不是致力於低成本和零靈活性，而是利用靈活流程生產更多種類的產品。同時，TPS還實現了多品種、高質量、低成本和短配送反應時間。它對世界範圍的競爭者所努力趕上的營運效力邊界線進行了完全重新的定義。在使TPS成為離散生產的世界級流程後，豐田仍舊是利用生產過程作為從行業中的低級上升到高級的一種競爭武器的一個最好的例子。

資料來源：方正．企業生產與營運國際化管理案例［M］．北京：中國財政經濟出版社，2002：129-132．

營運領域的戰略目標必須始於顧客和競爭者。制定營運戰略必須明確回答：現在和未來，我們的生產營運將以什麼方式為顧客增加價值，同時使我們相對於競爭對手具有持久的競爭優勢。為了回答上述問題，可以從成本、質量、交貨速度、製造柔性四個方面來考慮營運戰略對於提高企業競爭力的作用。

通常認為企業這四個方面都要同時投入相當的資源和努力。因此，需要判斷哪個因素對提高競爭力是重要的，然後就集中企業的主要資源重點突破。此

外，在四個方面之間存在衝突，如要提高交貨速度，則難以提高製造柔性，而低成本戰略也往往與高柔性、快速交貨相矛盾。這樣就產生了多目標平衡問題。

　　近年來，速度有成為競爭策略第一要素的趨勢。特別在高新技術產業，誰能最先推出新產品，誰就能制定高價格，贏得第一桶金，當跟隨者進入市場時，他會驚愕地發現價格已大幅下跌。數碼相機、電腦、手機、彩電都呈現這種現象。海爾集團首席執行官張瑞敏說：「我們與跨國公司比，論技術不如人家，論資金不如人家，我們唯一能比的就是速度。」海爾能夠在17小時內把一項設想變為現實，以速度贏得市場。

　　值得注意的是，與傳統的營運管理哲學相比，在新的生產條件下，營運戰略對於企業競爭力的提高提出了以下幾個重要觀點：

　　（1）強調了對企業競爭力的保障，通過對四個目標優先級的決策，實現生產系統的競爭優勢，或成本優勢、或質量優勢、或交貨優勢、或性能優勢，也可能是綜合優勢。而傳統方法一般以成本和效率為中心，強調系統的高產出和規模經濟。

　　（2）營運戰略強調系統要素在系統結構框架下的協調性，而傳統方法由於過分強調效率和新技術的運用，往往使系統要素組合失調，不能得到系統的最高效率。

　　（3）現代的生產營運系統比以前有了新的變化。生產營運系統是生產產品的製造企業的一種組織體，具有銷售、設計、加工、交貨等綜合能力，並有對其提供服務的研究開發功能，而且還可以把供應廠商、用戶都作為生產系統的組成部分。

　　（4）組織必須實現戰略、設計和營運的一體化。不瞭解作業系統的設計目的和能力就不可能選擇好適當的營運管理的方法。作業系統的設計必須依據組織的戰略。一方面，作業系統的設計必須依據組織的戰略；另一方面，戰略的制定必須考慮作業系統的能力以及領先於競爭對手的具體的作業方法。戰略必須指導設計和營運；反之，戰略又必須依據在營運方面的優勢。

　　（5）戰略、設計和營運不僅應當在總體上有效銜接，而且在細節上也應當處理優化得很好。只注意戰略，或是只注意作業細節，或是忽略作業系統的設計及其對戰略的影響，是導致公司失敗的三種常犯的錯誤。有效地管理作業的細節將會帶來公司的成功，只要這些細節是堅實的戰略的一部分。如果作業系統的設計決定著公司能否達到它的戰略目標，那它就具有戰略意義。

第三節　營運戰略的決策過程

營運戰略的決策過程分兩步進行，首先進行營運系統的功能目標的決策，然後進行營運系統結構的決策。

一、營運系統功能目標決策

營運系統功能目標決策過程如圖3.1所示。

圖3.1　營運系統功能目標決策過程

從圖3.1可以知道，在對營運系統功能目標做決策時，是以用戶對產品的需求和企業競爭戰略的需要來定義產品的功能的，即產品性能、質量、數量、價格、服務和交貨期等功能；然後根據產品的功能，進一步轉換成營運系統的功能目標，即創新、質量、柔性、成本、繼承性以及時間控制等功能目標。不同的用戶，對產品功能要求的優先級是不同的，因此轉換成對營運系統的要求和所強調的功能目標的優先級也是不同的。

有些企業對營運系統功能目標的定位是盲目的，因此所提供產品的功能不是根據用戶需求和企業競爭戰略，而是營運系統能提供什麼就生產什麼。營運戰略決策思路不清楚，導致所提供的產品競爭力不突出。

二、營運系統結構的決策

當完成營運系統功能目標決策以後，接下來就應該對營運系統的結構與功能的「匹配」進行決策。決策過程如圖3.2所示。

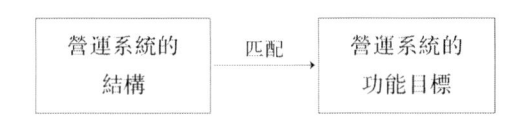

圖3.2　營運系統結構的決策

營運系統結構與功能的匹配決策，是使營運系統的結構化要素與非結構化要素以及它們的組合關係要適應營運系統功能的要求，而且結構化要素與非結

構化要素之間也要相匹配。例如，營運系統的功能目標追求的是柔性，這時結構化要素中的工藝方案以及有關的設備、工位器具都要服從柔性的要求，工藝方案中要考慮備選方案，設備、工位器具要注意其適用面廣的問題。另外，設施的佈局、生產能力以及集成化等方面都要注重這些要素的柔性問題。同樣，人力資源、生產計劃、庫存、質量都要重視在外部環境變化快的背景下對這些要素所提出的要求。

第四節　營運戰略的內容

生產營運戰略主要包括如下幾個方面的內容：①生產營運的總體戰略；②產品或服務的選擇、設計與開發；③營運系統的設計；④競爭策略；⑤生產營運組織方式。

一、生產營運的總體戰略

生產營運的總體戰略包括五種常用的生產營運戰略。

（1）自製或購買。這是首先要決定的問題。如果決定由本企業製造某種產品或提供某種服務，則需要建造相應的設施，採購所需要的設備，配備相應的工人、技術人員和管理人員。自製或購買決策有不同的層次。如果在產品級決策，影響到企業的性質；產品自製，則需要建一個製造廠；產品外購，則需要設立一個經銷公司。如果只在產品裝配階段自製，則只需要建造一個總裝配廠，然後尋找零部件供應廠家。由於社會分工大大提高了效率，一般在做自製或購買決策時，不可能全部產品和零部件都自製。

（2）低成本和大批量。早期福特汽車公司就是採用這種策略。在零售業，沃爾瑪公司也採取這種策略。採用這種策略需要選擇標準化的產品或服務，而不是顧客化的產品和服務。這種策略往往需要高的投資來購買專用高效設備，如同福特汽車公司當年建造T型車生產線一樣。需要注意的是，這種策略應該用於需求量很大的產品或服務。只要市場需求量大，採用低成本和高產量的策略就可以戰勝競爭對手，取得成功，尤其在居民消費水準還不高的國家或地區。

（3）多品種和小批量。對於顧客化的產品，只能採取多品種和小批量生產策略。當今世界消費多樣化、個性化，企業只有採用這種策略才能立於不敗之地。但是多品種小批量生產的效率難以提高，對大眾化的產品不應該採取這

種策略；否則，遇到採用低成本和大批量策略的企業就無法去競爭。

（4）高質量。質量問題日益重要。無論是採取低成本、大批量策略，還是多品種、小批量策略，都必須保證質量。在當今世界，價廉質劣的產品是沒有銷路的。

（5）混合策略。將上述幾種策略綜合運用，實現多品種、低成本、高質量，可以取得競爭優勢。現在人們提出的「顧客化大量生產」，或稱「大量定制生產」，或稱「大規模定制生產」，既可以滿足用戶多種多樣的需求，又具有大量生產的高效率，是一種新的生產方式。

二、產品或服務的選擇、開發與設計

企業進行生產營運，首先要確定向市場提供的產品或服務。這就是產品或服務選擇或決策問題。產品或服務確定之後，就要對產品或服務進行設計，確定其功能、型號、規格和結構；接著，要對製造產品或提供服務的工藝進行選擇，對工藝過程進行設計。

(一) 產品或服務的選擇

提供何種產品或服務，最初來自各種設想。在對各種設想進行論證的基礎上，確定本企業要提供的產品或服務，這是一個十分重要而又困難的決策。產品或服務的選擇可以決定一個企業的興衰。一種好的產品或服務可以使一個小企業發展成一個國際著名的大公司；相反，一種不合市場需要的產品或服務也可以使一個大企業虧損甚至倒閉。這已為無數事實所證明。產品決策可能在工廠建成之前進行，也可能在工廠建成之後進行。要開辦一個企業，首先要確定生產什麼產品。在企業投產之後，也要根據市場需求的變化，確定開發什麼樣的新產品。

產品本質上是一種需求滿足物。產品是通過它的功能來滿足用戶某種需求的。而一定的功能是通過一定的產品結構來實現的。滿足用戶需求，可能有不同的功能組合。不同的功能組合，由不同的產品來實現。因此，可能有多種產品滿足用戶大體相同的需求。這就提出了產品選擇問題。比如，同是為了進行信息處理，是生產普通臺式電腦還是生產筆記本電腦？同是為了貨物運輸，是生產輕型車還是生產重型車？必須做出選擇。

產品選擇需要考慮以下因素：

（1）市場需求的不確定性。人的基本需求無非是衣、食、住、行、保健、學習和娛樂等方面，可以說變化不大。但需求滿足的程度差別卻是巨大的。簡陋的茅屋可以居住，配有現代化設備的高級住宅也是供人居住的。顯然，這兩

者對居住需求的滿足程度的差別是很大的。人們對需求滿足程度的追求又是無止境的，因而對產品功能的追求無止境。隨著科學技術進步速度的加快，競爭的激化，人們「喜新厭舊」的程度也日益加強。這就造成市場需求不確定性增加。如一夜之間某企業推出全新的產品，使得原來暢銷的產品一落千丈。現實情況是，很多企業不注意走創新之路，當電風扇銷路好時，大家都上電風扇；洗衣機走俏時，大家都上洗衣機；農用車好賺錢時，又紛紛上農用車；等等。結果，或者由於市場容量有限，或者由於產品質量低劣，產品大量積壓，企業因此而虧損。因此，選擇產品時要考慮不確定性，要考慮今後幾年內產品是否有銷路。

(2) 外部需求與內部能力之間的關係。首先要看外部需求。市場不需要的產品，企業的技術能力和生產能力再強，也不應該生產。同時，也要看到，對於市場上需求大的產品，若與企業的能力差別較大，企業也不應該生產。企業在進行產品決策時，要考慮自己的技術能力和生產能力。一般地講，在有足夠需求的前提下，確定生產一個新產品取決於兩個因素；一是企業的主要任務。與企業的主要任務差別大的產品，不應生產。汽車製造廠的主要任務是生產汽車，決不能因為彩色電視機走俏就去生產彩色電視機。因為汽車製造廠的人員、設備、技術都是為生產汽車配備的，要生產彩色電視機，等於放棄現有的資源不用，能力上完全沒有優勢可言，是無法與專業生產廠家競爭的。當然，主要任務也會隨環境變化而改變。如果石油資源枯竭，現在生產的汽車都將被淘汰，汽車製造廠可能就要生產電動汽車或者太陽能汽車。二是企業的優勢與特長。與同類企業比較，本企業的特長決定了生產什麼樣的產品。

(3) 原材料、外購件的供應。一個企業選擇了某種產品，要製造該產品必然涉及原材料和外購件的供應。若沒有合適的供應商，或供應商的生產能力或技術能力不足，這種產品也不能選擇。美國洛克希德（Lockheed）「三星」飛機用的發動機是英國羅爾斯－羅伊斯（Rolls－Royce）公司供應的，後來羅爾斯－羅伊斯公司破產，使得洛克希德公司也瀕臨破產，最後不得不由美國政府出面擔保債務。

(4) 企業內部各部門工作目標上的差別。通常企業內部劃分為多個職能部門，各個職能部門由於工作目標不同，在產品選擇上會發生分歧。如果不能解決這些分歧，產品決策也難以進行。生產部門追求高效率、低成本、高質量和生產的均衡性，希望品種數少一些，產品的相似程度高一些，即使有變化，也要使改動不費事。銷售部門追求市場佔有率，對市場需求的回應速度和按用戶要求提供產品，希望擴大產品系列，不斷改進老產品和開發新產品。財務部門追求最大利

潤，要求加快資金流動，減少不能直接產生利潤的費用，減少企業的風險，一般說來，希望只銷售立即能得到利潤的產品，銷售利潤大的產品。

(二) 產品或服務的開發與設計

產品或服務的開發與設計是相當複雜且影響深遠的營運戰略活動。本部分將在本書第四章專門介紹產品或服務的開發和設計。

三、生產營運系統的設計

生產營運系統的設計對生產營運系統的運行有先天性的影響，它是企業戰略決策的一個重要內容，也是實施企業戰略的重要步驟。生產營運系統的設計包括生產和服務設施選址、生產和服務設施布置、崗位設計、工作考核和報酬等方面的策略。

四、競爭策略

(一) 競爭策略的意義

產品戰略決策是要決定企業應生產什麼、提供什麼服務。但是，與決定生產什麼具有同樣重要意義的是決定如何生產或營運。例如，當新建一個餐館時，你不僅需要決定提供什麼菜，還必須決定該餐館應具備什麼特色。只有這樣，才能與眾多的競爭對手有所區別，才有可能取勝。也就是說，生產營運戰略的另一個重要問題是確定如何使企業擁有和保持其獨特的競爭力。

何謂競爭力？競爭力是企業在自由和公平的市場條件下生產經得起市場考驗的產品和服務，創造附加價值，從而維持和增加企業實際收入的能力程度。這是企業經營成功的根本所在。美國著名的管理諮詢公司麥肯錫公司曾從27家傑出的成功企業中找出了一些共同特點，其中最關鍵的是兩條：一是抓住一個競爭優勢。例如，一個企業的優勢可能在於產品開發，而對於另外一個企業來說，其優勢在於產品質量；對於其他企業來說可能是廉價、對顧客提供的服務、不斷改進生產效率等。二是堅持其強項。優勢一旦確立，不為其他吸引輕易改變方向。例如，在同行中擁有低價格，在交貨期、技術或質量等方面有遠遠超出其同行之處。一個企業如能建立這樣的優勢，則是其寶貴財富，決不輕易放棄。這實際上意味著企業的競爭實力取決於企業獨特的強項，企業經營管理中的一個重要問題就是找出或開發企業的強項，並保持之。常見的企業強項往往在生產營運領域，如表現為低價格、高質量、新技術等方面。因此，生產營運戰略的重要任務之一是確定企業的競爭重點，並保持其競爭優勢。

(二) 如何確立競爭重點

企業根據自己所處的環境和所提供產品、生產營運組織方式等自身條件的

特點，可將競爭重點放在不同方面。表 3.1 表示常見的 4 組 8 個競爭重點。

表 3.1　　　　　　　　　　　競爭重點

項目	內容
成本	1. 低成本
質量	2. 高設計質量
	3. 穩定的質量
時間	4. 快速交貨
	5. 按時交貨
	6. 新產品開發速度
柔性	7. 顧客化（定制）產品與服務
	8. 產量柔性

　　（1）成本。價格低廉的產品總是有競爭優勢的。但價格一低，利潤也隨之變小，有時需要以大批量來彌補，但更重要的是應該努力降低成本。降低成本的途徑有多種。但在多數情況下，可以通過工作方式的改變、排除各種浪費來實現。在這方面，日本企業有許多成功的例子可以借鑑。還應指出的是，盡量降低成本以維持或增加市場佔有率的努力，經常是用於正處於其壽命週期的成熟期的產品。在這個時期，因產出最大，效率也達到了最高。

　　（2）質量。質量不僅是一個生產營運戰略的問題，也是國家經濟發展中的一個戰略問題。質量水準的高低實際上可以說是一個國家經濟、科技、教育和管理水準的綜合反應。因此，對於企業來說，提高產品質量有著更重要的意義。有兩點可以考慮：高設計質量和穩定的質量。前者的含義包括卓越的使用性能、操作性能、耐久性能等，有時還包括良好的售後服務支持，甚至財務性支持。例如，IBM 的個人計算機以其卓越的使用性能、操作性能著稱，但同時也提供三年免費保修等良好的售後服務，還對其產品實行分期付款、信用付款、租賃等財務性支持方式。這個事例又一次說明，產品和服務的設計，包括質量設計是不能割裂開來考慮的。後者是指質量的穩定性和一貫性。例如，鑄件產品的質量穩定性用符合設計要求（尺寸、光潔度等）的產品的百分比來表示，而一個銀行可能以記錄顧客帳號的出錯率來表示。麥當勞的質量穩定性是最著名的，不管你在哪個店，什麼時候就餐，所吃到的漢堡包的味道都是一樣的。

　　（3）時間。20 世紀 90 年代的企業給了時間競爭更重要的位置。因為當今

第三章　營運戰略

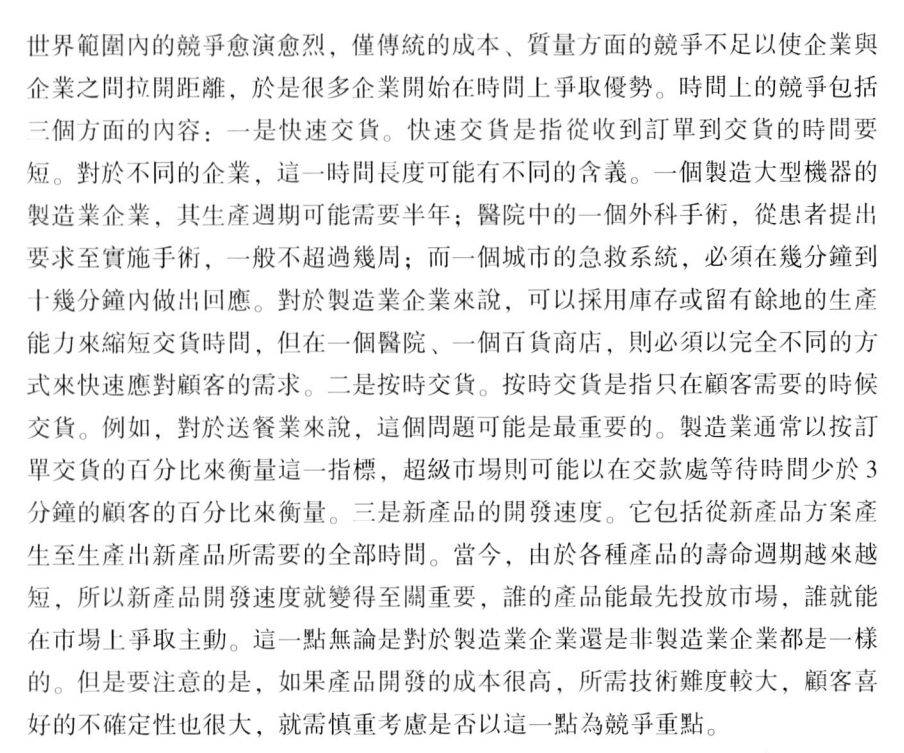

世界範圍內的競爭愈演愈烈，僅傳統的成本、質量方面的競爭不足以使企業與企業之間拉開距離，於是很多企業開始在時間上爭取優勢。時間上的競爭包括三個方面的內容：一是快速交貨。快速交貨是指從收到訂單到交貨的時間要短。對於不同的企業，這一時間長度可能有不同的含義。一個製造大型機器的製造業企業，其生產週期可能需要半年；醫院中的一個外科手術，從患者提出要求至實施手術，一般不超過幾周；而一個城市的急救系統，必須在幾分鐘到十幾分鐘內做出回應。對於製造業企業來說，可以採用庫存或留有餘地的生產能力來縮短交貨時間，但在一個醫院、一個百貨商店，則必須以完全不同的方式來快速應對顧客的需求。二是按時交貨。按時交貨是指只在顧客需要的時候交貨。例如，對於送餐業來說，這個問題可能是最重要的。製造業通常以按訂單交貨的百分比來衡量這一指標，超級市場則可能以在交款處等待時間少於3分鐘的顧客的百分比來衡量。三是新產品的開發速度。它包括從新產品方案產生至生產出新產品所需要的全部時間。當今，由於各種產品的壽命週期越來越短，所以新產品開發速度就變得至關重要，誰的產品能最先投放市場，誰就能在市場上爭取主動。這一點無論是對於製造業企業還是非製造業企業都是一樣的。但是要注意的是，如果產品開發的成本很高，所需技術難度較大，顧客喜好的不確定性也很大，就需慎重考慮是否以這一點為競爭重點。

關於時間競爭，日本企業給了我們很好的啟示。以日本汽車工業為例，從20世紀80年代後半期開始，日本汽車風靡全球，其原因當然有質量好、價格便宜等方面，但很重要的一個方面是日本企業在時間競爭上的優勢。以交貨速度為例。在豐田公司，一個來自國內的訂單四五天之後就能交貨，一個來自國外的訂單兩週以後就能交貨。再以產品開發速度為例，日本開發新車所需的時間只是美國的1/2、歐洲的1/3。這是日本汽車的競爭能力越來越強的一個重要原因。

（4）柔性。所謂柔性是指應對外界變化的能力，即應變能力。它包括兩個方面：一方面是顧客化（定制）產品與服務。即適應每一顧客的特殊要求，經常不斷地改變設計和生產營運方式的能力。例如，高級時裝公司，專門用於銀行、郵政、航天等方面的特殊用途的大型計算機製造公司、諮詢公司等，必須非常重視這方面的競爭能力。以此為競爭重點的企業所提供的產品或服務具體到了每一個顧客的特殊要求。因此，產品的壽命週期非常短，產量很小。最極端的情況是一種產品只生產一件。這種競爭主要是基於企業提供難度較大的、非標準產品的能力。另一方面是產量的柔性。即能夠根據市場需求量的變動迅速增加或減少產量的能力。對於其產品或所提供的服務具有波動性的企業

來說，這是競爭中的一個重要問題。但是，一個製造空調的企業和一個郵局，其需求的波動週期是有很大不同的。因此，必須根據具體情況制定具體的產量柔性策略。

(三) 競爭重點的轉移和改變

即使企業目前擁有競爭優勢（事實上能生存下來的企業都有其競爭優勢），也有可能因遇上新問題而失去其優勢。因為外界環境是在動態變化的，從而競爭中取勝的關鍵因素也在變化。例如，在產品生產的開始階段，可能擁有新技術是制勝的關鍵；漸漸地，花色品種成為產品吸引人的地方；再往後，當該產品漸漸由成熟變得普通時，價格又成為至關重要的因素。隨著市場的不斷變化，生產週期、質量可能成為是否具有競爭力的主要影響因素。另外，企業本身也有可能改變其目標市場，如為了擴大其規模。在下述三種情況下，企業的競爭優勢有可能改變甚至喪失：

(1) 生產營運重點不能隨競爭環境變化。在激烈的市場競爭中，或一個產品壽命週期的進程中，這種現象是常見的。環境要求變更生產方式及其重點，但生產管理者卻沒有意識到。例如，當某個產品進入高速成長期或開始進入成熟期後，市場會出現多個競爭者，而當一個市場趨於成熟時，價格爭奪戰便會硝菸彌漫。在不同的時期，生產管理人員必須把握形勢，審時度勢，估量自己所處的地位，或者改變競爭重點，或者放棄某種競爭乃至退出該市場。

(2) 新添附加目標往往會使原有的競爭優勢變得不再突出，甚至喪失。在生產營運管理中，管理者常常會把降低成本、提高質量或改善產品安全性作為生產營運管理的新目標。這樣做的動機可能有多種，如由於新法規或國家新政策的要求、合同的約束、營業範圍的擴展等。然而，無論是出於什麼原因，這樣做的結果往往都會使原有的競爭優勢變得不再突出，甚至喪失。例如，在食品業，一些較小的公司由於僅僅把一件事做得很出色，如快速服務、家常菜或其他特色，便可使該企業非常成功。在其發展過程中，他們試圖增加其吸引人之處，迫於競爭壓力而力圖成長壯大，於是開始添加菜單內容，使用冷凍食品等，但結果反而削弱了其優勢。

(3) 新產品/新性能。當企業試圖生產新產品或給現有產品添加新性能時，往往需要採用不同的生產營運方式。這種情況自然也會導致企業原有的競爭優勢發生變化。例如，原有設備的生產任務主要是生產優質產品，而速度較慢，如果這時要添加另一類產品，且須生產速度較快以降低成本的話，生產任務就會大增；如果還需進一步添加第三種產品，且為了滿足顧客需求常常要做改變，生產任務就會急遽增加。結果可能是設備變成一種龐大、複雜、萬能的

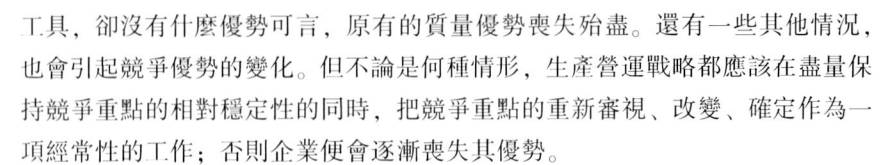

工具，卻沒有什麼優勢可言，原有的質量優勢喪失殆盡。還有一些其他情況，也會引起競爭優勢的變化。但不論是何種情形，生產營運戰略都應該在盡量保持競爭重點的相對穩定性的同時，把競爭重點的重新審視、改變、確定作為一項經常性的工作；否則企業便會逐漸喪失其優勢。

(四) 競爭策略的制定

制定競爭策略首先需要對不同競爭重點之間的相悖與折中關係進行分析。有時一個企業可以同時改進其成本、質量及柔性。例如，減少下腳料和返修品可以降低成本，同時也可以提高生產率和縮短生產週期。改進產品質量有助於促進銷售，從而使生產批量達到最佳規模，而批量生產反過來又可以降低單位成本。在這些情況下，不同競爭重點之間沒有矛盾，相互之間有促進作用。但是，在某一重點上的偏重往往會給其他方面帶來相反的影響，例如，對質量的精益求精會導致成本的增加，追求顧客化產品和服務也會增加成本，而力圖通過批量生產降低成本的努力又會使柔性失去等。管理者必須認識到不同競爭重點之間存在著的這種相悖關係，根據本企業的實際情況決定競爭重點的優先順序。在必要時，為了突出某一個重點不得不以犧牲其他重點為代價。下面所使用的方法對於企業選擇競爭重點是很有幫助的。

一個公司要求其副總經理們關於四個可能的生產營運競爭重點領域所定的優先級做出估價，從而確定公司整個的生產營運戰略。這些優先級的確定分別考慮了每一種產品的情況，而且不僅對現狀進行了分析，還對其未來理想狀態做了預測。副總經理的優先級評價用 VP 表示，且評價集中於四個競爭重點：成本、質量、可靠性和柔性。把 100 分按重要程度分配給每個領域，各個副總經理的評價有一定差異，其給分結果見表 3.2。

另外，也要求企業的製造經理們回答同樣的問題，其給分用 MM 表示，詳見表 3.2。對這兩組數據進行對比、分析，可以得出一些很有啟示的結論。

從表 3.2 可以看出，對於產品 1 目前的成本，副總經理給了 42 分，而質量、可靠性和柔性只分別給了 17 分、25 分和 16 分。但在對這四項的期望優先級給分時，副總經理對於成本一項只給了 28 分，表明他們對目前的狀況是不滿意的，他們希望將競爭重點從對成本的控制轉移到產品的質量與可靠性上來。而對於那些製造經理們來說，他們對於當前狀況的估價和對未來的期望有所不同，他們認為還應該加強對產品成本的控制，並寧願以犧牲柔性為代價。

表 3.2　　副總經理和製造經理對競爭重點優先級的估價及期望

		成本		質量		可靠性		柔性	
		VP	MM	VP	MM	VP	MM	VP	MM
產品 1	目前值	42	44	17	15	25	26	16	15
	期望值	28	46	24	16	31	26	17	12
	增減	-14	2	7	1	6	0	1	-3
產品 2	目前值	26	20	37	43	24	22	13	15
	期望值	26	30	36	38	26	20	12	12
	增減	0	10	-1	-5	2	-2	-1	-3
產品 3	目前值	34	36	27	28	23	19	16	17
	期望值	34	38	29	24	24	20	13	18
	增減	0	2	2	-4	1	1	-3	1
產品 4	目前值	24	34	30	22	19	17	27	27
	期望值	39	44	20	25	23	15	18	16
	增減	15	10	-10	3	4	-2	-9	-11
產品 5	目前值	45	37	21	14	18	31	16	18
	期望值	22	31	24	13	35	35	19	21
	增減	-23	-6	3	-1	17	4	3	3

總的來說，副總經理們認為：

・產品 1 應加強對質量和可靠性的重視程度，以犧牲成本控制為代價；

・產品 2 目前各項優先級較適當，與期望值相差不大；

・產品 3 的優先級也無需做太大調整；

・產品 4 應加強對成本的控制，必要時以犧牲質量和柔性為代價；

・產品 5 對可靠性應有足夠的重視，必要時以犧牲成本優勢為代價。

製造經理們在產品 1 的優先順序上與副總經理們的意見有出入，他們贊成加強成本控制而非削弱它。對於產品 4，他們認為應該加強質量、削弱可靠性的意見與副總經理們正好相反。

上述結果表明，該企業的製造經理們過於重視成本，應該向其提供更多的信息。

這樣的分析是針對一個企業現有競爭重點的優先級分歧展開的，可以用來分

析高層管理人員對於制定競爭策略的不同看法,以幫助更好地制定競爭策略。

制定競爭策略還需要經常地、週期性地審視競爭重點的優先順序,因為外界環境是在動態變化著的,企業的經營方針、生產任務也在變化,因此競爭策略必須相應地做出調整。這種調整可從分析企業現行的營運情況開始。例如從表 3.1 所列的 4 組 8 個方面分別去分析。

最後,為了成功地實施競爭策略,應就不同的競爭重點分別制定具體的、可測度的競爭目標。例如,成本降低 10%,保證收到訂單後 3 周內交貨,將開發週期縮短至 6 個月以內等。

五、生產營運組織方式決策

當生產營運戰略決定了產出什麼,並確定了其競爭策略之後,還必須決定的是選擇生產營運組織方式。所謂生產營運組織方式是指以什麼樣的基本形式來組織生產營運資源,設計生產營運系統。它包括兩方面的含義:生產營運系統的結構及其運行機制。無論是系統的結構還是運行機制,選擇主要取決於其產品的特點。

圖 3.3 主要是針對製造業企業的生產組織方式而言的,但在許多情況下,非製造業的營運組織方式也可類比。

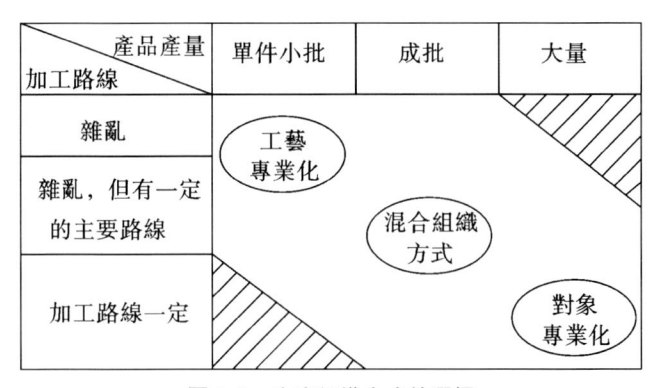

產品產量 加工路線	單件小批	成批	大量
雜亂	工藝專業化		
雜亂,但有一定的主要路線		混合組織方式	
加工路線一定			對象專業化

圖 3.3　生產組織方式的選擇

例如,醫院的營運組織形式可以看成工藝專業化,而汽車加油站的洗車作業,是一種典型的對象專業化組織形式。服務業營運組織方式的特殊性在於與顧客的接觸,這是服務業企業選擇營運組織方式時必須考慮的另一個因素。有些服務設施與顧客有更多的直接接觸,當服務較複雜、而顧客的知識水準較低時,服務必須考慮到每一位顧客的需要,其結果會導致顧客化、小批量,因此更適於工藝專業化的組織方式。但是,當面對面服務和後臺工作各占一定比

例時，混合組織方式就更好。例如，在銀行的營業櫃臺，顧客和職員有頻繁的接觸；而這種接觸在後臺則很少，因此後臺可增加工作的批量處理和提高自動化。其他服務業組織，如總部辦公室、流通中心、電廠，沒有與顧客的直接接觸，就可以考慮採用標準化服務和大批量營運方式。

六、生產集成

生產集成包括兩方面的含義：一是當決定生產某個產品之後，構成這個產品的全部生產過程都在企業內部，還是將其中的一部分委託給其他企業。例如，所有的零部件都由自己生產還是大部分由自己生產，還是僅關鍵部件由自己生產，其餘外包，最後在本企業組裝。二是相同或類似的生產過程，只在一個地方進行，還是擴大到多個地點等。也就是說，企業生產活動在多大程度上進行生產集成的問題。在今天，隨著企業規模的擴大和經營多角化的發展，這個問題還包括有形產品的製造和服務的提供等不同活動的集成。生產集成有縱向集成、橫向集成和混合集成之分。

（一）縱向集成

企業生產某種產品，與產品有關的全部材料或零部件都在自己的企業內進行生產，這種情況幾乎沒有。因為，一是輔助材料（如機加工用的潤滑油）起碼不會在企業內自己生產，二是許多主要原材料（如機械企業所需的鋼材）也不會自己生產，三是許多零部件、標準件也是採用外購的方式。此外，還有一些企業只是負責裝配，所需的全部零部件都來自其他企業。一般來說，前一階段產出的產品，只是後一階段要投入的原材料。如果產品的生產階段很多的話，企業究竟從哪一階段開始直接生產；又如，產品是由比較獨立的多種零部件構成的話，企業到底從事哪些部分的直接生產，這些是生產營運戰略制定中的重要問題，這也就是所謂的縱向集成問題。

縱向集成可以分為向前集成和向後集成。企業從目前的生產階段向生產的前一階段發展，稱為向後集成。向後集成的主要目的通常是為了保持原材料、零部件供應的安定性，保證供應質量、按時交貨以及低成本等。所謂向前集成，則與向後集成正好相反，是指企業從目前的生產階段向接近最終消費市場的方向發展。例如，專門從事部件生產的廠家進一步發展為生產成品的廠家（如汽車發動機廠有可能成為汽車裝配廠），制定向前集成的生產戰略時，企業可能主要考慮的是技術的累積，生產能力比較充足，以及通過原有產品已在市場上具有了一定的影響力等。

企業考慮生產活動的縱向集成時，無論是向前集成，還是向後集成，都必

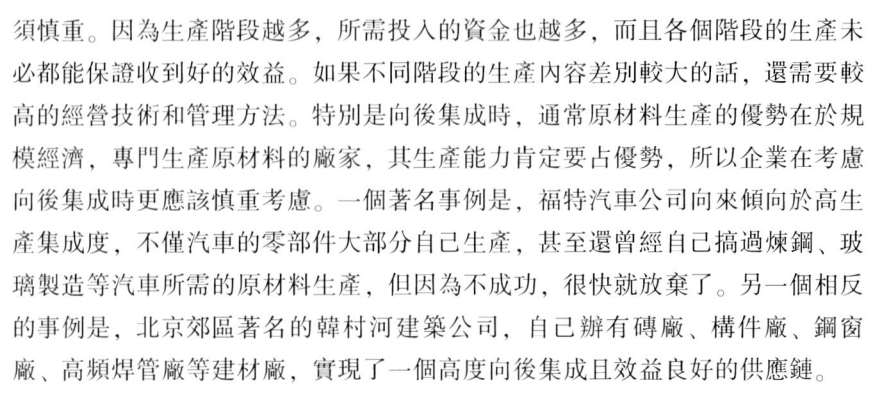

須慎重。因為生產階段越多，所需投入的資金也越多，而且各個階段的生產未必都能保證收到好的效益。如果不同階段的生產內容差別較大的話，還需要較高的經營技術和管理方法。特別是向後集成時，通常原材料生產的優勢在於規模經濟，專門生產原材料的廠家，其生產能力肯定要占優勢，所以企業在考慮向後集成時更應該慎重考慮。一個著名事例是，福特汽車公司向來傾向於高生產集成度，不僅汽車的零部件大部分自己生產，甚至還曾經自己搞過煉鋼、玻璃製造等汽車所需的原材料生產，但因為不成功，很快就放棄了。另一個相反的事例是，北京郊區著名的韓村河建築公司，自己辦有磚廠、構件廠、鋼窗廠、高頻焊管廠等建材廠，實現了一個高度向後集成且效益良好的供應鏈。

(二) 橫向集成

橫向集成是指企業在不同地點進行相同或類似的生產活動。這裡的不同地點包括一個城市內的不同地點、不同城市或不同地區，甚至不同國家。在當今全球經濟一體化的情況下，在全球範圍內選擇生產基地的企業已經越來越多了。採取這種戰略的主要優點是：①可使生產場所盡量與市場接近，提供更好的服務；②降低運輸費用，從而降低成本；③分散風險。很多企業，根據其產品的特點，採取這種戰略是很有利的。但橫向集成也有一些不利之處，如管理上的難度增大，由於地域分散可能會帶來一些信息傳遞遲緩等不便。在信息技術發達的今天，由於地域分散所引起的信息傳遞遲緩也許已經不成問題，但仍需考慮其他利弊。

(三) 混合集成

混合集成是指既有縱向集成，又有橫向集成。制定混合集成生產戰略的主要動機通常是：①補充或擴大品種規格範圍，如不同地點生產不同的規格；②利用邊角料經營副產品；③利用研究與開發的結果；④通過多角化分散風險。

【綜合案例分析】BHC（Bridgeport Hydraulic Company）公司案例

BHC（Bridgeport Hydraulic Company）公司是美國最大的十個水設施投資者之一，是新英格蘭地區最大的經營者。自從1995年以來，公司在Connecticut（康涅狄克）州榮獲了17項使公司或顧客都受益的創新服務或革新產品獎項。這家公司是怎麼做的？

BHC的一個服務宗旨是：「把清澈的水送給顧客。」公司的使命是：做服務的提供者、雇主和進行投資選擇。在其宗旨和使命的指引下，公司的戰略是促進經營與業務發展，使產品和流程的質量不斷創新，提高個性化服務的質量。

BHC 列出了公司讓僱員做出服務質量承諾的14個步驟。這些步驟顯示了「服務－利潤」鏈中，需要滿足高級顧客服務和取得利潤的僱員承諾。

BHC 公司讓僱員做出服務質量承諾的14個步驟：

(1) 贏得僱員的親和意識。你不可以命令人去完成某項高級配送服務。

(2) 去理解僱員在思考什麼，瞭解對僱員來說最重要的事情。

(3) 使工作調節到適合僱員的價值取向。

(4) 保證僱員遵守行為準則，要求他們自己定義可接受的工作。

(5) 為組織中的每一個人提供顧客服務訓練，在上下各級經理的支持下進行。

(6) 通過技能更新和持續培訓來加強利潤強度。

(7) 通過積極的活動和工作，保持員工的技能與活力。

(8) 訓練僱員成為教練，提供客戶服務訓練。

(9) 實施一對一的指導教練，包括跟個別僱員一起工作，提升他們自己的行動計劃和職業目標。

(10) 使客戶服務成為一個標準的議程。

(11) 給僱員權利以滿足客戶的個別需求，鼓勵他們自行解決問題，並解釋結果。

(12) 提供一個恢復戰略，道歉、修理和進行額外的步驟。根據這些步驟，僱員可能會習慣於去滿足客戶的需要。

(13) 接觸建立了有意義的回報和判別系統的僱員。

(14) 派一名有經驗的領導來主持做出改變，分享成功的消息。

案例來源：Lisa Oswald and Alexandra. It takes More than Sparkling Water [J]. Quality Progress, March 1998：61.

討論題

1. BHC 公司的戰略目標是什麼？

2. BHC 公司是如何實施其戰略計劃的？

課後習題

1. 舉例說明現代企業的經營環境對企業的深刻影響有哪些？

2. 試分析自制或者外購某些或者全部產品時，需要考慮哪些因素？

3. 試分析制定營運戰略的困難及其影響因素。

4. 分別說明市場的需求和企業的競爭戰略如何影響企業生產系統的功能和結構。

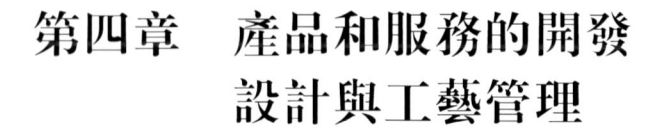

第四章　產品和服務的開發設計與工藝管理

本章關鍵詞

新產品（New Products）

產品開發（Development of Products）

產品工藝矩陣（Product-process Matrix）

工藝設計（Craft Design）

工藝管理（Craft Management）

服務系統設計矩陣（Service-system Design Matrix）

【開篇案例】　贏得 21 世紀的營運戰略

公司要想在 21 世紀獲得成功，必須做到以下兩點：

（1）產品快速創新並且質量過硬，還要實現可持續發展。

（2）建立柔性製造系統，以便適應消費者時刻變化的需求，生產出不同類型、物美價廉的產品。

要實現以上兩點，公司就不得不在設計和開發產品、生產工藝等方面進行全面的改造，雖然這得消耗一定的金錢和時間，但全面改造將不僅使公司組織發生變化，更為重要的是使公司的經營方式煥然一新。

最近，美國和其他一些國家的公司紛紛進行產品重新設計和開發新產品的努力，由產品設計人員、製造人員、行銷人員和財務人員組成的一個團隊全面負責新產品的設計和開發，他們運用最先進的設計技術、高額的資金和寶貴的時間，以最快的速度把最新的產品推向市場。

同時，有許多公司正在建立一種精益生產的製造工藝，這種生產方式更為緊湊和節約資源。在這種生產方式下，工人們組成一個生產小組，生產工具和零件都放在最近的位置，由電腦控制的裝配線都是全自動的，生產用原材料也是根據消費者的要求訂購的，這樣就大大地減少了庫存。結果是顯而易見的：

製造商可以在最短的時間內以優質的產品和最低的成本滿足消費者的訂單要求。

討論題

1. 新產品開發和產品的重新設計對提高企業競爭能力的重要意義是什麼？
2. 如何進行新產品的開發？
3. 如何設計和開發新的工藝技術？

  新產品的開發和設計能使企業保持長期的競爭優勢而不斷地創造出能夠帶來高額利潤的產品。隨著市場變化的日益頻繁，產品壽命週期日益縮短，企業的產品戰略應從「製造產品」向「創造產品」發展，產品的開發設計將決定企業經營的基本特徵，成為企業一切經營計劃的出發點。產品開發設計的重要地位同時也決定了工藝開發和管理的重要性。因為新產品的競爭力除了產品本身的機能、性能特徵外，還需要有優異的質量和低廉的價格來保證，而後者與生產技術有很密切的關係。因此，對於企業來說，產品的開發設計和工藝的開發管理兩者是相輔相成，缺一不可的。

  產品開發與工藝選擇是在企業總體戰略指導下進行的。企業總體戰略指明了企業的經營方向，規定了產品規劃的原則，通過生產與營運管理，實施對產品的設計和製造，最後才能實現企業的戰略目標。產品開發工作需要對產品系列、產品功能、產品的質量特性及成本、產品發展的步驟等做出決策。工藝是指加工產品的方法，從原材料的投入到產品產出，由多個工藝階段構成製造過程，製造過程對於形成產品的功能、質量、成本有很大影響。產品開發與工藝選擇這兩項工作是生產營運系統設計的前期任務，對企業的經營效果影響很大，風險也很大，是需要認真考慮的。

第一節　產品和服務開發、設計概述

一、新產品的概念及發展方向

（一）新產品的概念

  企業的產品開發，就是指開發新產品。一般來說，新產品應在產品性能、材料和技術性能等方面（或僅一方面）具有先進性和獨創性，或優於老產品。

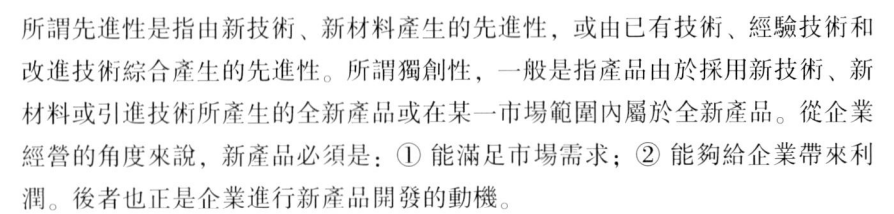

第四章　產品和服務的開發設計與工藝管理

所謂先進性是指由新技術、新材料產生的先進性，或由已有技術、經驗技術和改進技術綜合產生的先進性。所謂獨創性，一般是指產品由於採用新技術、新材料或引進技術所產生的全新產品或在某一市場範圍內屬於全新產品。從企業經營的角度來說，新產品必須是：① 能滿足市場需求；② 能夠給企業帶來利潤。後者也正是企業進行新產品開發的動機。

根據新產品在公司或市場的新穎程度，可分為：

（1）新問世的新產品：在新市場中流通的新產品。

（2）新產品線：一個公司首先進入現有市場的新產品。該產品在市場上存在，但對公司來說是新上市的，對公司與市場而言都是全新的。

（3）現有產品線的增補：現有產品線上增補的新產品項目。

（4）現有產品的改良或更新：對現有產品進行不同程度上的改進所形成的新產品。

（5）現有產品的再定位：將現有產品在新的市場中推出。

新產品按照其與現有產品相比的創新程度技術特性又可以分為以下四類：本企業新產品、派生新產品、換代新產品和創新產品。

（1）本企業新產品是指對本企業是新的，但對市場並不新的產品。企業通常不會完全仿照市場上的已有產品，而是在造型、外觀、零部件等方面做部分改動或改進後推向市場。

（2）派生新產品主要是指對現有產品採用各種改進技術，使產品在功能、性能、質量、外觀、型號方面有一定改進和提高。如增加電視機的遙控功能，增加電風扇的定時功能。派生產品是創新程度較小的一類產品，只需在新產品設計和製造流程中進行改動，所需投入的資源較少，是對現有產品的補充和延伸。派生產品對企業的重要性在於能確保企業近期的現金流。不斷改進和延伸現有產品線，可以使企業在短期內保持市場份額。一般情況下，企業能夠快速地將派生產品推向市場。

有時企業對產品設計稍微進行改動就會大大影響產品的生產流程，因此，企業是否需要推出派生產品，必須考慮到產品與生產流程的相互影響，進行全面考慮。

（3）換代新產品主要是指產品的基本原理不變，部分地採用了新技術、新材料、新的元器件，使性能有重大突破的產品。如計算機問世以來，已從電子管、晶體管、集成電路進入大規模集成電路的第四代產品，目前正在研製第五代具有人工智能的新產品。換代新產品的技術或經濟指標往往有顯著提高，具有新的用途，可以帶給顧客更新的解決方案，拓寬產品族，延長產品族的生

命週期，保持市場活力。例如，英特爾公司通過不斷更新的換代產品保證了利潤的持續增長，從286、386、486、奔騰、奔騰Ⅱ、奔騰Ⅲ到奔騰4微處理器，每一種換代產品都向顧客表明「英特爾的技術突飛猛進」。汽車行業中主要的車型變化也是產品更新換代的例證，福特公司1964年推出第一代野馬（Mustang）後，對這一車型進行改進不斷推出新的換代產品。又如從最初的電熨斗到自動調溫的電熨斗，又到無線電熨斗等。

換代產品保證了企業利潤的持續增長，而利潤的增長又為產品更新換代提供了所需要的資金，從而保證了顧客對換代產品的持續的忠誠。

（4）創新產品主要是指採用科學技術的新發明所生產的產品，一般具有新原理、新結構、新技術、新材料等特徵。與現有的產品比較，在某些方面沒有任何共同之處，有獨創性。創新產品往往是一種科學技術的突破形成的。如汽車、飛機、計算機、半導體、電視機、化學纖維、青霉素等，都是在某個時代開發出的創新產品。

如果能夠將創新產品成功地推向市場，企業將成為創新產品的市場先入者，獲得先入為主的優勢。例如，IBM公司於1981年推出了世界上第一臺電腦（IBM5150），日本東芝公司於1985年推出了世界上第一臺筆記本電腦，以及摩托羅拉公司於1973年推出了第一部手機。這些新產品深刻地改變了人們的生活和工作方式。

在創新產品的開發中，管理層必須意識到開發重大流程的重要性。創新產品對企業保持持續的競爭力是相當重要的，因為隨著競爭的加劇以及環境和技術發展的巨大壓力，企業現有產品總會過時。因此，創新產品不僅能夠使企業在現有市場上獲得成功，也能夠在新的市場中獲得成功，從而創造更長遠的未來優勢。

以上四種新產品中，換代新產品和派生新產品在市場上最為居多，也是企業進行新產品開發的重點。特別是在研製全新產品時，必須預先考察新產品能否滿足以下條件：①具有設計的可能性；②具有製造的可能性；③具有經濟性；④具有市場性等。

（二）新產品的發展方向

新產品的發展方向可以有以下幾個方面：

（1）多能化。擴大同一產品的功能和使用範圍。例如，MP3和U盤組合存儲設備、多功能計算器等。在擴大產品功能時還應注意提高產品的效率和精度。

（2）複合化。把功能上相互有關聯的不同單體產品發展為複合產品。例

如，洗衣機和烘干機的一體化，集打字、計算、儲存、印刷為一體的便攜式文字處理機等。

（3）微型化。縮小產品的體積，減輕其重量使之便於操作、攜帶、運輸以及安裝。這樣還可以節省材料，降低成本。

（4）簡化。改革產品的結構，減少產品的零部件，使產品的操作性能更好，更容易操作，同時也能帶來成本的降低。使用新技術、新材料是使結構簡化的一個方法，如用晶體管代替電子管、用集成電路代替晶體管等。使產品的零部件標準化、系列化、通用化也是簡化的一個重要途徑。

二、產品開發的動力模式

從產品開發的驅動力看，企業產品開發的基本模式可以分為三類：需求拉動型、技術推動型和跨職能合作型。

（一）需求拉動型

需求拉動型是指開始於市場機會，通過市場研究和客戶反饋來尋求市場機會，並確定可以滿足市場需求的產品開發方案。成功的企業都非常重視市場的需求。海爾集團主張以「SST」（索酬、索賠和跳閘）市場鏈為紐帶，使企業人人都面對市場，為市場提供最好的產品。1996年，在其他地方聲譽向來非常好的海爾洗衣機卻在四川市場遭到很多人的投訴。海爾總部派人調研發現，原來許多客戶用洗衣機洗紅薯，淤積的泥沙影響了洗衣機的正常運轉。這本來屬於不正當使用的範疇，但海爾卻不這樣想，他們認為這是客戶希望洗衣機有這種功能。於是，他們進行技術改進，在銷往該地區的洗衣機的渦輪上做了改動，這樣洗衣機就不但能夠洗衣服還能夠洗紅薯。市場的拉動作用使得海爾洗衣機在該地區大受歡迎，贏得了豐厚的利潤。

（二）技術推動型

技術推動型是指開始於技術創新和變革，並確定可以使技術和市場相匹配的產品開發方案。持續不斷的技術創新和變革能力使微軟公司始終站在全球電腦市場的最前沿，並保持著微軟品牌特有的活力。微軟公司的研發中心不斷為其注入來自全球市場的新觀念、新影響，使公司的技術創新和變革始終充滿活力，不僅引領著整個行業的發展，而且也適應了各個市場的不同需求。

（三）跨職能合作型

跨職能合作型是指新產品的引進開發是跨職能的，它同時需要行銷、營運、工程以及其他職能的合作。新產品的開發過程既不是由市場拉動也不是由技術推動，而是由職能間的合作來決定，其結果是在充分利用技術優勢的同

時，生產出滿足客戶需求的產品來。

　　無論是市場拉動型、技術推動型，還是跨職能合作型，產品開發的成功都必須滿足技術創新與市場需求匹配的原則。例如，日本精工公司憑藉其快速、靈活的產品開發強勢，每個季度都向市場投入幾百種款式的新表；然後，公司再採取反饋開發戰略，對於那些顧客非常青睞的表，就採取挺進策略加大市場投入量，而對於那些無人問津的款式，則採取放棄策略，這正是對此原則的忠實執行。

　　現代經濟和產業的發展趨勢使新產品開發的主流已經和正在從技術推動型轉變為市場拉動型。新產品開發不能再任其在研究過程中自然發展，而必須有目標、有計劃地進行。特別是作為企業經營戰略中利潤計劃支柱的主要新產品，更需如此。對於企業來說，密切註視市場動向，不斷預測平均需要，制定切合企業發展戰略的新產品開發策略已成為企業經營決策中的重要內容之一。

三、新產品開發策略

　　採取正確的新產品開發策略是使新產品開發獲得成功的前提條件之一。在制定新產品開發策略時，應借鑑科技發展史以及產品發展史上的寶貴經驗，分析、預測技術發展和市場需求的變化；同時，還應做到知己知彼，即不僅知道本企業的技術力量、生產能力、銷售能力、資金能力以及本企業的經營目標和戰略，還應知道競爭對手的相應情況。

　　制定新產品開發策略時可以從以下幾種不同的側重點出發：

（一）從消費者需求出發

　　滿足消費者需求是新產品的基本功能。消費者需求可以分為兩種：一種是眼前的現實的需求，即對市場上已有產品的需求；另一種是潛在的需求，即消費者對市場還沒有出現的產品的需求。制定新產品開發策略，既要重視市場的現實需求，也要洞察市場的潛在需求。只看到現實需求，爭奪開發熱門產品，使有些短線產品很快變成長線產品，形成生產能力過剩，造成人力、物力和財力的極大浪費，甚至影響到企業的整個生存和競爭能力。所以，企業開發新產品，應該注重挖掘市場的潛在需求，以生產促消費，主動地為自己創造新的市場。

（二）從挖掘產品功能出發

　　所謂挖掘產品功能，就是賦予老產品以新的功能和新的用途。例如，調光臺燈的出現就是一個很好的例子。臺燈本來的功能是照明，但調光臺燈不僅能照明，還可以起到保護視力和節電的作用，因此在市場上一出現就大受歡迎。

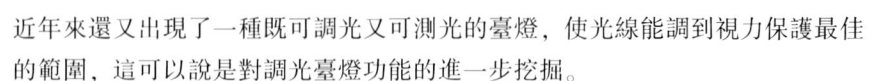

近年來還又出現了一種既可調光又可測光的臺燈，使光線能調到視力保護最佳的範圍，這可以說是對調光臺燈功能的進一步挖掘。

(三) 從提高新產品競爭力出發

新產品在市場上的競爭力除了取決於產品的質量、功能以及市場的客觀需求外，也可採取一些其他策略來提高新產品的競爭力。例如，搶先策略，在其他企業還未開發成功，或未投入市場之前，搶先把新產品投入市場。採用這種策略要求企業有相當的開發能力以及生產能力，並達到相應的新產品開發管理水準和生產管理水準；緊跟策略，即企業發現市場上出現有競爭能力的產品時，就不失時機地進行仿製，並迅速投入市場。一些中小企業常採用這種策略，這種策略要求企業有較強的應變能力和高效率的開發組織；最低成本策略，即採取降低產品成本的方法來擴大產品的銷售市場，以廉取勝。採取這種策略要求企業具有較高的生產技術開發能力和較高的勞動生產率。

第二節　製造業產品的開發設計與工藝管理

一、新產品開發過程

製造業的產品活動主要包括市場管理、產品開發和生產製造三個功能。市場管理的職能是為新產品開發提供新的概念，為現有的產品線制定規範。產品開發的職能是將產品的技術概念實現為最終的設計的產品。生產製造的職能是選擇和構造製造產品的工藝。

新產品開發（NPD）流程涉及了多個職能部門。行銷部門識別市場目標，預測顧客需求；研發部門開發新技術並設計產品；生產與營運部門選擇供應商，設計製造流程等。這三個主要的職能部門採用了串行的工作方式，前一項職能完成了，後一項職能才能開始。

一般來講，一個完整的新產品開發過程包括產品創意、產品設計、工藝設計與流程選擇，以及市場導入等一系列活動。

產品設計過程包括產品的需求分析、產品構思、可行性論證、結構設計。

工藝設計是指按產品設計要求，安排或規劃出從原材料加工成產品所需要的一系列加工過程、工時消耗、設備和工藝裝備要求等的說明。

市場導入則是將所開發的產品引入市場。

新產品創意的主要任務是識別客戶需求，從市場需求中產生並評估一個或一系列概念產品，一般由產品創意與可行性研究兩個階段組成。產品創意不僅

營運管理
YUNYING GUANLI

是一個創造性的過程，也是一個學習性的過程，它來源於不同的渠道。例如，企業的研究與開發部門的創新與變革，市場行銷部門的市場調研，客戶的抱怨或要求，生產營運管理人員的建議，銷售代理、供應商甚至是競爭者的行為等都有可能催生新產品創意。市場行銷部門通過與顧客交流，傾聽顧客心聲來挖掘創意並開發新產品，即需求拉動型，這意味著「顧客的心聲」把新產品從企業中拉向市場。新產品創意的另一個來源是技術推動，當顧客還沒有意識到對新產品的需求時，企業研發部門將其開發出來並推向市場。

產品創意的結果是構思出對產品外觀、功能和特性的描述，即「產品概念」。通常，為了避免市場風險和過高的開發成本，只有 2% 的新產品概念可以轉化為「概念產品」。根據 Greg A. Stevens and James Burley 的調查統計，3,000 個新產品概念中只有 1 個能夠成功。所以，進一步篩選和評價新產品概念，對新產品概念的經濟性、適用性和市場競爭能力進行可行性研究，對於企業來說是一個具有戰略意義的決策過程。一般來說，需要從企業的市場條件、財務條件和生產營運條件三個方面考慮。

（1）市場條件包括產品的上市能力、預期銷售增長的可能、對現有產品的影響、產品的競爭狀況以及競爭力等。

（2）財務條件包括投資需求、投資回報率、對企業總獲利能力的貢獻率以及預計的現金流等。

（3）生產營運條件包括產品開發時間、質量、技術的可行性、組織生產或交付產品的能力、現有設施與管理狀況、對相關規章與法律問題乃至倫理道德問題的考慮程度等。

在產品概念開發勾勒出新產品的骨架之後，就進入初步產品設計階段。在這個階段，要對概念產品進行全面的定義，初步確定產品的性能指標、總體結構和佈局，並確定產品設計的基本原則。為了適應動態變化的環境，設計出具有市場競爭力的產品，企業應遵循以下產品設計的基本原則：

（1）設計顧客需要的產品（服務、體驗），強調顧客的滿意度。

（2）設計出可製造性強的產品，強調快速回應。

（3）設計出強壯性強的產品（服務），強調產品責任。

（4）設計綠色產品，強調商業道德。

經企業主管部門審核、認可了初步設計之後，就可以開始產品的定型設計了。對其中關鍵技術課題要進行原型設計、測試和試製。據統計，目前在 100 項新產品構思中平均只有 6 項能夠進入樣品原型設計。因此，為了評估和檢驗新產品的市場業績和技術性能，以進一步確認產品構思的市場價值與競爭力，

原型設計也是一個重要的篩選環節。汽車製造行業經常採用黏土原型設計新汽車。例如，1994年美國福特汽車公司通過原型設計推出全新的第二代 RANGE ROVER，發動機設計成可選裝 4.0 升和 4.6 升 V8 或 2.5 升六缸渦輪增壓柴油發動機，車內空間佈局得更加寬敞，車身造型也做了重新設計，並將多功能電子空氣懸架（EAS）與電子牽引力（ETC）和H形導槽式自動變速器都進行了標準化設計。新型車一投入市場就備受消費者青睞，一年後被《WHAT CAR》雜誌評為「最佳越野汽車」。又如在服務業中，著名的餐飲連鎖企業麥當勞餐館起初就是在加利福尼亞的聖巴納迪諾建立了一個原型餐館。它的特徵是乾淨的門面、獨特的紅白兩色的裝飾、有限的菜單、低廉的價格等。當麥當勞開始連鎖擴張時，複製了這些服務設施和服務理念，取得了成功。

借助於計算機技術與互聯網，可以在虛擬原型設計環境對產品與服務進行原型設計、測試。波音飛機公司採用虛擬原型技術在計算機上建立了波音777飛機的最終模型，其整機設計、部件測試、整機裝配以及各種環境下的試飛都是在計算機上模擬進行的，這樣使得開發的週期從過去的8年縮短為5年，從而抓住了寶貴的市場先機。

最終設計階段的任務是繪出全套工作的圖紙並給出說明書。在這一階段，產品基本定型，緊接著就要進行工藝設計與流程選擇。

閱讀資料4－1　福特汽車公司開發「神童」項目

新產品開發部門有時候要按政府要求開發產品。1993年，美國政府要求美國汽車生產商在今後10年中大幅度提高汽車的節能性。到了2000年，福特汽車公司已經生產了一輛測試汽車，取名為「神童」，該車有著與金牛座轎車同樣大的空間和方便性。金牛座轎車由於許多高科技的改進而達到使用1升汽油能行駛超過30千米。

「神童」是為新一代汽車合作項目開發的、由汽車生產商和聯邦政府共同設計和生產可容納5位乘客的汽車測試模型。1999年，美國政府在這個項目上花了240萬美元，其中大部分花在了政府和大學實驗室的研究上。福特估計同年它們與通用公司和戴姆勒－克萊斯勒公司一起在這個項目上花掉了980萬美元。

為了使「神童」達到每升汽油行駛25千米，福特在它早期的測試模型中安裝了一種小型增強內燃機引擎和一種帶電池的電動發動機。為了達到每升汽油行駛30千米，福特的工程師設計了一種在後視鏡、平滑的底部、特殊的輪胎蓋子、只在引擎需要額外空氣時才打開的前面的格柵上的通氣孔等位置上使用攝像機的光滑的新外形。測試模型主要用鋁製成，配以少量的鎂和鈦零件。總重量為1,084千克，這大約比其他中型轎車輕了454千克。

雖然每升汽油行駛 34 千米的新願望還沒有實現，但福特公司將繼續完善「神童」的設計，它們對達到此目標充滿信心。

資料來源：NORMAN GAITHER, GREG FRAZIER. Operations Management [M]. Ed. 9th. South-Western Thomson Learning, USA, 2002.

二、製造業產品的設計

按過程分析的方法，產品開發由許多過程組成。過程中存在兩種類型的活動：一類是專業活動，如需求分析、結構設計、工藝設計；另一類是協調活動，通過協調顧客域、功能域、物理域、製造域的方案和建議，取得各方面一致認可的決策。

在產品設計時，通常有面向顧客和面向可製造性兩種設計思想。

（一）面向顧客的產品設計

顧客的需求是市場拉動的最直接動力，因此從用戶的觀點來反應產品設計的問題是非常有用的。

1. 質量功能展開（Duality Function Deployment, QFD）

質量功能展開是一種將顧客需求轉換為產品設計標準的規範方法。這種方法採用來自於市場行銷部門、設計工程部門、製造部門的跨職能團隊的方式設計產品。豐田汽車集團曾經使用 QFD 的方法大幅度縮短設計時間，降低了 60% 的汽車成本，QFD 也因此名聲大噪。

QFD 以研究和傾聽顧客的想法，確定一個優良的產品特徵為起點。通過市場研究，將顧客對產品的需求和偏好定義下來並進行分類，稱之為顧客需求。以汽車製造業改進車門的設計為例，通過顧客調查得知，顧客的重要需求是「汽車在坡道上也能打開門」和「從外面關門很方便」；顧客的需求確定之後，根據這些需求對於顧客的相對重要程度，分別賦予它們權重。接下來，請顧客對公司的這一產品與其競爭者的產品進行比較，從而得出產品競爭性評價。這個過程有助於公司從顧客的角度，確定對顧客重要的產品特性，並能與其他公司產品的特性做出綜合比較，因而能夠幫助企業更好地理解與關注那些需要改進的產品特徵。

2. 構造質量屋矩陣

顧客的需求信息可用特定的矩陣形式表示出來，此矩陣稱為質量屋（House Of Quality）矩陣，如圖 4.1 所示。通過建立質量屋矩陣，跨職能的團隊能夠利用顧客反饋信息來進行工程設計、行銷和營運的決策。矩陣幫助團隊將顧客需求轉換為具體營運或技術目標，要改進的重要的產品特徵與目標在質

量屋矩陣中得到認同與詳細說明。這一過程鼓勵各部門之間緊密合作，並且使各部門的目標和意見得到充分的理解。當然，質量屋矩陣最大的優點在於它幫助團隊致力於設計出滿足顧客需求的產品。

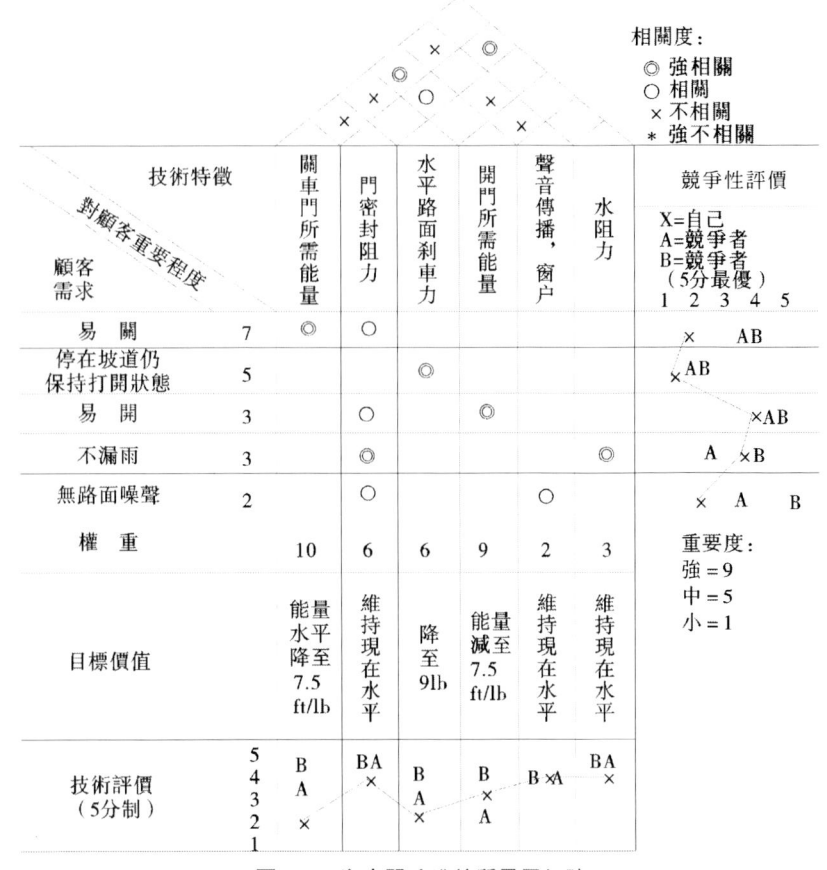

顧客需求	對顧客重要程度	關車門所需能量	門密封阻力	水平路面剎車力	開門所需能量	聲音傳播，窗戶	水阻力	競爭性評價 X=自己 A=競爭者 B=競爭者 （5分最優） 1 2 3 4 5
易關	7	◎	○					× AB
停在坡道仍保持打開狀態	5			◎				× AB
易開	3	○			◎			× AB
不漏雨	3	◎					◎	A ×B
無路面噪聲	2					○		× A B
權重		10	6	6	9	2	3	重要度： 強=9 中=5 小=1
目標價值		能量水平降至7.5 ft/lb	維持現在水平	降至9lb	能量減至7.5 ft/lb	維持現在水平	維持現在水平	
技術評價 （5分制）		5 4 3 B 2 A 1	BA ×	B A ×	B ×A	BA ×	

相關度：
◎ 強相關
○ 相關
× 不相關
* 強不相關

圖4.1　汽車門改進的質量屋矩陣

構造質量屋矩陣的第一步是列出顧客對產品的要求，這些要求應該按照重要性排序。接下來，請顧客將本公司的產品與競爭者的產品進行比較，最後確定開發產品的一系列技術特徵。這些技術特徵應直接與顧客的要求相關，對這些特徵的評價應該是「符合或不符合顧客對產品的要求」。

(二) 面向可製造性設計

當今產品的市場壽命週期越來越短，產品開發設計週期的長短顯得越來越重要。傳統的產品設計結果往往導致圖紙上設計的產品難以製造，或者即使能

夠製造，也會帶來高昂的成本。鑒於對產品製造可行性和經濟性的考慮，需要一種新的方法在產品的初始階段從製造難度及成本的觀點出發研究設計方案。面向可製造性設計（Design For Manufacturing，DFM）就是這樣一種新概念、新方法。DFM從易於製造和經濟性出發，把產品設計作為產品製造工藝設計的第一步；從易於裝配的角度出發，進行零部件的設計。這樣，就把產品設計和製造工藝設計有機地結合起來，不僅可以改進產品的設計質量，而且縮短了整個產品設計週期和製造工藝設計週期，同時贏得了時間，降低了成本。

（1）DFM的基本原則。DFM的基本原則給出了從製造角度出發進行產品設計的基本思想。這些基本原則是：把不可拆分的零部件數量降到最低，進行模塊化設計，盡量使一種零件有多種用途，盡量使用標準件，盡量使操作簡單化，使零件具有可替代性，盡量使裝配流程簡單化，使用可重複、易懂的工藝流程。在設計產品的時候，要有意識地把這些原則作為指導思想。事實證明，這些原則對於節省勞動時間、降低人工成本有著重大的作用。

（2）裝配設計（Design For Assembly，DFA）。DFA是DFM的一個重要工具，它可以用來減少產品裝配所需的零部件數量，評價裝配方法，決定裝配順序。DFA提供了一種根據裝配方法和所需裝配時間來分類的通用零部件產品目錄。例如，某一類部件的裝配方法是推進去，另一類部件是邊推邊擰，還有一類部件可用自動螺絲刀等，這些產品目錄可以幫助設計者在不妨礙產品性能的情況下盡量選用易於裝配的通用零部件。DFA還給出了一些裝配指導原則。例如，如何選擇手動和自動裝配；如何避免零部件運送工位時容易引起的混淆和錯位運送；如何簡化裝配操作；如何選擇不易出錯的裝配順序等。此外，DFA還包括了一種裝配線評價方法。這種方法用點數來評價裝配中每一步操作的難易程度。例如，用螺絲刀擰兩圈的操作難度大於直接推進去，因此前者的點數就高。運用這種方法，可以預先給定整個裝配流程的最大點數，如果在現有產品設計下裝配方式的點數超過了這個最大點數，就要重新設計。

（3）缺陷樹分析（Fault Tree Analysis，FTA）。在產品設計中，如果在試製樣品中發現了問題或缺陷，就需要有一種有效的方法分析這些缺陷，以便改正。FTA就是這樣一種方法，它用一個樹狀圖來表示產品的缺陷、引起產品缺陷的可能原因以及可能採取的措施，以從中找到最合適的改正缺陷的方法。

三、製造業產品的生產工藝管理

（一）生產工藝管理的內容及意義

產品的設計解決了生產什麼樣的產品（做什麼）的問題，至於採用什麼

第四章　產品和服務的開發設計與工藝管理

⑤ 審查零件的結構、幾何形狀、尺寸、精度、公差等級的合理性。

（2）工藝方案的制訂。工藝方案是工藝準備工作的總綱，其內容包括產品試製中的技術關鍵和解決方法，以及裝配中的特殊要求，工藝方案制訂的依據是產品的設計性能、產品的方向性以及生產類型和批量大小等。工藝方案的內容有以下幾種：

① 確定產品試製中的技術關鍵及其解決辦法，確定關鍵件和關鍵工序及加工方法；

② 確定產品的工藝路線和零部件的加工車間；

③ 確定工藝裝備的配備原則和系數；

④ 進行工藝的經濟效果分析比較。

對於自行設計、基型、通用產品的工藝方案的編製應盡可能詳盡，對於仿製、變型、專用產品工藝方案的編製可適當簡單；對於長期生產應盡可能詳盡，短期生產可適當簡單；對於大量連續生產應盡可能詳盡，成批輪番生產可適當簡單。

（3）工藝規程的編製。工藝規程的編製是工藝準備中的一個主要內容，是指導生產的重要工具，也是安排計劃、進行調度、確定勞動組織、進行技術檢查和材料供應等各項工作的主要技術依據。

工藝編定以後，應將有關內容分別填入各種不同的卡片以便執行，並作為生產前的技術準備工作的依據。各種卡片總稱為工藝規程文件。

企業所用工藝規程的具體格式雖不統一，但內容大同小異。一般來說，工藝規程的形式按其內容詳細程度，可分為以下幾種：

① 工藝過程卡。這是一種最簡單和最基本的工藝規程形式，它對零件製造全過程做出粗略的描述。卡片按零件編寫，標明零件加工路線、各工序採用的設備和主要工裝以及工時定額。

② 工藝卡。它一般是按零件的工藝階段分車間、分零件編寫，包括工藝過程卡的全部內容，只是更詳細地說明了零件的加工步驟。卡片上對毛坯性質、加工順序、各工序所需設備、工藝裝備的要求、切削用量、檢驗工具及方法、工時定額都做出具體規定，有時還需附有零件草圖。

③ 工序卡。這是一種最詳細的工藝規程，它是以指導工人操作為目的進行編製的，一般按零件分工序編號。卡片上包括本工序的工序草圖、裝夾方式、切削用量、檢驗工具、工藝裝備以及工時定額的詳細說明。

實際生產中，應用什麼樣的工藝規程要視產品的生產類型和所加工的零部件具體情況而定。一般而言，單件小批生產的一般零件只編製工藝過程卡，內容比較簡單，個別關鍵零件可編製工藝卡；成批生產的一般零件多採用工藝卡片，對關鍵零件則需編製工序卡片；在大批大量生產中的絕大多數零件，則要求有完整詳細的工藝規程文件，往往需要為每一道工序編製工序卡片。

(4) 工藝裝備的設計和製造。工藝裝備是指為實現工藝規程所需的各種刃具、夾具、量具、模具、輔具、工位器具等的總稱。使用工藝裝備的目的：有的是為了製造產品所必不可少的，有的是為了保證加工的質量，有的是為了提高勞動生產率，有的則是為了改善勞動條件。

工藝裝備按它的使用範圍，有專用的和通用的兩種。專用的由企業自己設計和製造，而通用的則由專業廠製造。

工藝裝備的準備，對通用工藝裝備只需開列明細表，交採購部門外購即可。所以，工藝裝備的大量準備工作主要是在專用工藝裝備的設計和製造上。因為專用工藝裝備的準備工作，類似企業產品的生產技術準備工作，它也需要一整套設計、制圖、工藝規程、二類工裝準備、材料、毛坯的準備加工與檢驗等一系列過程。

工藝裝備數量的決定：一般而言，專用工藝裝備的數量與企業的生產類型、產品結構以及產品在使用過程中要求的可靠性等因素有關，在大批大量生產中要求多用專用工藝裝備，而單件小批生產則不宜多採用；產品結構越複雜、技術要求越高，出於加工質量的考慮，也應多採用；產品和工藝裝備的系列化、標準化和通用化程度較高的工廠，專用工藝裝備的數量就可以適當減少。此外，在不同的生產階段對工藝裝備數量的要求也不同，即使是在大批大量生產中，樣品試製階段也只對較複雜的零件設計和製造關鍵工藝裝備；而到了正式生產階段則應設計和製造工藝要求的全部工藝裝備，包括保證質量、提高效率、安全生產以及減輕勞動強度等需用的工藝裝備。

具體的專用工藝裝備的數量可在工藝方案制訂時，根據各行業生產和產品的特點、企業的實際情況，參考經驗數據，採用專用工藝裝備系數來計算確定，即：

專用工藝裝備套數 = 專用工藝裝備系數 × 專用零件種數

專用工藝裝備系數隨著生產類型的不同和產品的不同差別是極大的，讀者可參考表 4.1 和表 4.2。

表 4.1　　　　　　不同產品專用工藝裝備系數的比較

產品	專用工藝裝備系數	生產類型
航空噴氣發動機	22.05	成批生產
航空活塞式發動機	19.00	成批生產
輕型汽車	5.05	大批量生產
載重汽車	10.00	大批量生產
普通車床	2.20	大批量生產

表4.2　　　不同生產類型專用工藝裝備系數（機床製造業）

專用工藝裝備名稱	專用工藝裝備系數					
	單件生產	小批生產	中批生產	大批大量生產		
	年產 1～10臺	年產 11～150臺	年產 151～400臺	年產 401～1,200臺	年產 1,201～3,600臺	年產 3,600臺以上
夾具	0.08	0.20～0.30	0.4～0.8	1.0～1.4	1.3～2.0	1.6～2.2
刀具	0.04～0.08	0.15～0.25	0.25	0.3～0.5	0.5～0.7	≥0.9
量具	0.08～0.20	0.20～0.35	0.40	0.4～0.8	1.0～1.2	≥1.5
輔助工具	0.02	0.05～0.10	0.15	0.2～0.4	0.5～0.6	≥0.8
模具	—	—	0.10	0.20	0.3～0.4	≥0.5
總工藝裝備系數	0.22～0.38	0.60～1.0	1.3～1.7	2.1～3.3	3.6～4.9	≥5.3

(三) 生產營運工藝設計工具——產品－工藝矩陣

生產營運工藝（Process）是指能夠把企業從外部獲得各種資源的投入（包括資金、人才、技術、物資、設備以及房屋土地等）轉換成為企業一定的產出（包括產品和服務）的一系列任務，這些任務通過物流和信息流有機地組織在一起。企業再將這些產品和服務投入市場獲得相應的收入，然後再將部分收入轉化為資源，開始新的一輪生產營運工藝。由此可見，生產營運工藝創造了價值（包括產品和服務），但這些產品和服務只有通過市場進入流通渠道才能實現其價值。因此，生產營運工藝的組織必須與其產出的產品和服務的市場需求相適應，什麼樣的市場需求特徵，就應該配置什麼樣的生產營運工藝。為瞭解決這個問題，海斯（Robert H. Hayes）和惠爾萊特（Steven C. Wheelwright）於1979年提出了一個戰略分析工具——產品－工藝矩陣（Product－Process Matrix，PPM），如圖4.2所示。

產品－工藝矩陣是一個兩維矩陣，橫坐標表示產品結構與產品生命週期，隨著產品生命週期的發展（由導入期到成長期到成熟期），市場需求特性漸趨同一化，產品的產量增加而產品結構（水準方向）變窄，縱坐標表示工藝結構與工藝生命週期，隨著工藝生命週期的發展（由導入期到成長期到成熟期），生產營運工藝由單件生產（Job Shop）到成批生產（Batch Production）到大量生產（Mass Prodution），乃至連續流程式（Continuous Process），生產營運工藝的規模效應與學習效應逐漸突顯，自動化程度很高的專用設備與標準物流（垂直方向）變得經濟可行。因此，企業可以根據產品－工藝矩陣進行生

產營運工藝的設計與選擇決策。

產品結構／產品生命週期

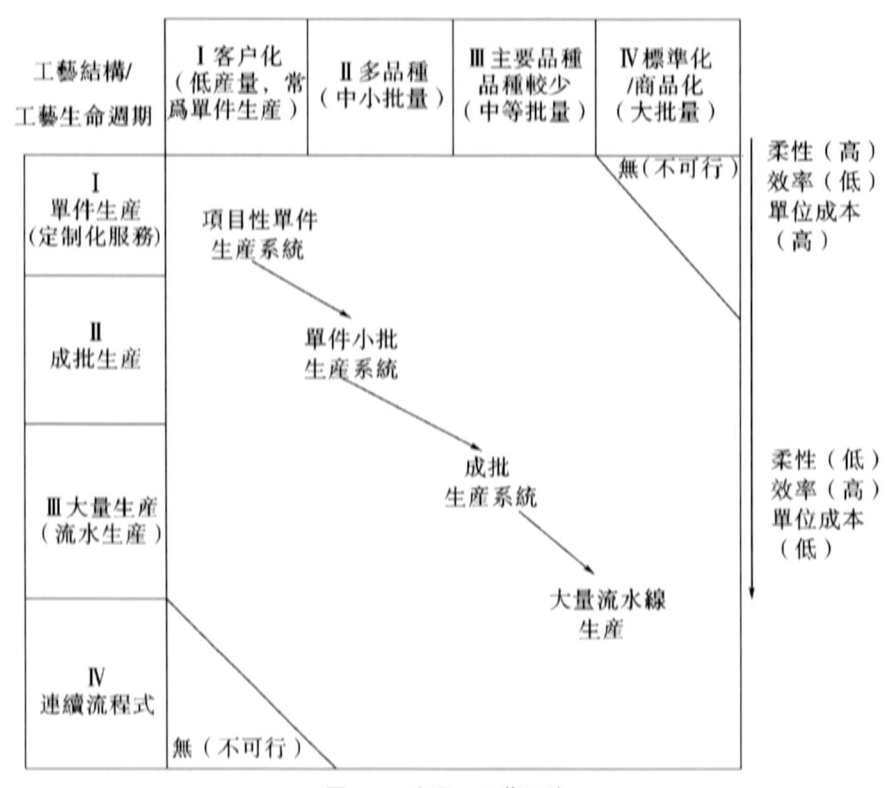

工藝結構／ 工藝生命週期	I 客戶化 （低產量，常 為單件生產）	II 多品種 （中小批量）	III 主要品種 品種較少 （中等批量）	IV 標準化 ／商品化 （大批量）	
I 單件生產 （定制化服務）	項目性單件 生產系統			無（不可行）	柔性（高） 效率（低） 單位成本 （高）
II 成批生產		單件小批 生產系統			
III 大量生產 （流水生產）			成批 生產系統		柔性（低） 效率（高） 單位成本 （低）
IV 連續流程式	無（不可行）			大量流水線 生產	

圖 4.2　產品－工藝矩陣

　　傳統的根據市場需求變化僅僅調整產品結構的策略，就會把企業的決策限定在矩陣的一個維度上，往往不能達到預期目標，因為它忽視了同步調整生產營運工藝的重要性，使企業生產營運不知不覺地偏離對角線，從而遇到競爭障礙。魏克漢姆·斯金納（Wickham Skinner）把這個現象稱為「營運重點缺乏症」。

　　理論上，根據市場需求特性即產品結構與產品生命週期特徵，沿著 PPM 矩陣對角線選擇和配置生產營運工藝，可以達到最好的技術經濟性。換言之，偏離對角線的匹配策略，不能獲得最佳的效益。因為若選擇往對角線以下的策略，顯然具有一定的效率與成本優勢，但同時往往損失了企業的定制能力與市場反應的靈活性。如果市場需求發生變化，生產營運工藝的轉換成本可能會很高；反之，若選擇往對角線以上的策略，企業雖然改善了定制能力與市場反應

的靈活性，但同時也失去了一定的效率與成本優勢。

隨著互聯網技術與自動化技術的發展，企業有可能恰當地利用偏離對角線的匹配策略，提升自身的競爭優勢，以出奇制勝。如 DELL 公司就是採用這種「以奇制勝」的偏離策略成功的典範。一般來說，個人電腦（PC 機）的裝配應選擇大量生產方式，但 DELL 公司在創業之初就採取了往對角線以上的偏離策略——即按照顧客的需要定製 PC 機，從而使 DELL 公司獲得了巨大成功，從一家幾個人的小公司發展成世界前三位的 PC 製造商。DELL 公司的成功依賴於兩個條件：一是雖然 DELL 公司的 PC 機的顧客需求差異較大，但其產品零部件標準化程度高，因為 PC 機行業的產品標準是公開的，為 DELL 公司低成本生產個性化 PC 機提供了條件；二是 PC 機市場保持了長期高速增長，同時互聯網的出現和應用大大提高了與顧客溝通的效率。

(四) 計算機輔助生產工藝管理

1. 傳統工藝管理存在的問題

如前所述，生產工藝管理是生產技術準備管理乃至生產管理中涉及因素較多、內容比較繁瑣、複雜程度較高、需要大量時間和經驗的工作。然而，在傳統工藝管理中，絕大部分工作需依靠工藝人員手工或半手工完成，其工作的質量亦多依賴於工藝管理人員和有關技術人員的經驗和努力程度。綜合來看，這樣的傳統工藝管理存在下列主要問題：

（1）生產工藝準備週期過長。由於工藝準備工作和工藝管理工作絕大部分依靠手工完成，而生產工藝準備工作又較為複雜和繁瑣，所以往往造成生產工藝準備工作週期過長，有時甚至占到整個生產技術準備週期的 60%～80%，導致企業產品生產週期過長，市場競爭能力減弱。

（2）工藝準備管理工作質量低。這裡所說的質量包括兩方面的內容：一是工藝準備工作本身的質量，由於工藝準備管理所採用的方法和手段較為落後，所以其工作質量亦難以保證；二是工藝準備工作的成果——最主要的就是工藝規程的質量。由於工藝準備工作本身的質量較低，工藝管理水準較低，因而工藝規程的質量也較差，主要表現在工藝設計的穩定性、一致性差，標準化程度低，很難做到工藝設計的優化。

（3）工藝設計人員日常忙於簡單、重複、繁雜的日常工藝設計工作中，無法集中力量去解決諸如新產品開發、工藝方法和技術的改進等重大問題，因而影響了生產工藝技術水準和管理水準的提高。

（4）採用常規手工管理工藝文件，使得工藝文件的保管和查閱工作十分麻煩和費時，工藝文件的規範化和標準化工作也十分困難，從而造成作為企業

重要技術和管理依據的工藝文件資料無法有效利用，影響了工藝設計工作和其他工作的進行。

（5）傳統的工藝設計一般均以單個具體零件的單獨工藝為主，有多少個零件就設計多少個工藝規程和相應數量的工藝裝備，每一個工藝文件及有關工藝裝備都為該零件工序所專用，因而缺乏系統性，容易造成人力、物力和財力的浪費。

（6）傳統的工藝設計往往過分依賴工藝設計人員的個人經驗，隨意性大，所以造成工藝設計的多樣性，設計出來的工藝規程往往因人、因時、因地而很不一致，這與現代化生產的基本要求很不協調。

2. 計算機輔助工藝過程設計

計算機在生產管理領域的應用日益廣泛，其在生產工藝管理方面的應用也越來越受到重視。工藝管理人員和工藝設計人員在利用計算機來幫助提高工藝管理工作的效率和質量方面傾注了極大的努力，目前已取得了許多成果，計算機輔助工藝過程設計（Computer Aided Process Planning，CAPP）就是其中的一個重要方面。

（1）CAPP 的基本原理。簡單地說，計算機輔助工藝過程設計就是「在工藝過程設計中使用計算機」，它是在工藝過程設計中應用計算機以幫助提高其標準化和自動化的一種技術，目的是將產品的設計信息和企業的生產數據歸並到一個計算機系統中，使該系統能產生可用的工藝規程。

CAPP 的研究開發相對於計算機輔助設計（CAD）、計算機輔助製造（CAM）和計算機輔助生產管理（CAPM）這些領域內的計算機應用來說，起步較晚。直至 1960 年，世界上第一個 CAPP 系統 AUTOPROS 才在挪威問世，但由於 CAPP 的重要性和所能帶來的巨大效益，因而在其起步後的短短的時間內，許多國家已投入了大量的人力、物力和財力進行了研究和開發，取得了很大的成果。中國的 CAPP 研究和開發在 20 世紀 60 年代末即已起步，但由於種種原因，直至 80 年代以後才相繼取得了一定成果。

由於工藝準備工作的複雜性，因而在應用自動化的工藝準備管理技術方面還存在許多人為的和技術上的困難，CAPP 的發展仍然存在著許多亟待解決的問題。可以預見，高水準的 CAPP 必然是未來工藝過程設計自動化的一個發展方向，其在生產管理自動化中佔有重要地位。

（2）CAPP 的主要構成形式。CAPP 系統各種各樣，使用目的、服務對象、採用的技術都不盡相同。從結構上看，現有的 CAPP 系統大致可分為以下三種基本形式：

第四章　產品和服務的開發設計與工藝管理

①檢索式（Retrial Method System）或派生式（Variant System）。它是應用成組技術的原理，對現有零件進行編碼、分類、按照工藝相似性組成不同的零件族（組），然後為每一族（組）編製一份族（組）內所有零件通用的標準工藝規程，將標準工藝規程存入計算機中。在編製新零件的加工工藝時，首先將新零件編碼，依據編碼找到其所屬的零件族（組）並檢索出該零件（組）對應的標準工工藝規程，然後由工藝設計人員根據該零件的設計要求對標準工藝規程進行修改和調整，即得該零件的工藝規程。

檢索式或派生式的CAPP系統的開發較為容易，比較實用，但開發工作量大且系統一般沒有決策功能，基本上還依賴於系統操作人員的工藝知識和經驗，計算機所起的作用僅僅是幫助人提高工作效率。早期的CAPP系統大部分屬於這種結構形式，其代表性的系統有國際計算機輔助生產協會（CAM-I）於1976年研製成功的CAPP系統和工業研究組織（OIR）同年開發的MIPLAN系統等。

②生成式（Generative System）。這種形式的CAPP系統，既不檢索已有的單個零件的工藝，也不檢索零件族（組）的標準工藝，而是根據零件的幾何、物理特性以及現有的工藝手段，綜合技術性與經濟性等因素，根據一系列的加工製造決策邏輯，自動地從有關數據庫中得到信息，在沒有人工干預的條件下創造出一個新零件的優化的工藝規程。

生成式系統比較先進，它能較快地生成一致性好的工藝規程，計算機在這裡完全替代了一個熟練的工藝設計人員的工作，從而使工藝過程設計工作對於非熟練工藝設計人員來說也是容易而且可保證質量的。然而由於工藝信息的識別和工藝決策信息的獲取以及其他若干技術上難點的存在，這種系統的開發也是十分困難的。嚴格地說，號稱完全生成式的CAPP系統還沒有一個真正達到在生產中實用的程度。也正是由於這個原因，人們放寬了對生成式系統條件的限制，而把一些具有一定決策邏輯功能但仍需人工干預的系統也歸入了生成式系統中。

③混合式或半生成式（Semi Generative System）。它是採取一種折中的辦法，綜合了檢索式和生成式CAPP系統的特點。它不存儲也不檢索任何單件零件的工藝或零件族（組）的複合工藝，但是，它要考慮工藝上的一系列必然的、基本的、公認的原則。計算機根據零件的形狀及加工要素等一系列原始設計信息進行邏輯判斷，依據由已有零件分類歸組之後總結出來的典型的優化的工藝路線及典型的優化的工藝手段編輯成一個新零件的工藝規程。這種形式的系統的開發工作量不如檢索式大，難度也沒有生成式高，還有一定的決策能力，是一種較易推廣和人們比較樂於接受的CAPP形式。目前，國內外大部分的CAPP系統均屬於這種半生成式的。

（3）CAPP 的效益及發展。研究和開發 CAPP 將給工藝準備管理工作帶來諸多好處：

① 可以降低對工藝設計人員技巧和經驗的要求，相應地可使部分熟練的工藝設計人員解脫出來，以進行改進和優化現行工藝設計性能的研究，從而提高工藝設計的技術水準和工藝管理水準。

② 可以減少工藝過程設計的時間。計算機處理的速度較快，減少了工藝設計的重複性工作，從而使得工藝過程設計所需的時間大為減少（據統計，利用 CAPP 系統編製工藝規程甚至可比用手工編製少花 95% 以上的時間），相應地縮短了生產技術準備週期。這對於工藝準備工作占整個生產技術準備工作很大部分工作量的多品種小批量製造企業來說意義十分重大。

③ 可以減少工藝過程設計的費用和零件製造的費用，從而降低了產品的成本，提高了產品的競爭力。

④ 可以設計出比手工設計更準確、質量更高、標準化更好的工藝規程，大大提高了工藝設計工作本身的質量並因此而使產品的製造質量得到了更充分的保證。

⑤ 可以使 CAD、CAPP、CAM 有效地結合起來，從而使計算機集成製造（CIM）得以實現。有研究表明，CIM 是未來製造業中占主導地位的生產方式，作為其中間環節的 CAPP 如能得到高水準的實現，並與 CAD、CAM 有機集成，必然使 CIM 的發展更為順利。

可以預見，未來 CAPP 的發展將向著自動化程度更高、人工決策和準備數據的工作更少、集成化程度更高的方向發展。

總之，無論是在工藝過程設計還是在工藝管理工作的其他方面，計算機技術必將會越來越多地介入其中，從而使原來繁瑣、複雜、耗費時日的工藝管理工作變得更加簡單、迅捷和優化。

第三節　服務業的產品設計與工藝管理

一、服務的基本概念

（一）服務的定義

服務是生產與消費同時進行的一類活動。因此，服務不是有形的存在，只有服務的結果能在事後看到。例如，在理髮的時候，服務的消費和過程是同步的，但是服務的效果或結果很明顯，而且會持續一段時間。

諾曼在 1984 年指出，服務由活動和相互作用構成。這裡的相互作用是指社會性接觸。服務不只是無形的產品，它是生產者和消費者之間的社會性接觸。該觀點從定義的角度，強調了客戶直接參與服務過程和全方位接觸的重要性，並強調了這種相互作用是服務過程中不可缺少的因素。

(二) 服務的本質

（1）每個人都是服務專家。人們都知道自己對一個服務組織有什麼樣的需求。在日常生活中，人們都有過數次創造服務過程的經歷。

（2）服務有其特色。在一種服務中行之有效的工作可能在另一種服務中卻起著相反的作用。例如，在快餐店吃飯的時間少於半個小時會使你感覺良好，然而，如果在豪華的法國飯店裡，這卻是完全不可以接受的。

（3）工作質量不等於服務質量。一家汽車商店可以為你的車做很好的保養，但是也許它需要一週時間才能完成這些工作。

（4）大多數服務都是有形服務和無形服務的結合，它們組成了一個服務包。與生產產品相比，該服務包更應採取不同的方式進行設計和管理。

（5）與顧客高度接觸的服務是被體驗的，而商品則是被消費掉的。

（6）有效的服務管理需要對市場、個人以及營運過程的充分理解。

（7）服務常常採用衝突的循環形式，它包括面對面、電話、電子機械和郵件之間的相互交流。

(三) 現代服務管理理念

現在的服務管理理念和原來的服務質量觀是一致的，顧客是服務組織所有決策和行動的著眼點。圖 4.3 所示的服務三角形形象地表現出這一點。顧客是所有服務（服務策略、服務系統及服務人員）的中心。因此可以說，服務組織是為了服務於顧客而存在的，而服務系統及服務人員的存在是為了服務過程的實施。有人認為，服務組織為服務於全體員工而存在，因為他們通常決定了顧客對該組織所提供的服務的看法。與這種觀點相對應的是，顧客得到良好的

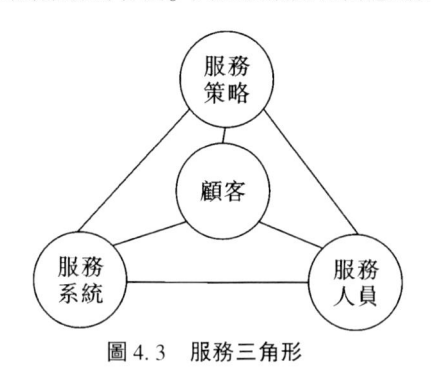

圖 4.3　服務三角形

服務就是管理得到回報；換句話說，管理者如何對待工人，工人也將如何對待顧客。如果員工受到良好的訓練，並感受到來自管理部門的強大動力，他們就會為顧客提供良好的服務。

服務管理中的重要角色是營運。營運對服務系統（程序、設備和設施）以及對服務人員的工作管理負責，而服務人員構成了大型服務組織中雇員的主體。在深入討論這一角色之前，要對服務進行分類，以表明顧客是怎樣影響營運職能的。

二、服務組織設計

（一）服務組織設計概述

在服務生產組織設計中，必須牢記服務的一個重要特徵——服務不能存儲。在製造業中，我們可以在蕭條時期儲備一些庫存以備高峰時期的需求，從而實現就業水準與生產計劃的相對穩定。而在服務業中，我們必須適應市場回升的需求。因此，能力在服務中就變成了一個具有統治地位的決策因素。想一想自己所處的許多服務環境，如在餐館吃飯或是去看週六的夜場電影，一般來說，如果餐館或者劇院滿員，你就會決定去其他地方。顯然，在服務業中，一個重要的設計參數就是「我們應該具備什麼樣的能力」。太多的能力導致過度的花費，不足的能力導致顧客流失。在這種情況下，我們要向市場行銷尋求幫助，這就是機票打折、旅館週末提供特別服務等的理由。這也是為什麼很難將服務中的營運管理職能從市場行銷中分離出來的重要原因。

從戰略經營的角度看，服務組織設計包括以下四個主要因素：

（1）確認目標市場，識別顧客；

（2）服務概念，即所提供服務產品的特點；

（3）服務策略，即服務的具體內容和服務營運的著眼點；

（4）服務系統，即採用什麼樣的工藝，使用什麼樣的雇員和設施來完成服務。

選擇目標市場及建立服務包是首要的管理決策，隨之要設立一些步驟，以便直接營運服務策略及設計服務系統。

服務設計及開發與典型製造業生產及開發的主要不同點在於：①服務工藝與服務產品必須同時開發。事實上，在服務中工藝即是產品。②雖然支持服務的設備和軟件受專利和版權保護，但是服務營運過程缺乏像產品生產那樣的法律保護。③服務包和確定的產品不同，服務包構成了開發過程的主要輸出。④服務包的許多部分常常用於訓練那些未加入服務組織中的個體，特別像律師

事務所和醫院這樣的專業服務組織，雇用職員首先要進行資格認定。⑤很多服務組織提供的服務是全天候的，而且隨時可以改變。日常服務組織，如理髮店、零售點及餐館都有這種靈活性。

(二) 服務策略：核心與優勢

服務策略是指企業面對市場競爭，為實現經營目標所採取的具體措施、對策、方法和基本步驟。制定策略首先要確定營運核心——其績效的優先考評對象，即確定那些服務公司之間展開競爭的優勢。它們包括：

（1）接待顧客的方式；

（2）提供服務的方便程度和及時性；

（3）服務價格的合理性；

（4）服務用品的質量和舒適性；

（5）提供服務的獨特性和技術程度；

（6）服務的可變性，必要時採用設站售貨的原則。

這些服務策略的各方面都有一個目標，就是以高質量的服務水準去滿足顧客需求。不過，雖然大多數人常常認為服務質量或服務的連續性是第一位的，但有研究表明，服務機構的經理通常最強調的核心因素是服務人員的可接近性。

(三) 實現行銷和服務的集成：構建競爭優勢

在服務經營過程中，無論採取哪些競爭要素，重要的是使市場開發與提供服務產品在內容上要緊密配合，並保持一致。所遵循的原則是不斷改進和提高服務水準，滿足顧客需求。因為只有這樣，才能滿足顧客對服務產品的期待和需求，增加企業的競爭力。圖4.4描述了服務水準與顧客接受服務的滿意程度之間的關係，說明顧客滿意程度取決於服務水準的高低。服務水準越高，顧客越滿意，接受服務的次數也就越多。

圖4.5概括了保持服務優勢和導致服務失敗的各種因素及其相互之間的聯繫。圖4.5表明，行銷部門有義務向顧客表明服務承諾，從而使顧客能夠預期服務效果。營運要對執行承諾和管理顧客的服務活動負責。反饋環節表明，如果效果不令人滿意或者沒有創造服務優勢，管理層必須改變服務行銷的策略，或者改變服務系統。在顧客離開這個系統之前，需要監督和控制執行，並建立一個補救計劃以消除負面影響。

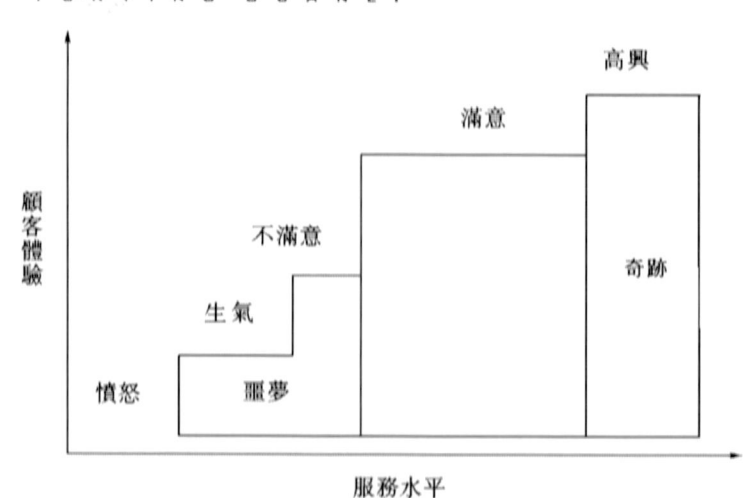

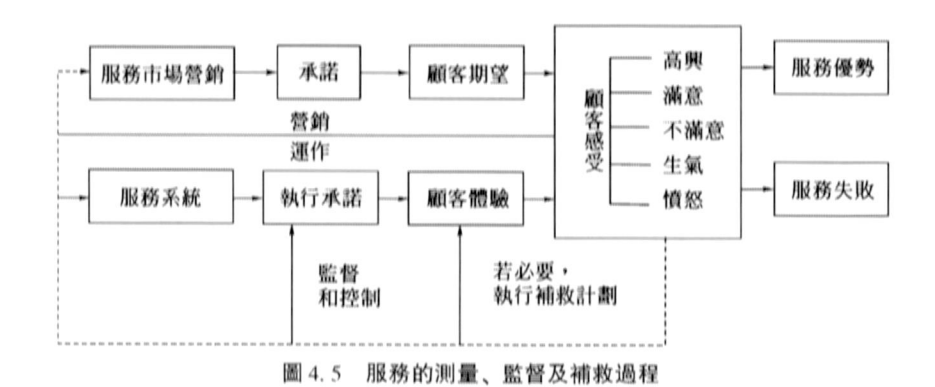

图 4.4　服务水准与顾客体验的关系示意图

图 4.5　服务的测量、监督及补救过程

　　监督和控制包括：重新委派工人，以适应短期的需求变化的管理活动；检查顾客与雇员之间的交流情况；在很多服务中，还要求管理人员随时接待顾客。补救计划包括培训一线工人，使他们具有处理诸如超额预订、丢失行李或者饭菜变质等问题的能力。
　　衡量顾客满意度的经济价值的一个途径是调查顾客，要求他们就服务和质量的每一条款在重要性和满意度两个方面进行评估。

三、服务系统设计矩阵

　　与制造业的产品－工艺矩阵一样，服务业在决策服务系统的服务方式时，也有一种有用的工具——服务系统设计矩阵，如图4.6所示。

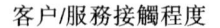

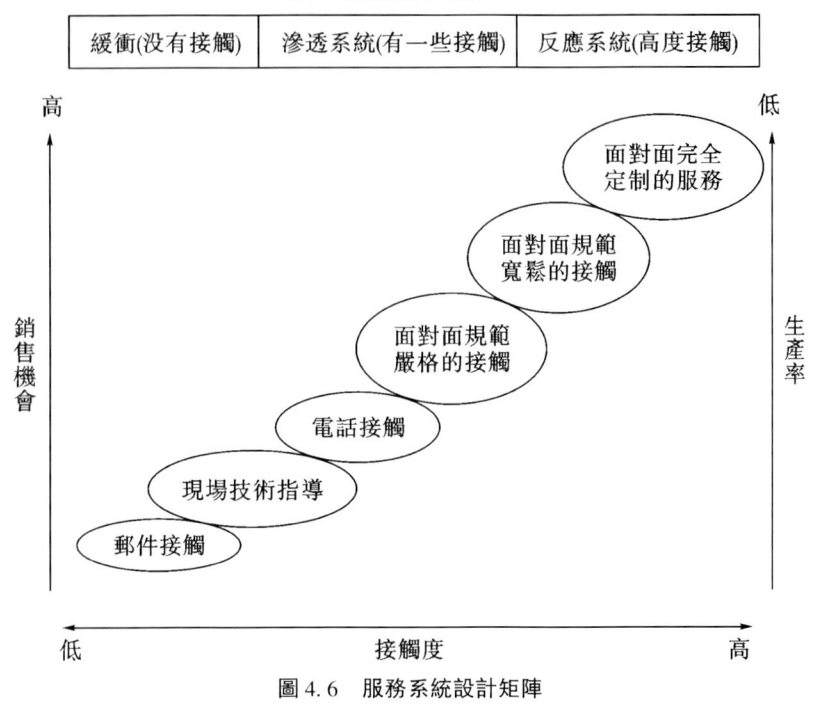

第四章　產品和服務的開發設計與工藝管理

客戶/服務接觸程度

| 緩衝(沒有接觸) | 滲透系統(有一些接觸) | 反應系統(高度接觸) |

圖 4.6　服務系統設計矩陣

（縱軸左：銷售機會 高→低；縱軸右：生產率 低→高；橫軸：接觸度 低→高）

從低到高依次為：郵件接觸、現場技術指導、電話接觸、面對面規範嚴格的接觸、面對面規範寬鬆的接觸、面對面完全定制的服務。

服務系統設計矩陣有三維變量，橫坐標表示系統與顧客的接觸程度，從左到右接觸程度逐漸提高；左邊是與顧客沒有直接接觸的區域，稱為緩衝，即像製造業一樣由於不直接與顧客接觸，因此無論在時間或庫存方面都可以設置一些緩衝；中間區域表示與顧客有一些接觸，稱為滲透系統；右邊區域為高度接觸區域，稱為反應系統。左邊的縱坐標表示銷售機會，從上到下銷售機會越來越低；右邊的縱坐標表示生產率，從上到下生產率越來越高。

服務系統設計矩陣給出了六種典型服務方式，從左下角到右上角依次是：郵件接觸、現場技術指導、電話接觸、面對面規範嚴格的接觸、面對面規範寬鬆的接觸以及面對面完全定制的服務。

（1）郵件接觸是指服務系統給顧客發送郵件，互相之間沒有直接的交流。這種服務方式由於顧客沒有直接參與服務系統，因此類似於製造業，生產效率高，但也正因為互相沒有接觸，因而銷售機會低。典型的郵件接觸方式為銀行每月發出的對帳單。

（2）現場技術指導方式的典型實例有自動取款機、自動服務加油站、咖啡機等。這種服務方式的接觸程度比郵件接觸高，顧客通過自我服務與服務系

統有了接觸，銷售機會提高了，但生產效率在下降。

（3）面對面規範嚴格的接觸是指在服務過程中，顧客與服務系統有較多的接觸，但是服務的內容是嚴格按程序進行的，無論是服務人員還是顧客對服務的內容都不能隨意改變，因此也不可能創新。

（4）面對面規範寬鬆的接觸是指服務過程的內容有較大的挑選餘地，並在一定範圍內可以修改，但服務的內容（產品）和怎麼服務（工藝）還是有一個大的框架範圍。如全天候點菜式的飯店就屬於這種類型。

（5）面對面完全定制的服務是指完全根據顧客的要求，為顧客設計所需要的服務。如律師事務所的服務等就屬於這一類型。面對面完全定制的服務，顧客與服務系統的接觸度最高，提供的是完全定制的服務，所以銷售機會最高，但生產率卻是最低的。

（一）實例

有的服務系統同時存在這六種服務方式，如美國第一芝加哥銀行開設多種服務方式來滿足不同層次顧客的需要。

（1）郵件接觸。銀行每月向顧客寄出對帳單，把一個月中客戶帳戶中的交易內容按順序打印，寄給客戶。若有問題，客戶可提出憑證來修改。

這種服務方式生產率高，每天可以快速處理大量信息。美國第一芝加哥銀行每月提供百萬村這樣的郵件。

（2）現場技術指導。這種服務方式銷售機會低，但要高於前者。

（3）電話接觸。顧客打電話詢問帳戶情況或銀行業務情況，銀行工作人員向顧客講解情況，也可做一些業務宣傳。隨著接觸機會的增多，銷售機會在上升，當然，生產效率也在逐漸下降。

（4）面對面規範嚴格的接觸。顧客到櫃臺從帳戶中取錢，一切按規定的工作流程進行：顧客填寫單據，出納核對帳戶，當確認帳戶有效時，取款，並交給顧客。顧客與工作人員有了面對面的接觸，但誰都不可改變這一工作程序。

（5）面對面規範寬鬆的接觸。在美國，顧客開設帳戶是屬於面對面規範寬鬆的接觸。顧客與銀行代理人討論多種方式的帳戶，並確定最適合顧客需求的帳戶類型。在確定的過程中，代理人可以對多種服務產品進行組合與調整。

（6）面對面完全定制的服務。申請貸款的服務屬於面對面完全定制的服務。顧客申請貸款時，代理人按顧客的特殊要求開發特製的服務方案。在這一過程中，雙方的接觸程度最高，銷售機會最多，但生產率最低。

（二）矩陣的應用價值

（1）矩陣與管理的對應關係。服務系統設計矩陣表明隨著與顧客接觸程

度的提高，對員工、營運以及技術方面的要求都是不一樣的。以對員工要求為例。郵件接觸要求員工具備較高的文字能力；現場技術指導要求員工有輔助顧客使用設施的能力；電話接觸則要求員工的口頭表達能力強和語言清楚；面對面規範嚴格的接觸則要求員工按照規範的流程工作；而對面對面規範寬鬆的接觸，則要求員工具備交易技能來完成服務設計；至於面對面完全定制的服務，要求工作人員有判斷顧客需求的專業技能。

隨著服務系統與顧客接觸程度的不同，在對服務人員、營運的重點控制、技術創新方面的要求均有相應的改變。表4.3中列舉了對這三方面要求的特徵與對應關係。

表4.3　接觸程度對服務人員、營運重點及技術創新方面的要求

服務系統與顧客的接觸度

低 ←――――――――――――――――――→ 高

員工要求	書寫技能	輔助技能	口頭（表達）技能	流程化技能	交易技能	用戶個性需求判斷技能
營運重點	文件處理	需求管理	記錄電話內容，減少顧客等待時間	流程控制	管理能力	綜合委託人的培訓與管理
技術支持或管理創新	辦公自動化	界面友好	通信流暢清晰	電子技術的輔助	自助服務	委託人與員工團隊

（2）矩陣給予的啟示。①由系統設計的目標決定服務方式的特點。通過服務矩陣，可以清楚地看到，系統追求的目標不同，服務的方式是不一樣的。若要追求高的銷售機會，則應採用接觸度高的服務方式；而當追求生產率時，則應採用接觸度低的服務方式。銷售機會與生產率是不可能同時兼顧的。②由服務方式的特點決定管理特點。表4.3已列出矩陣中不同接觸度的服務方式，對管理提出不同的要求。因此，管理者在設計服務方式的同時，還應該考慮在人力資源管理、營運管理等方面應採用不同的管理方式。這樣才能達到預期的目標。例如，對採用面對面規範嚴格的接觸而言，使用高技術人才是無意義的；又如對追求高生產率的服務系統，除了應考慮接觸度低以外，還可以考慮採用先進的生產管理方法對其流程進行改造，以提高生產率；再如有的方式強調的是服務的定制化，因此所設計的服務產品是非常多樣化的，而有的方式並不需要服務產品的多樣化，而是規範的工作流程控制。

課後習題

1. 什麼是新產品？新產品可分為哪幾種？
2. 新產品開發的動力模式分為哪幾種？對於新產品，可以採用哪些開發策略？
3. 簡述生產工藝管理的內容、意義。
4. 談談你對先進產品設計和管理方法的認識。
5. 將下列生產系統或者服務系統置於產品－工藝矩陣的正確位置：專用機器廠商、汽車組裝線、機床廠、標準件廠、教室、鋼鐵廠、造紙廠。
6. 用服務系統設計矩陣分析下列兩個服務系統，它們分別包括哪些類型的服務形式：

（1）一家百貨店，包括的功能有：郵購、電話訂購、五金部、文具部、服裝部、化妝品部、客戶服務部（處理投訴等）。

（2）一家醫院，服務內容有：收費、配藥、常規化驗、診斷性檢查（如X光攝像）、門診、住院護理、住院治療。

第五章　設施的選址和布置

本章關鍵詞

選址（Location）
佈局/布置（Layout）
工藝專業化原則佈局/布置（Process Layout）
對象專業化原則佈局/布置（Product Layout）
製造單元布置（Manufacturing Cell Layout）
定位佈局（Fixed Layout）
相關圖（Correlative Map）

【開篇案例】　設施選址的困惑

　　貝爾格是自行車製造企業菲勒公司的CEO，他曾經在過去的十幾年中領導公司取得了非常輝煌的成績。當其他大型自行車製造商紛紛把製造工廠轉移到海外以利用低廉的勞動力成本時，貝爾格仍然堅持本地化生產策略。他決定將製造廠和公司管理部門全部建在科羅拉多州的大石城。大石城是著名的自行車城，那裡集中了許多大型自行車製造商和配件生產廠。貝爾格認為，大石城內的自行車配件工廠能夠為企業提供質優價廉的原材料。菲勒公司的業績始終保持持續增長。

　　生產部部長魯賓斯認為，亞洲的經濟增長帶動了對優質新潮自行車需求的成倍增長。如果菲勒公司要在亞洲市場開展競爭，就需要將工廠建在當地。他認為中國是最好的選擇。

　　銷售部部長賴特卻不這樣認為，覺得應該採取外包生產的策略。在亞洲以銷售為主，一邊銷售一邊瞭解市場。建工廠投資大、風險大。應該在瞭解當地市場的情況後，再投資建廠。另外，關於把亞洲的基地建在何處也有多種選擇。譬如，新加坡為新建的製造工廠提供非常有吸引力的減稅措施；還有墨西哥，離美國很近，不考慮配送成本的話，那裡的工資水準與亞洲類似，但是其

他風險就小得多了。

貝爾格始終認為，菲勒公司取得成功的關鍵是所有的營運都在大石城，可使企業完全控制自己的柔性生產運作體系，有效地迎合本地市場變化。對於如何應對在地球另一邊的工廠中出現的問題他沒有把握。多年前他所做出的選址決策使公司取得了現在的成功，同時他也清楚，如今要制定的選址決策將關係到公司未來的命運。

討論題

1. 為什麼貝爾格十幾年前做出的選址決策能夠取得成功？
2. 貝爾格在新形勢下所面臨的選址決策問題是什麼？
3. 如果菲勒公司決定在亞洲開設工廠，應考慮哪些因素？

在產品或服務決策完成之後，接著就要決定在何處建造生產或服務設施來製造產品或提供服務的問題。企業廠址的選擇、廠區內生產單位的配置、車間內各組成部分和設備的布置等內容，是生產系統得以良好運轉的前提。對於新建企業來說設施選址和布置是必須進行而且需要慎重考慮的問題，其科學合理與否將影響企業的長遠發展。因此，企業要建設滿足其經營戰略需要的生產系統需要運用科學的方法進行決策。本章主要介紹設施選址的重要性、原則、影響設施選址的因素，設施選址的步驟和數學方法，以及設施選址的發展趨勢；營運系統的構成，設施布置的工作內容、基本類型，設施布置的目標及要求，設計步驟，設施布置的數學方法。

第一節 生產和服務設施選址

設施選址是指如何運用科學的方法決定設施的地理位置，使之與企業的整體生產營運系統有機結合，以便有效、經濟地達到企業的經營目的。企業一般在以下三種情況下需要進行選址：一是新建企業的選址；二是由於生產經營的發展需要改建或擴建，需要另選新址或在原地擴建；三是由於種種原因，企業需要搬遷，另選一個合適的廠址。

無論對製造型企業還是服務型企業來講，選址規劃都是一項艱鉅而重要的工作。正確的選址能為企業經營帶來巨大的收益；相反，也可能使企業的投資血本無歸。本節將探討選址的意義、影響選址的因素等問題，以及具有可操作

性的選址工具與方法。著重進行方法的介紹，並且運用實例來闡述各個方法的特點及其實踐中的應用。最後，對設施選址的趨勢進行展望。

一、選址的重要性與難度

設施選址是要運用科學的方法決定設施的位置，使之與企業的整體經營營運系統有機結合，以便有效地達到企業的經營目的。具體而言，就是為製造型企業的工廠、車間，或者服務型企業的店鋪和其他服務性設施選擇合適的位置，使其具備長期的競爭優勢，以達到減少成本增加利潤的目的。

人們在考慮設施選址的時候不僅要考慮設施本身的營運成本、產品運輸便利程度、人員材料的費用等，還要考慮到供應鏈上下游企業的相互關聯，因為只有供應鏈上各個節點企業的效益實現最大化才能使整個供應鏈的效益最大化。

隨著經濟全球化的發展，選址問題更受到人們的重視。因為全球化的一個重要特徵是製造活動從集中式到分佈式的轉變，人們面對的不再是一個單一的工廠選址，而是由不同工廠及市場構成的製造網絡的選址問題。製造網絡的選址將涉及更多、更複雜的社會、政治、經濟和文化等問題。

選址的難度主要體現在以下幾個方面：

（一）選址因素多且相互矛盾

企業進行選址時時常需要考慮非常多的因素，而且有時候並不能兼顧所有的因素。比如企業的經營特點要求選擇距離原材料採購地近的地點，但是這樣就有可能無法獲得高技能或低成本的勞動力資源，造成員工本地化程度低、外來員工的生活成本和工資的支出過高。或者企業為了便於出口，需選擇靠近港口的地點。這樣的話，又會出現相對內陸地區更高的土地使用費等。這些因素有時甚至是相互矛盾的，這就需要企業在做決策的時候通盤考慮，將每一項影響因素做細化的成本分析，從而得出最優化的結果。

（二）選址方案的時效性有限

任何一種選址方案都不能保證永遠適用。隨著經濟全球化的步伐大大加快，企業每天都處在變革之中。各個國家、各個地區之間的比較優勢也在發生著變化。當前憑藉廉價的勞動力資源而具有勞動力比較優勢的國家，很有可能在幾年之後完全喪失這種優勢。即使是在一國之內，不同地區的資源優勢和開放政策也會有所不同，且這種差異在不斷變化，因而也會對選址的結果產生巨大的影響。這些變化都增加了選址決策時的難度。

（三）不同決策部門利益不同，追求目標不同

企業各個部門在制訂選址方案的時候通常都要考慮本部門的利益，這就增

加了企業內部協調一致的難度，也為選址設置了人為的難度。

(四) 判別的標準會發生變化

以往，製造型企業在進行選址時，通常都會考慮低成本因素，無論是勞動力方面還是基礎設施方面；服務型企業則會考慮交通的便利性以及顧客的流量等。如今，這些選址的判別標準在不斷地變化，製造型企業更多地會考慮科技資源因素。如硅谷的企業宣稱，方圓3千米面積內如果沒有高校，就不會做出選址決策。而服務型企業則會將選址作為其市場戰略的一部分，更多地靠近目標顧客所在區域或其服務的主導區域。

可見，選址是一項非常複雜的活動，中間涉及非常多的環節和需要考慮的因素，其中甚至有些因素是企業所無法事先預料的，如全球性的金融危機或自然災害等。這就要求企業在制訂選址的最終方案前充分做好調研，協調各方面的利益，權衡利弊再做出選擇。

二、選址的原則

在設施選址問題上，應將定性方法與定量方法相結合，但定性分析是定量分析的前提。在定性分析時，不管是製造業還是服務業，具體的選址原則如下所述：

(一) 利潤最大化原則

企業首先是經濟實體，經濟利益對於企業無論何時何地都是重要的。建設初期的固定費用，投入運行後的變動費用，產品與服務的銷售狀況，都與選址有關。

(二) 集聚人才原則

人才是企業最寶貴的資源，企業地址選得合適有利於吸引人才；反之，因企業搬遷造成員工生活不便，導致員工流失的事實常有發生。

(三) 接近用戶原則

對於服務業，如醫院、學校、零售商店等，只有接近用戶，才能受到歡迎，不斷發展壯大。許多製造型企業也把工廠建到消費市場附近，可以更快地瞭解消費者的需求狀況並指導生產，還可以降低產品運費。

(四) 前瞻性原則

企業選址是一項戰略性的決策，應該有一定的前瞻性。選址工作要考慮到企業未來的發展，要考慮市場未來的變化，還要考慮是否與當地的經濟社會發展規劃相協調。在當前世界經濟一體化的時代背景下，選址要考慮如何利用世界各地資源優勢，開拓國際市場。

另外，服務業在選址方面，與製造型企業選址是有區別的，如表5.1所示。靠近目標客戶群的集中區域是服務型企業選址的基本原則，但如果目標客戶群所在的地理區域很大或者存在競爭對手，那麼服務型企業在選址時還必須考慮其他原則。

(一) 避免同一企業的不同分支機構發生競爭

通常，每一服務機構都具有自己的一個服務半徑，涵蓋一定的服務範圍。同一服務型企業的不同分支機構要避免內部發生服務範圍嚴重重疊的現象，如圖5.1所示。

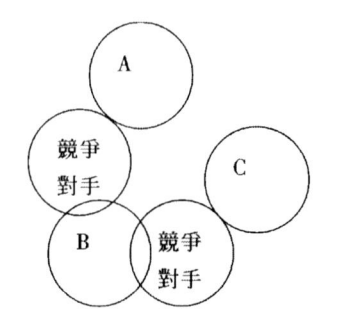

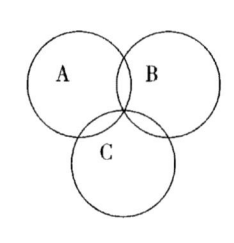

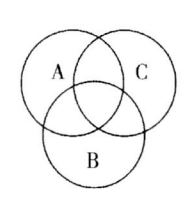

a.較爲分散的分支機構　　b.較爲合理的分支機構　　c.過於重疊的分支機構

圖5.1　不同的分支機構選址

(二) 服務機構的選址要符合企業的競爭戰略

如果企業實力雄厚，採取的是一種與競爭對手針鋒相對的競爭戰略，企業主要目的是利用自己的差異化優勢與競爭對手爭奪市場份額，那麼企業服務機構的選址就可以採取緊隨競爭對手分支機構選址的策略。麥當勞與肯德基就屬於這種狀況，在很多城市只要什麼地方有麥當勞，那麼在它周圍基本上就會有一家肯德基店存在。

製造業與服務業選址的區別如表5.1所示。

表5.1　　　　　　　　製造業與服務業選址的區別

	製造業	服務業
設立成本	相對較高	相對較低
地理區域	原材料供應地或勞動力成本較低的區域	目標客戶群的集中區域
交通條件	貨物運輸方便	客戶到達方便
財務指標	成本最低	利潤最大

三、選址的影響因素

（一）生產企業設施選址的影響因素

影響選址規劃的因素非常多，涉及很多方面。這裡，我們將其歸納為以下五大類：成本因素、市場因素、政治因素、文化因素和地理因素。

1. 成本因素

（1）採購成本

企業在進行選址的時候，必須要考慮一旦設施建成，能否使企業比較方便地進行原材料或其他物品的採購，也就是說選址方案是否能夠使企業獲得相對較低的採購成本。對於從事農、林、牧、副、漁行業的企業，其生產營運必須瀕臨其原材料產地，這是出於採購必要性與採購成本的考慮；而對於從事制冷保鮮、奶製品加工、烘焙等行業的企業，在選址決策時需要考慮其原材料容易腐敗的特質而靠近原材料產地，以降低採購時的存儲成本。最後，對於那些營運過程中原材料體積與重量消耗大的企業，運輸成本顯得尤為重要，所以應該盡可能靠近原材料產地。如火力發電廠建設的時候應該靠近煤炭基地或港口，鋼鐵廠則應該靠近容易獲取鐵礦石的地方。

（2）分銷成本

如果在企業的主要目標市場中有幾個主要的買家分佈在一定的區域範圍內，那麼企業就要考慮有沒有必要建立和需要在什麼地方建立一個區域的配送中心的問題，以控制分銷配送成本。建立配送中心就要考慮運輸、儲存等一系列問題了。企業還可以選擇外包倉儲配送業務，那就要考察距離買方的路程以及需要運用什麼樣的運輸方式了。

（3）建設成本

有些設施的建設投資要受到所在地點的地理條件的影響，因此企業應該避免在那些地質或地勢條件不滿足要求的區域選址。顯然，在平地上興建設施比在丘陵或山地更容易施工，造價也低得多。同樣，選擇在有沉降的地面上建造工廠，由於要增加防範沉降措施會導致成本的增加。土地價格是影響企業建設成本的一項重要因素，不同地區的地價會呈現出很大的差異，如市區與市郊的地價可能相差十幾倍甚至幾十倍，而往往農村的地價更低。

（4）勞動力成本

不同地區的勞動力工資水準與受教育的程度是不同的，企業一方面要考慮所需勞動力的可獲取性，同時還要考慮其獲取成本。如果是勞動密集型企業，通常勞動力成本占企業總成本的比重較大，因而企業往往傾向於選擇工資水準

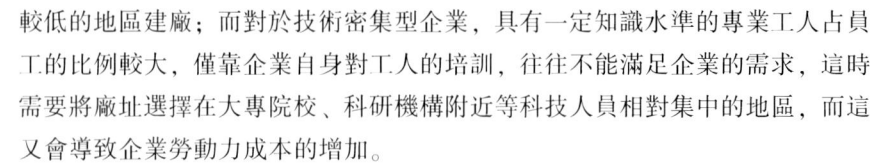

較低的地區建廠；而對於技術密集型企業，具有一定知識水準的專業工人占員工的比例較大，僅靠企業自身對工人的培訓，往往不能滿足企業的需求，這時需要將廠址選擇在大專院校、科研機構附近等科技人員相對集中的地區，而這又會導致企業勞動力成本的增加。

(5) 資源成本

資源包括營運要用到的能源、水、電等，資源成本因素的考慮是要看這些生產要素的配備是否充足。例如，某些用水量大的釀酒、化工等企業，必須優先考慮該地區水資源供應的可能性與質量。同時要考慮獲得這些資源的成本因素，包括是否可以立即獲得還是需要經過再開採或再加工等。

2. 市場因素

(1) 是否靠近原料採購市場

有些行業是必須要靠近原材料市場進行建廠和經營的。比如採礦、伐木行業等。企業經常會面對選擇靠近原材料市場還是靠近銷售市場的兩難境地。企業往往會通過對兩者的成本比較，進而選擇靠近成本較低的一方市場興建設施。某些行業還要考慮上游供貨商的庫存管理模式。如採用準時化生產模式的企業，會要求上游供貨商在庫存管理上做到準時化的供貨模式，這勢必要求兩家企業的距離不能太遠。

(2) 是否靠近目標銷售市場

每種產品都有自己的目標市場。消費類產品製造企業應該盡可能地接近產品的目標市場，以便吸引目標顧客的購買，提高銷售收入。同時，靠近目標銷售市場還有利於及時瞭解目標客戶的需求變化，縮短運輸和交貨時間，降低運輸成本。而對於服務機構而言，與消費者接觸程度較高的如超市、百貨公司等，應該選擇建在目標消費群集中的區域；相反，對於接觸程度不高的機構如管理諮詢公司，則應該選擇具有便利交通的地區和明確功能性的區域。

(3) 是否有成熟的商業氛圍

很多企業都有「群居」的習慣，其實這也是在長期的市場競爭中發現的一種規律。儘管經營方向與特色具有同質化特徵的服務型企業在距離較近的地區經營，其相互間的競爭會達到白熱化的程度，但是它們的「群居」行為卻也能夠為對方帶來客流，且如果它們的分佈過於分散，則無法形成有利於彼此的聚集效應，同時也不利於企業業務的開展和滿足消費者多樣化的需求。比如當特定地區的市場容量太小而不能容納兩個或更多的競爭者時，零售業企業會傾向於在一個沒有競爭者的地點進行選址。而當市場容量足夠大，獨立的地點選擇難以吸引充足的客流時，各個零售店面需要比鄰而居。如在很多的商業步

行街上，既有大型購物中心，又有特色小店，大型購物中心吸引的客源可以成為鄰近小商鋪的潛在顧客。對於大型生產製造型企業也是一樣，很多製造型企業都聚居在工業園區和經濟技術開發區一類的區域。良性的商業氛圍有利於企業招募員工，也能夠為企業提供完備的生產、生活配套。

3. 政治因素

政治因素包括當地政府對企業所從事的生產經營活動的鼓勵或限制的立場、當地政治局面的穩定程度、法制的完備程度、稅賦的公平程度等。這些問題在進行選址決策時決不能忽視，否則會帶來嚴重後果。特別是企業在進行海外選址決策時，必須要考慮政治因素，政局穩定是發展經濟的前提條件。在一個動盪不安、戰亂不斷的國家進行選址，往往要冒很大風險。有些國家或地區雖然具備適宜建廠的良好自然環境，但其法律體系變更無常，企業權益得不到保障，也不宜設廠。此外，還要瞭解當地有關環保、稅收方面的法律法規，可能對環境造成污染的企業要時刻注意當地的環保規定，而稅賦過高的地區會使企業財務負擔過重。總之，企業在進行跨國選址的時候，應該選擇那些為了吸引外資而在政策法規上提供優惠的國家或地區。

4. 文化因素

文化因素包括當地民眾對於某種類型的生產經營活動的歡迎或反對態度，語言、風俗等，這些都會對企業的營運產生不同程度的影響。不同地區的工人對於出勤率、銷售額等方面的態度可能會有所不同。例如，居住在大城市中心的工人和同一地區周邊的農村工人會在工作態度上有不同的表現。而且，一個國家不同地區或不同國家之間工人的文化背景和習俗的差別也會對於營運管理方式造成影響。

5. 地理因素

（1）交通是否便利

企業的進貨和出貨是否便捷、成本是否低廉和企業所處的地理位置息息相關。靠近港口、鐵路和機場勢必會大大提高貨物的週轉速度，同時降低運輸成本。

（2）自然環境是否利於生產

自然環境包括地理條件和氣候條件。地理條件是一種制約選址的客觀因素，企業應避免在那些地質或地勢條件不滿足要求的區域選址建廠。例如，選址應該盡量排除下列地區：地震多發；易遭洪水且地面積水排放不暢；接近廢棄的礦坑；地基不能達到設施承載要求的；空間面積不足，形狀不規則，不能

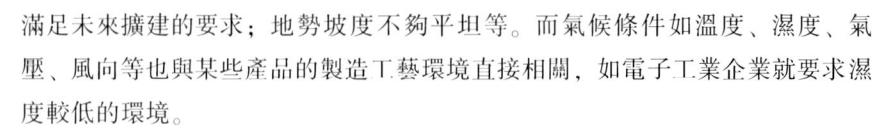

滿足未來擴建的要求；地勢坡度不夠平坦等。而氣候條件如溫度、濕度、氣壓、風向等也與某些產品的製造工藝環境直接相關，如電子工業企業就要求濕度較低的環境。

(二) 服務型企業選址的影響因素

服務設施選址必須以方便顧客來接受服務，或是能夠吸引顧客來接受服務為原則。具體的影響因素有：

（1）區域內消費者的購買力水準。一個區域的消費者購買力水準是影響服務型企業、服務設施選址的首要因素。收入高，購買力就強，對服務的需求就強；反之，對服務的需求就弱。

（2）服務型企業的集中化程度。服務型企業的集中化程度是形成市場和商業中心的重要條件，服務型企業的集中化會產生聚集效應，既可以給服務型企業帶來商業機會，獲得更多的收益，也給消費者帶來方便，降低消費者的消費成本。

（3）服務型企業的功能定位。服務型企業的功能定位要解決的問題是，回答企業能夠為消費者提供什麼樣的服務，或者是自己的目標顧客是誰。

（4）服務與消費者接觸程度的高低。接觸程度高的服務機構選址應靠近消費群集中的地區，而服務接觸程度低的機構，應選擇交通便利的地區。

四、選址的步驟

廠址選擇是一件十分複雜的決策過程，受到眾多因素的影響，這些因素遠遠不止上述所列出的這些因素。如何在決策過程中分清主次、抓住關鍵，做出最好的選擇，不僅要有科學的分析方法、進行全面的評價，而且還必須遵循一定的程序和步驟。具體來說，廠址選擇通常包括下列步驟：

(一) 確定選址目標

設施選址目標往往各不相同。新建企業的選址，往往以投入最少、產出最大、效益最好為選址的決策目標。企業改擴建選址因為受到企業現有經營因素的影響，除了要考慮費用效益外，還要權衡與原有的生產營運設施之間的關係，以如何整體優化佈局為目標。企業搬遷選址則應分析遷廠的具體原因是什麼，要達到什麼樣的目標，如擴大規模、獲取資源、降低成本還是由於環境保護問題，此時，選址目標應與要解決的主要問題聯繫起來。

(二) 選擇地區

在達到第一步中選址目標要求和各考慮因素的標準要求的地區中，還要掌

握當地政府部門有關經濟發展規劃、土地徵用、工商稅務、資源使用方面的情況和信息。在收集數據的基礎上，找出備選方案，備選方案的個數應根據可供選擇的地區範圍、具體條件、存在問題、解決的難易程度來決定，如三個、五個或者更多。應當注意，為了便於方案的比較選擇，應列出各候選方案明顯的優點和突出的問題。然後進行比選，找到最佳的地區。

(三) 選擇具體位置

選定地區後，就要選擇具體位置，即確定在哪片土地建廠。考慮選擇具體位置的因素及要求，找出可選的具體地點實地調研，進行比選，進行技術經濟評價，找到最佳的地點。

以上程序當中，進行比選，確定最佳的地區、地點的時候，往往是很困難的。因為一般不會有某一個地區或地點明顯優於其他地區或地點，讓我們可以毫不猶豫地選擇，各個地區或地點通常會各有優缺點，這時就要運用定性、定量的分析方法或者定性和定量相結合的方法進行方案評價。設施選址的分析評價方法很多，如優缺點比較法、專家意見法、費用效益分析法、分級加權法、重心法、選址度量法、線性規劃法等。具體採用哪種方案，要視評價的因素而定，如社會生活因素、政治因素等，難於用明確的數值表示，則只能進行定性分析；而涉及費用、成本、效益、稅金等經濟因素的評價則可用定量方法來進行分析；而有些定性評價因素，如市場、原材料、人力資源、基礎設施、交通運輸、可擴展性等，為了便於比較，則可以將其轉化為量化數值進行分析。

五、選址的數學方法

(一) 重心法

重心法是一種布置單個設施的方法和這種方法要考慮現有設施之間的距離和要運輸的貨物量。它經常用於中間倉庫的選擇。在最簡單的情況下，這種方法假設運入成本和運出成本是相等的，它並未考慮在不滿載的情況下增加的特殊運輸費用。

首先，要在坐標系中標出各個地點的位置，目的在於確定各點的相對距離。坐標系可以隨便建立。在國際選址中，經常採用經度和緯度建立坐標。

然後，根據各點在坐標系中的橫縱坐標值，運用公式求出運輸成本最低的重心點位置坐標 (X_0, Y_0)。其計算公式如下：

$$X_0 = \frac{\sum_{i=1}^{n} Q_i X_i}{\sum_{i=1}^{n} Q_i} \qquad Y_0 = \frac{\sum_{i=1}^{n} Q_i Y_i}{\sum_{i=1}^{n} Q_i}$$

式中，X_i 表示第 i 個需求地（或供應地）的 X 坐標；Y_i 表示第 i 個需求地（或供應地）的 Y 坐標；n 表示需求地（或供應地）的數目；Q_i 表示運到第 i 個地點（或從第 i 個地點運出）的貨物量；X_0 表示重心點的 X 坐標；Y_0 表示重心點的 Y 坐標。

最後，選擇求出的重心點坐標值對應的地點作為我們要布置設施的地點。

例1：某企業有 5 個銷售點，現在要建一個中心倉庫，求中心倉庫的位置，其坐標及銷售量如表 5.2 所示。

表 5.2　　　　　　　　5 個銷售點的坐標及銷售量

銷售點	X 坐標	Y 坐標	每月銷售量
D_1	48	34	1,350
D_2	62	29	1,910
D_3	36	54	4,300
D_4	49	56	3,320
D_5	43	42	2,120

根據重心法，中間倉庫應該在 D_0（45.53，46.80）。

（二）因素加權評分法

因素加權評分法是對多個候選廠址進行分析評價的一種常用方法，運用這種方法的步驟如下：

（1）選擇有關因素（如市場位置、水源供應、停車場、潛在收入等）。

（2）賦予每個因素一個權重，以顯示它與所有其他因素相比的相對重要性。各因素權重總和一般是 1.0。

（3）給所有因素確定一個統一的數值範圍（如 0～100）。

（4）給每一備選地點打分。

（5）把每一因素的得分與它的權重值相乘，再把各因素乘積值相加，就得到了待選地點的總分。

（6）選擇其中綜合得分最高的地點。

例2：某大型超市要進行選址，表 5.3 是兩個可供選擇的地點的信息。

表 5.3　　　　　　　　　　　供選擇地點的信息

因素	比重	得分（100）		加權得分	
		地點 1	地點 2	地點 1	地點 2
地理因素	0.30	90	65	0.30×90＝27.0	0.30×65＝19.5
商品因素	0.10	85	90	0.10×85＝8.5	0.10×90＝9.0
經營規模	0.15	70	90	0.15×70＝10.5	0.15×90＝13.5
競爭對手	0.20	88	93	0.2×88＝17.6	0.2×93＝18.6
交通情況	0.20	55	85	0.20×55＝11.0	0.20×85＝17.0
促銷手段	0.05	86	90	0.05×86＝4.3	0.05×90＝4.5
合計	1.00			78.9	82.1

從表 5.3 可以看出，地點 2 的得分最高（為 82.1 分），故應選在地點 2 建設超市。

(三) 量本利分析法

量本利分析法通過對在不同地點設廠的產量與成本和利潤的關係進行經濟分析，從而找出利潤最大的設廠地點。本方法適合以下情況的選址：

(1) 產量在一定範圍內，固定成本不變。

(2) 可變成本在一定範圍內與產量成正比。

(3) 所需的產量水準、固定成本、單位產品的可變成本及售價可以較準確地估計或推算出來。

總成本可以表示如下：

$$TC = TFC + AVC \cdot Q$$

式中，TC 為總成本；TFC 為總固定成本；AVC 為平均變動成本；Q 為產品的產量。

企業的利潤可以表示如下：

$$\pi = Q^*(P - AVC) - TF$$

式中，π 為利潤；P 為單位產品售價；Q^* 為盈虧平衡點的產量。

我們可以分別對各備選方案的總成本或總利潤進行計算，求出總成本最低或總利潤最大的地點作為最佳的選址方案。下面我們通過例題來說明。

例 3：企業投資生產某種產品，計劃產量 20,000 件，有甲、乙、丙三個廠址可供選擇，各廠址在建設、人工、運輸等方面造成的成本差異如表 5.4 所示。試用量本利分析法選擇廠址。

表 5.4　　　　　　　　　　　方案費用資料表

項目	單位	方案 甲	方案 乙	方案 丙
固定成本總額	元	152,000	126,000	92,000
單位產品可變成本	元/件	12	14	16
產品單價	元	20	20	20
計劃年產量	件	30,000	30,000	30,000

甲方案利潤 $\pi_甲 = Q^*(P - AVC) - TFC$
　　　　　　　$= 30,000 \times (20 - 12) - 152,000$
　　　　　　　$= 88,000$（元）

乙方案利潤 $\pi_乙 = Q^*(P - AVC) - TFC$
　　　　　　　$= 30,000 \times (20 - 14) - 126,000$
　　　　　　　$= 54,000$（元）

丙方案利潤 $\pi_丙 = Q^*(P - AVC) - TFC$
　　　　　　　$= 30,000 \times (20 - 16) - 92,000$
　　　　　　　$= 28,000$（元）

顯然，應該選擇甲方案建廠。

六、選址的發展趨勢

隨著全球經濟一體化趨勢的加快以及交通運輸、通信等條件的改善，設施選址呈現出如下的發展趨勢：

(一) 工業園區和工業中心

許多國家為了支持國內經濟的發展，吸引外資，加快高科技產業的發展，或集中處理工業廢棄物，都在有計劃地建立工業中心、工業園、科技一條街等，為進入其中的企業提供優惠條件，促進其文明發展，這已成為發展科技的一種良好途徑。如美國加州的硅谷、中國北京的中關村、蘇州的工業園區等。這種趨勢的繼續擴展是區域經濟的工業帶，如長江下游流域的安徽、江蘇、上海和浙江的經濟帶構築成一個沿江的互動城市圈。

(二) 企業群體佈局，靠近倉儲設施和服務設施

設施選址不再是單獨尋求某一個工廠或服務設施的最佳地址，而是著眼於生產營運上具有緊密聯繫的一組企業的群體佈局。如化工、冶金、熱電、輕

紡、醫藥、建材、焦化等企業聯合組成企業群體，充分利用資源，減少能源消耗，減少廢棄物排放，保護環境，靠近倉儲設施和服務設施，也便於上下游企業之間運輸物料與結成戰略聯盟，形成工業生態鏈。

(三) 企業生產營運全球化

這一趨勢主要表現在：一是企業在全球設立生產與營運系統，如美國的麥當勞、日本的索尼、德國的大眾、中國的海爾等；二是企業在全球採購物資，其產品為多國生產協作的結果，如美國的波音飛機的部件是由6個國家的1.1萬家大企業和1.5萬家中小企業協作生產的；三是技術轉移和對外直接投資，企業在全球範圍內引進或轉讓技術、技術設備的例子不勝枚舉。

(四) 向郊區發展

設施選址向郊區發展是因為郊區建廠有很多優點：有來自市內的公共服務、較低的資產價值和稅賦、便宜的地價、廠房容易擴充、接近快速運輸通道，裝卸也很便利，也便於城市構建新的生態工業園區。大型倉儲式超市基本上都採取這種模式，以節約土地租金。

(五) 選址考慮生態環境保護

工業廢料的數量是令人震驚的。污染的四個主要方面是水、噪聲、空氣、土壤。空氣污染幾乎是工業化地區的普遍問題。最受人指責的是工廠的噪聲、機動車的廢氣以及工業廢氣廢渣和污水等。要求廠址的選擇要有利於污染的控制，有利於提升生態環境的質量。

(六) 選址向動態的、長期的、均衡的決策發展

現代選址決策應適應動態發展的要求，把企業的生產能力、分配方案與市場需求、成本變化、競爭局面均衡加以考慮，不斷進行修正，從而決定設施選址。

(七) 設施選址普遍應用多目標規劃

工廠選址往往涉及多個目標、各種外來條件。目標規劃解決了多目標的決策問題，還要考慮非成本因素對於選址的影響。

第二節　生產和服務設施布置

一、設施布置的基本內容

設施布置是指在一個給定的設施範圍內，對多個經濟活動單元進行位置安排。所謂經濟活動單元，是指需要占據空間的任何實體，也包括人。例如，機

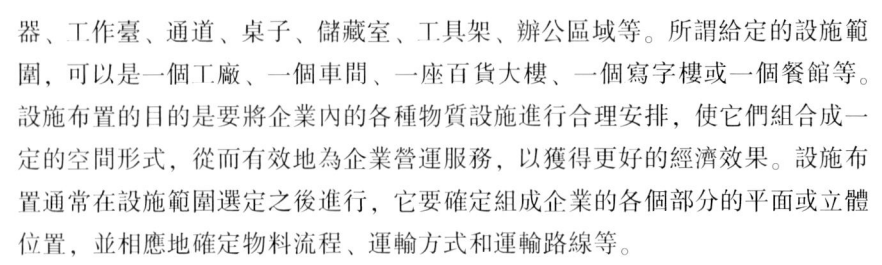

器、工作臺、通道、桌子、儲藏室、工具架、辦公區域等。所謂給定的設施範圍，可以是一個工廠、一個車間、一座百貨大樓、一個寫字樓或一個餐館等。設施布置的目的是要將企業內的各種物質設施進行合理安排，使它們組合成一定的空間形式，從而有效地為企業營運服務，以獲得更好的經濟效果。設施布置通常在設施範圍選定之後進行，它要確定組成企業的各個部分的平面或立體位置，並相應地確定物料流程、運輸方式和運輸路線等。

(一) 設施布置中應包括哪些經濟活動或服務活動單元

這個問題取決於企業生產的產品或提供的服務、工藝設計和流程要求、企業規模、企業的生產或服務專業化水準與協作化水準等多種因素。反過來，經濟活動單元或服務活動單元的構成又在很大程度上影響生產或服務的效率。例如，規模較小的企業在生產產品或提供服務時可以設計綜合生產或服務區，從而最大限度地節省空間；而對於規模較大的企業來說，就需要嚴格的分工，專業化的生產能夠帶來效率的提高。再比如規模較小的企業中有一個工具庫就可以了，但對於生產車間和企業規模較大的企業也許每個車間或每個工段都應有一個工具庫。

(二) 每個經濟活動或服務活動單元需要多大空間

空間太小，可能會影響到生產率，影響到工作人員的活動，有時甚至容易引起人身事故；空間太大，是一種浪費，同樣會影響生產率，並且使工作人員之間相互隔離，產生不必要的疏遠感。

(三) 經濟活動或服務活動單元形狀問題

每個單元的空間大小、形狀如何以及應包含哪些單元，這幾個問題實際上相互關聯。例如，一個加工單元，應包含幾臺機器，這幾臺機器應如何排列，因而占用多大空間，需要綜合考慮。如空間已限定，只能在限定的空間內考慮是一字排開，還是三角形排列等；若根據加工工藝的需要，必須是一字排開或三角形排列，則必須在此條件下考慮需多大空間以及所需空間的形狀。在辦公室設計中，辦公桌的排列屬於類似的問題。

(四) 每個單元在設施範圍內的位置

這個問題應包括兩個含義：單元的絕對位置與相對位置。有時，幾個單元的絕對位置變了，但相對位置沒變。相對位置的重要意義在於它關係到物料搬運路線是否合理，是否節省運費與時間，以及通信聯絡是否便利。此外，如內部相對位置影響不大，還應考慮與外部的聯繫，如將有出入口的單元設置在靠近路旁的位置。

由於設施布置是一個較為長期的投資，所耗資金和人力、物力很大，因此

必須對所提出的各種設施布置方案進行技術和經濟評估，以能對它們進行分析、比較，從而選出最優化的布置方案。

二、設施布置的基本要求

　　企業是一個由許多生產營運單位構成的複雜系統，該系統的基本功能是生產產品和提供服務，目的在於以最低的消耗獲得最大的經濟效果。因而，設施布置作為一項系統工程，其目標是十分明確的，就是如何建立一個優化的物質系統，以保證實現企業的既定目標。設施布置應滿足如下基本要求：

　　（1）符合生產營運過程的要求。廠房、設施和其他建築物的布置，特別是各車間和各種設備的布置，應當滿足產品或服務的工藝過程的要求，能保證合理安排生產作業單位，便於採用先進的生產組織形式。

　　（2）盡可能使物料運輸距離最短。據統計，在製造業中，物料運輸費用占到總經營費用的20%～50%，良好的設施布置可使這一費用減少10%～30%。因此，盡可能避免交叉運輸和往返運輸，並採用先進的運輸方式，如自動運輸線等，以減少物料流量和運距，提高運輸效率。

　　（3）設施布置應盡可能緊湊合理，有效利用面積。設施布置要講求經濟實用、協調、緊湊、合理，最充分地利用地面和空間面積，提高建築系數（指廠房、建築物占地面積在全廠總面積中所占的比重）。這樣不僅可以縮短道路、管道距離和物料流程，而且節約用地，減少建設工作量，降低基建投資費用。

　　（4）有利於工作生活質量的改善。設施布置應充分考慮到防火、防盜、防爆、防毒等安全文明生產的要求，工位要有足夠的照明和通風，減少粉塵、噪聲和振動，認真處理好「三廢」排放問題，給職工創造一個良好的工作環境，保護職工身心健康。要注意設施布置的美觀性和藝術性，做好綠化工作。

　　（5）要合理地劃分區域。按照生產營運單位的功能要求，把功能相同或相近且條件要求靠近的生產營運單位盡量布置在一個區域內，便於聯繫、協作和管理。如機械製造廠，可以分為加工區、動力區、倉庫區和辦公區。

　　（6）充分利用外部環境提供的便利條件。設施布置應充分考慮並利用外部環境提供的各種便利條件，如鐵路、公路、港口和供水、供電、供氣和公共設施。特別是廠外運輸條件，要與廠內生產過程的流向和運輸系統的配置結合起來，滿足物料運輸的要求。

　　（7）留有合理的擴展餘地。企業的生產經營活動是動態發展變化的過程，

當市場發生變化，產品結構和生產營運方法一有改變，設施布置就要做相應的調整。因此，除了考慮設施布置的柔性外，還要為企業將來的發展留有餘地。當然留有餘地不是盲目的，要在較為精確的預測基礎上進行。

（8）設施布置應注意與社區環境相協調。任何一個企業都存在於一定的社區環境之中，是社會成員的一部分，與周圍環境有密不可分的聯繫，因而設施布置要考慮與周圍社區環境的協調性。如在歷史文化名城或風景區附近辦企業，布置建築物設施就要考慮風格的協調性，不要破壞已有建築和風景名勝的格局。

（9）設施的布置應具有柔性。設施布置的柔性一方面是指對營運的變化有一定的適應性，即使變化發生後仍然能達到令人滿意的效果；另一方面是指能夠容易地改變設施布置，以適應變化了的情況。因此，在一開始設計布置方案時，就需要對未來進行充分預測，而且從一開始就應該考慮到以後的可改造性。

三、生產設施布置的基本類型

（一）工藝專業化原則布置

工藝專業化原則就是按加工工藝特徵安排生產營運單位或設備的布置方式，它以完成相似任務為特徵，即根據工藝的性質設置營運單位，把執行同一類功能的設施與人員組合在一起，安排在同一區域，如圖5.2所示。以製造業企業為例，應用工藝專業化原則布置的例子是機械製造廠會將車床、銑床、磨床、刨床、鑽床等設備依據工藝要求分別放置，需要進行該項相關操作的零部

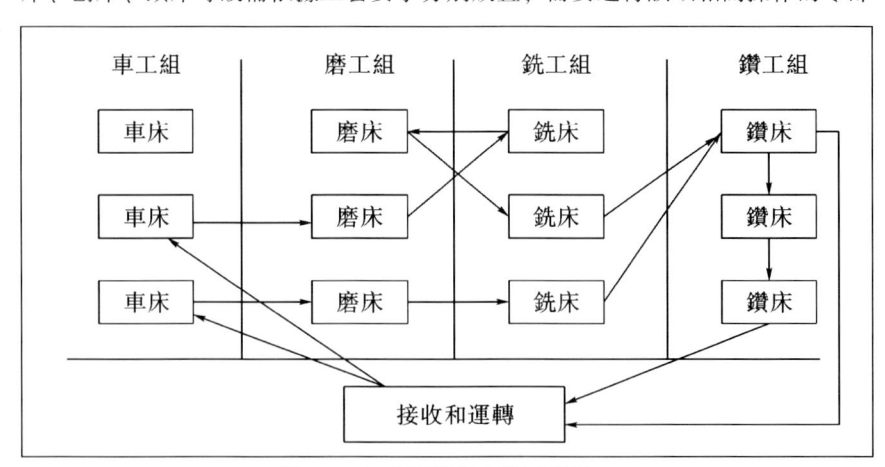

圖5.2　工藝專業化布置示意圖

件成批地按順序進入各個加工部門，不同的零部件也許有不同的加工順序，代表著不同的工藝要求。為了滿足加工對象不同工藝路線的要求，需要利用可變靈活路線的物料運輸設備（電瓶車、叉車等）。多用途設備的使用保證了滿足各種工藝要求所必需的柔性。在服務型企業中，應用工藝專業化原則的例子也隨處可見，如學院會設置管理系、會計學系、英語系、數學系、法學系等系別；超市將其佈局劃分為生活用品區、生食區、熟食區、辦公用品區等區域；醫院分為骨科、內科、化驗室、外科等。

這種布置方法對產品品種變換的適應性較強，適合於小批量、多品種的生產；由於設備是按照類型擺放的，所以部分設備停歇不影響正常的生產營運營運；同時，由於產品一般是成批加工的，所以工序之間的依賴程度不高；便於加強專業化的技術指導，提高工人技術熟練程度。但是這種布置方式也有缺點。比如，往往由於產品工藝不同，所以企業整體的物流流程較為複雜，生產營運的連續性差，不便於組織協調與管理，在製品庫存比較大，資金占用量多，使得流動資金週轉緩慢；生產單位之間的協作關係和各項管理工作複雜等。

總之，工藝專業化原則布置既有優點也有缺點。如表 5.5 所示。

表 5.5　　　　　　　工藝專業化原則布置的優缺點

	工藝專業化原則布置
優點	(1) 對產品品種變換的適應性較強； (2) 部分設備停歇不影響正常生產營運營運； (3) 工序之間依賴程度不高； (4) 便於加強專業化技術指導，提高工人技術熟練程度
缺點	(1) 製造營運系統中採用間歇加工，在製品庫存量會很大； (2) 物流流程複雜，不便於管理； (3) 在製品庫存大，資金週轉緩慢； (4) 協作關係與管理工作複雜

（二）對象專業化原則布置

對象專業化原則布置又稱產品式布置，是指按照加工對象來設置生產單位。對象專業化形式的生產單位集中了加工同類產品所需的各種機器設備和各種工人，進行著對同種產品的不同工藝的加工，如圖 5.3 所示。這一布置方式適合加工標準化程度高的產品和服務。因為它們的加工流程的標準化程度很高，所以生產單位或設備會按照某類產品或服務的加工路線或服務順序排列。

例如，汽車廠設有發動機車間或底盤車間。

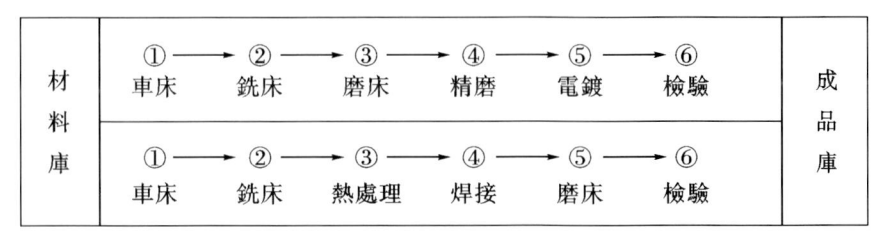

```
材          ①→  ②→  ③→  ④→  ⑤→  ⑥      成
料          車床  銑床  磨床  精磨  電鍍  檢驗    品
庫                                              庫
            ①→  ②→  ③→  ④→  ⑤→  ⑥
            車床  銑床  熱處理 焊接  磨床  檢驗
```

圖 5.3　對象專業化原則布置示意圖

這種布置方法由於產品的工藝路線選擇及進度安排都在系統的初步設計中確定下來，在運輸過程中無需過多考慮，所以產品生產過程在空間上連接緊湊，縮短了運輸路線。同時還減少了在製品，使產量大幅度提高，提高了生產效率，節約了生產面積，也使生產營運管理更為簡化。它適合於大中批量、連續輪番的生產模式。但是，對於品種變換的適應能力較差是這種布置方式的缺點。同時工序之間的緊密的連接關係，導致某臺設備發生故障或某個工人的缺席會引發整個生產線的中斷，所以相應的維修程序是非常必要的。企業也可以通過預防性的維修工作來盡量避免營運營運期間出現故障的可能性。產品對象專業化原則布置的主要優缺點如表 5.6 所示。

表 5.6　　　　　　　　　對象專業化原則布置的優缺點

對象專業化原則布置	
優點	(1) 工藝路線選擇及進度安排都在系統的初步設計中確定下來，在運輸過程中無需過多考慮； (2) 產量高、生產效率高； (3) 節約了生產面積； (4) 簡化了生產營運管理活動； (5) 單位物料運輸費用低；由於各種加工對象都按照相同的加工順序，物料運輸大大簡化
缺點	(1) 分工過細使得工作重複單調，工人幾乎沒有發展機會，而且可能導致情緒問題和由於連續的過度緊張造成的傷害； (2) 生產營運營運的靈活性差； (3) 品種變換的適應能力較差； (4) 個別設備出了故障或工人缺席率高對整個系統產生影響大； (5) 生產營運營運過程易受影響

U 形單元連接而成的「組合 U 形生產線」是應用對象專業化原則布置的特殊形式，如圖 5.4 所示，同時也是該類布置中的一個重要布置類型。這種生產線能夠節省人力，因為存在一個工人看管多個工位的情形；同時可以大大簡

化運輸作業，使得單位時間內零件製品運輸次數增加，但運輸費用並不增加或增加很少，為小批量頻繁運輸和單件生產單件傳送提供了基礎。

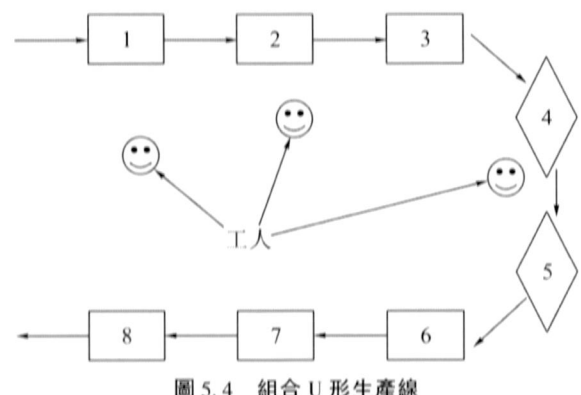

圖 5.4　組合 U 形生產線

當然，下列情形不適於 U 形布置：在自動化程度很高的生產線上就較少需要協同工作和交流；出入點位於設施的不同位置；還有其他方面的原因，比如有毒性操作或其他某些工藝要求因素，也可能需要將一些操作分開。

(三) 製造單元布置

隨著企業生產營運的營運不斷引入柔性製造系統、成組技術等先進生產營運的營運和組織技術，一種被稱為製造單元（Manufacturing Cell）或單元式製造（Cellular Manufacturing）的布置形式發展很快，被認為代表了工廠布置的一種未來發展方向。所謂製造單元布置就是將不同的機器分成單元來進行具有相似形狀和工藝要求的產品的加工生產活動。在製造單元布置中，成組技術廣泛地應用於機加工、製造和裝配作業。見圖 5.5。

圖 5.5　製造單元布置示意圖

製造單元布置的目的在於改善多品種、小批量生產的組織管理，以獲得如同大批量生產那樣高的經濟效果。製造單元利用事物之間存在相似性這一基本思想，通過一定的分類技術，根據零件的結構形狀特點、工藝過程和加工方法的相似性，打破多品種界限，對所有產品零件進行系統的分組，然後針對每個組，通過合理化和標準化的處理，便可制定出為解決同組事物共同問題（共性問題）所必需的統一原則和統一方法。通過對相似零件的分組，可以大大提高產品製造的柔性與效率。例如，設計人員可以使用該系統來判斷現有零件中是否有與正要設計的零件相似或一樣的。有時只需對現有零件做些修改即是要設計的零件。這樣就大大提高了設計效率。

製造單元布置的優點：

（1）具有對象專業化組織的優點，提高了多品種、小批量生產的效率。

（2）適應產品品種的變化，具有較高的柔性。

（3）大大減少了零件在加工過程中的移動距離與運輸量，節約了運輸成本。

（4）改善了工人之間的關係。在製造單元裡，由團隊來完成整個工作，工人之間的溝通與協調有助於改進工人之間的工作關係。

（5）提高了操作技能。在一個有限的生產週期內，工人只生產有限數量的部件，重複程度高，有利於工人快速學習和熟練掌握生產技能。

（6）改善多品種、小批量生產的組織管理，縮短了生產週期。

（四）定位布置

定位布置即將產品或加工對象原地固定，根據加工工藝要求移動生產設備和工具對加工對象進行處理，如圖5.6所示。這類布置具有以下特點：體積龐大，不易移動。定位布置被用在大型建設項目（如高樓、發電廠、大壩）、船舶、飛機和火箭等的製造上。對這種加工方式的應用應該注意原材料的物流疏通控制，避免由於工位堵塞而造成生產效率低下。

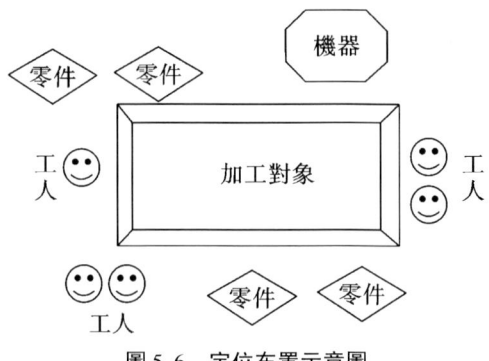

圖5.6　定位布置示意圖

定位布置的主要優缺點如表 5.7 所示。

表 5.7　　　　　　　　　　定位布置的優缺點

定位布置	
優點	(1) 加工對象移動次數少，降低了運輸成本； (2) 工作程序靈活利於調整； (3) 對多品種生產營運適應性強
缺點	(1) 不適應大批量生產營運； (2) 對於工人技術水準要求較高； (3) 技術要求繁多，管理負擔重

（五）混合布置

現實中可能是上述幾種布置方式的混合。例如，某個工廠採用對象專業化原則布置，這是因為其產品品種少、數量大。這種方式擁有效率，但其工具車間卻可能採取工藝專業化原則布置，因為需要處理和維修的工具種類多而數量卻並不多。超市基本採用按工藝專業化原則進行布置，但是它們多數使用固定路線的物料運輸設備，如存貨間使用軸承式傳送帶以及結算處使用帶式傳送帶等。

四、設施布置的常用數學方法

（一）物料運量圖法

物料運量圖法就是根據各車間（倉庫、站場）的物料運量大小來進行工廠總平面布置。其步驟為：

（1）根據企業生產計劃和產品加工工藝統計出分方向的各部門之間的物流量，如表 5.8 所示。

表 5.8　　　　　　　　各部門之間的物流量

從＼至	01	02	03	04	05	合計
01		7	2	1	4	14
02			6	2		8
03		4		5	1	10
04			6		2	8
05				2		2
合計	0	11	14	10	6	

第五章　設施的選址和佈置

（2）統計各部門之間的物流量，將兩個方向的物流量加起來，得到各部門之間的物流量（即不分方向的兩個部門之間的物流量），如圖5.7所示。

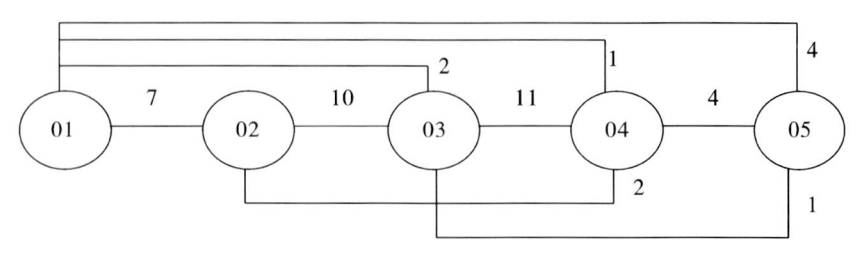

圖5.7　部門之間的物流量（不分方向）

（3）部門之間物流量排序並對流量分級，如表5.9所示。

表5.9　　　　　　　　　　各部門間流量排序表

部門之間	物流量	級別	部門之間	物流量	級別
3～4	11	1	1～3	2	5
2～3	10	2	2～4	2	5
1～2	7	3	1～4	1	6
4～5	4	4	3～5	1	6
1～5	4	4			

（4）根據各部門間的流量級別從高到低依次對各部門進行佈置。一個級別的部門佈置完了再佈置下一個級別的部門。最終會得到各部門鄰近關係圖，見圖5.8。圖5.8中的實線代表兩個單位流量，虛線代表一個單位流量。

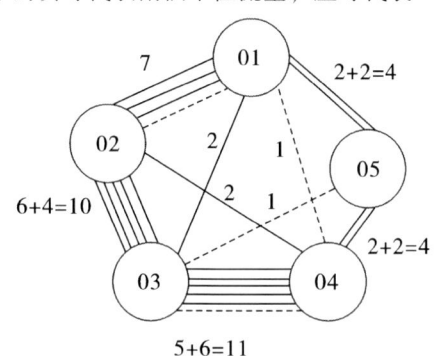

圖5.8　各部門鄰近關係圖

（5）根據各部門鄰近關係圖和各部門的面積大小、形狀要求以及場地實際情況等進行工廠的總平面布置，如圖5.9所示。

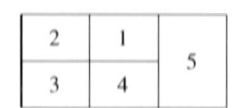

2	1	
3	4	5

圖5.9　工廠的總平面布置

（二）作業相關圖法（網格圖法）

作業相關圖法是通過圖解，判明組織各組成部分之間的關係，然後根據關係的密切程度加以布置，從而得出較優的總平面布置方案。

作業相關圖法是根據企業各部門之間的活動關係密切程度布置其相互位置。首先，將關係密切程度劃分為A、E、I、O、U、X六個等級；然後，列出導致不同程度關係的原因，如表5.10和表5.11所示。使用這兩種資料，將待布置的部門一一確定出相互關係，根據相互關係重要程度，按重要等級高的部門首先相鄰布置的原則，安排出最合理的布置方案。

表5.10　　　　　關係密切程度的等級及分類

代號	密切程度
A	絕對重要
E	特別重要
I	重要
O	一般
U	不重要
X	不能接近

表5.11　　　　　關係密切程度原因代碼

代號	關係密切原因
1	使用同樣的設施設備
2	具有同樣的員工或記錄
3	生產流的連續性
4	交流的容易程度
5	不安全或令人不愉快的條件
6	完成的工作相似

例4：某工廠欲布置其生產與服務設施。該工廠共分成8個部門，計劃布置在一個矩形區域內。已知這8個部門的作業關係密切程度，如圖5.10所示。請根據圖5.10做出合理布置。

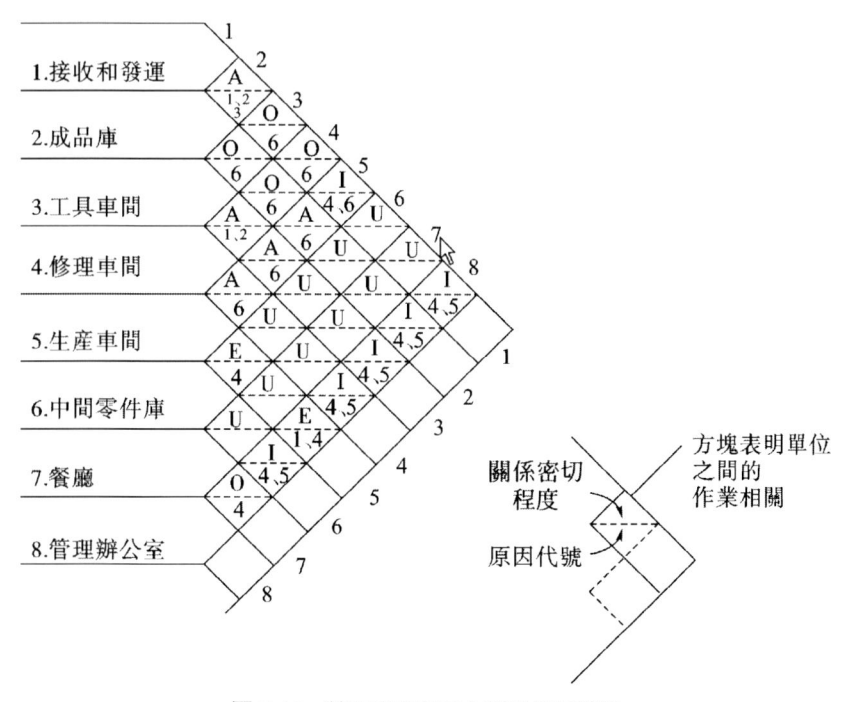

圖5.10 某工廠各部門之間關係矩陣圖

解：第一步，列出各部門關係統計表，見表5.12。

表5.12　　　　　　　　各部門關係統計表

部門 等級	1	2	3	4	5	6	7	8
A	2	1,5	4,5	3,5	2,3,4			
E					6,8	5		5
I	5,8	8	8	8	1	8		1,2,3,4,6
O	3,4	3,4	1,2	1,2			8	7
U	6,7	6,7	6,7	6,7	7	1,2,3,4,7	1,2,3,4,5,6	
X								

第二步，根據列表編製主聯繫簇，如圖 5.11（a）所示。原則是，從關係「A」出現最多的部門開始，如本例的部門 5 出現 3 次，首先確定部門 5，然後將與部門 5 的關係密切程度為 A 的一一聯繫在一起。

第三步，考慮其他 A 關係部門，如能加在主聯繫簇上就盡量加上去，否則畫出分離的子聯繫簇。如圖 5.11（b）所示。

第四步，將剩餘的未出現在圖上的部門，在表中找到與其關係最近的部門，添加到圖上去。與 6 關係最近的部門是 5，關係為 E；與 7 關係最近的部門是 8，關係為 I；與 8 關係最近的部門是 5，關係為 E。如圖 5.11（c）所示。

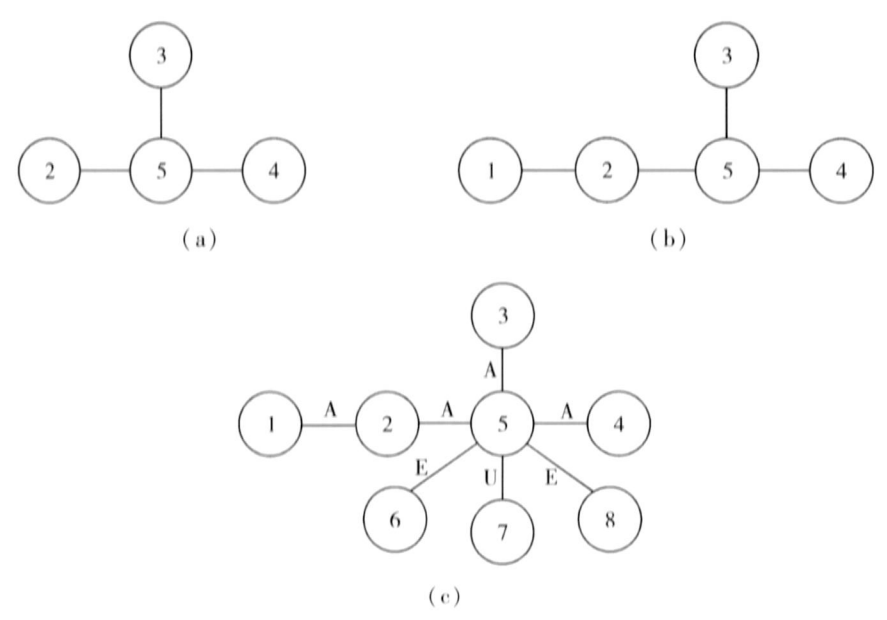

圖 5.11 總體布置過程演進圖

第五步，根據聯繫簇圖的關係及等級順序、各部門的形狀面積和可供使用的區域，綜合考慮各部門關係統計表中的其他等級的關係，用實驗法安置所有部門，如圖 5.12 所示（注意，關係為 X 的部門不能相鄰布置）。

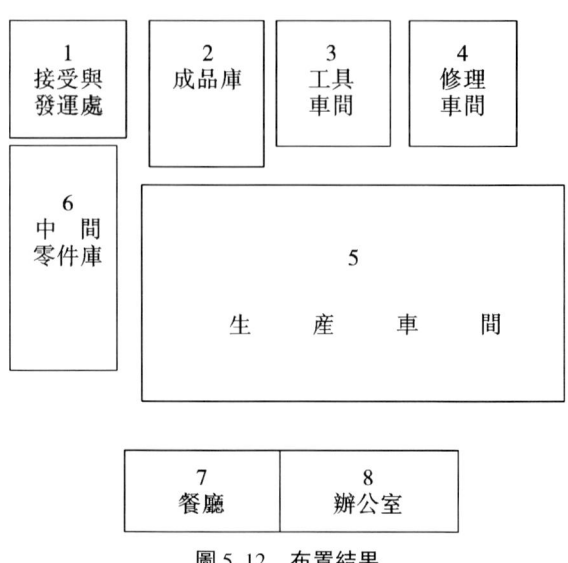

```
┌─────┐ ┌─────┐ ┌─────┐ ┌─────┐
│  1  │ │  2  │ │  3  │ │  4  │
│接受與│ │成品庫│ │工 具│ │修 理│
│發運處│ │     │ │車 間│ │車 間│
└─────┘ └─────┘ └─────┘ └─────┘
┌─────┐ ┌───────────────────────┐
│  6  │ │           5           │
│中 間│ │                       │
│零件庫│ │   生  產  車  間      │
│     │ │                       │
└─────┘ └───────────────────────┘
        ┌─────┐ ┌─────┐
        │  7  │ │  8  │
        │餐 廳│ │辦公室│
        └─────┘ └─────┘
```

圖 5.12　布置結果

（三）從－至（From－to）表法

從－至表法是一種常用的工藝原則布置方法。從第二節可知，工藝原則布置方法的缺點是物流效率不高。因此，從－至表法就是通過列出機器或設施之間的相對位置，以對角線元素為基準計算工位之間的相對距離，從而找出整個生產單元物料總運量最小或運輸距離最短的布置方案，使得運輸費用最少。其基本步驟如下：

（1）選擇典型零件，制定典型零件的工藝路線，確定所用機床設備。

（2）制訂設備布置的初始方案，統計出設備之間的移動距離。

（3）確定出零件在設備之間的移動次數和單位運量成本，並計算成本矩陣。

（4）用實驗法確定最滿意的布置方案。

例5：一個玩具廠有八個車間：1——收發部；2——塑模與衝壓；3——鑄造；4——縫紉；5——小型玩具裝配線；6——大型玩具裝配線；7——噴漆；8——機械裝配線。布置車間的總面積為 80 米×160 米的矩形，該空間被平均分成 8 格安排 8 個車間。現要求出使得運輸費用最少的設施布置方案。

（1）物流量和物料搬運信息確定。所有物料都裝在一個標準尺寸的木箱中用叉車運輸，叉車每次運輸一箱物料（一個單位貨物）。相鄰車間單位貨物的運輸成本為 1 美元，每一個車間增加 1 美元。各車間可以對角移動。一年所需的運輸量如表 5.13 所示。

表 5.13　　　　　　　　　　車間之間的物料流動表

從\至	1	2	3	4	5	6	7	8
1		175	50	0	30	200	20	25
2			0	100	75	90	80	90
3				17	88	125	99	180
4					20	5	0	25
5						0	180	187
6							374	103
7								7
8								

（2）制訂初始方案，見圖 5.13。依據表 5.13 計算出各車間之間的成本矩陣，見表 5.14。一年內總運輸成本為 3,474 元。

1	3	5	7
2	4	6	8

圖 5.13　初始車間布置方案

表 5.14　　　　　　　　　　初始方案的成本矩陣

從\至	1	2	3	4	5	6	7	8
1		175	50	0	60	400	60	75
2			0	100	150	180	240	270
3				17	88	125	198	360
4					20	5	0	50
5						0	180	187
6							374	103
7								7
8								

（3）改變車間布置以降低成本。改變布置方案可以採用啓發式的實驗性方法：首先把相互間運輸成本最大的車間或設備分配到鄰近位置。從表5.14可以看出，車間1和車間6之間的運輸成本最大，因此把車間6移到與車間1相鄰的位置，如移到原來車間3的位置（見表5.15）。這個移動會導致其他車間的位置發生變動，並會影響它們之間的運輸成本，因此需要再次計算成本矩陣（見表5.15）。得到總成本為3,432元，比初始方案降低42元。此時，車間6和車間7之間的運輸成本變得最大，接下來繼續將車間6和車間7移到鄰近位置。如此，經過多次重複，可得到如圖5.15所示的比較滿意的布置方案。

1	6	5	7
2	4	3	8

圖5.14　車間布置第二個方案

表5.15　　　　　　　第二個方案的成本矩陣

從＼至	1	2	3	4	5	6	7	8
1		175	100	0	60	200	60	75
2			0	100	150	90	240	270
3				17	88	125	99	180
4					20	5	0	50
5						0	180	187
6							748	206
7								7
8								

5	8	1	6
3	2	4	7

圖5.15　車間布置最佳方案

注意：雖然本例根據運輸成本最小原則得到了最佳方案，但是，除了成本之外的其他因素也必須考慮，如收發室放在工廠中心是不合適的，而車間

4（縫紉）和車間7（噴漆）放在一起也是不妥當的，因為縫紉產生的碎布顆粒容易飄到已經漆好的產品上。因此，在決定最終布置方案時，必須對多方面的因素綜合考慮。

（四）計算機輔助布置

對於上例8個車間的工藝原則布置問題，如果沒有計算機的幫助是難以獲得滿意方案的。20世紀70年代以來，出現了許多計算機輔助布置軟件，其中應用最為廣泛的是計算機設施布置技術CRAFT（Computer Relative Allocation of Facilities Technique）。CRAFT的基本原理和上例類似，也是採用啟發式算法。它的初始輸入包括一個物流矩陣、一個初始方案的距離矩陣和單位距離運輸成本。從這些輸入開始，CRAFT根據運輸成本最小原則，不斷地以迭代的方式對兩個車間的位置進行交換，直到布置方案的物流成本不再降低為止。另外，CRAFT對於設施間的距離是採用正交距離，而不是上例中所用的車間之間的直線距離。CRAFT最多可以計算40個車間的布置問題，迭代不到10次就可以得到最終結果，其車間形狀也是標準的矩陣形。

除了CRAFT，代表性的軟件還有計算機輔助設施設計法（Computerized Facilities Design，COFAD），與CRAFT一樣，COFAD也是改進初始布置的改進型程序，但還需要加入物料運輸設備的投資額、運行費和效率等數據作為初始輸入。其目的在於同時考慮設施布置和物料運輸系統，並從中選擇一個費用最少的物料運輸系統。

另外一類軟件是創生性設計，代表性的軟件是計算機輔助相關法（Computerized Relationship Layout Planning，CORELAP）和自動化布置設計法（Automated Layout Design Program，ALDEP）。兩者均可以根據輸入的數據從無到有構造出一個布置方案。

五、服務業布置

在服務業中，也存在上面製造業中類似的設施布置問題。服務業設施布置主要應用在商店、餐飲、辦公室等方面。

（一）零售業服務布置

零售服務業（如商店、銀行、餐館等）布置的目的是要使店鋪的每平方米的淨收益達到最大。實際中，這個目標經常被轉化為「最小搬運費用」或「產品擺放最多」等標準。例如，飯店可以取消許多占用地方的食物準備工作，肉、扁豆等原料準備可以集中在廚房或由供應商來完成，廚房只負責烹調和菜色搭配，以能夠減少所需工作面積同時提高服務速度。為給服務型企業

（或製造企業中與服務相關部門）提供一種好的布置方式，應對以下三個方面進行考慮：

1. 環境條件

環境條件指的是背景特徵，如噪聲、音樂、照明、溫度等。環境條件會影響顧客對服務的滿意程度，顧客的停留時間以及顧客的花費，也會影響員工的表現和態度。雖然其中的許多特徵主要是受建築設計（也就是說，照明布置、排風扇空調布置、吸音板布置等）的影響，但建築內的布置也對其有影響，如食品櫃臺的食物氣味、劇院外走廊的燈光等。

2. 空間布置以及功能

空間布置需要實現兩個重要功能：設計出顧客行走路徑以及將商品分組擺放。行走路徑的設計目的是要給顧客提供一條路徑使他們能夠盡可能看到更多的商品，並沿著這條路徑按需要程度安排各項服務。例如，銀行服務櫃臺應該布置在顧客一進銀行就能立即看到的地方。空間布置中，路徑中的通道數量和寬度也非常重要，因為它們會對服務便利性和服務流的方向產生影響。圖5.16 中提供了通道設計的一個示範。當顧客沿著主要通道行進時，為了擴大他們的視野，讓他們看到更多的商品，沿主通道分佈的次通道可以按照一定角度布置。

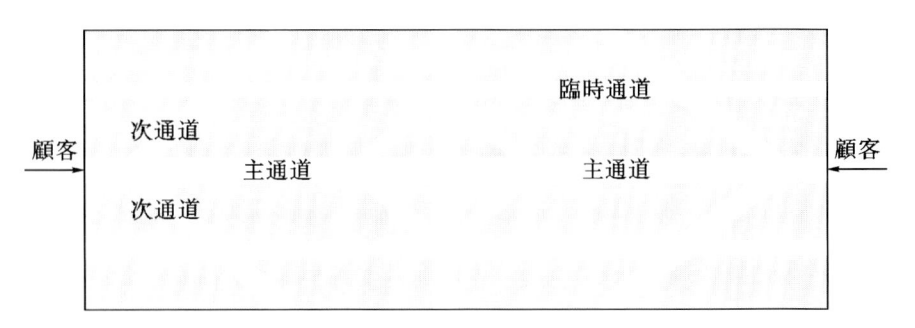

圖 5.16　零售商店的通道布置

對於商品擺放，目前流行的做法是將商品進行分類，將相關聯的物品排在一起，而不是按商品的物理特性或者貨架大小與服務條件來擺放。例如，百貨商店通常會將服裝、鞋帽、電器、珠寶等類別分別放置於店面不同區域或者不同的樓層，即使在同一樓層的服裝，也會按照西服、夾克、毛衣等類別分別集中擺放。這種布置在超市很常見。

對於通道規劃和商品分組，以下幾點可以值得參考：

（1）人們比較傾向於以一種環形的方式購物，如果將利潤價值高的商品

沿牆擺放會提高他們購買的可能性。

（2）超市中，擺放在通道盡頭的減價商品總是比存放在通道裡面的相同物品賣得快。

（3）在付帳收銀臺或者其他服務性非賣區（如熨褲間、抽獎處）顧客需要排隊等候服務，容易產生擁擠從而影響其他顧客購物，這些區域應當布置在頂層或「死角」。

（4）在百貨商店中，離入口最近和鄰近前窗展臺處的位置最有銷售力。

某種商品種類擺放應該不影響顧客進入其他商品區。例如，百貨商店可以在同一樓層入口處擺放珠寶等高檔物品，客流量較少，顧客很容易通過並進入鞋帽等商品區。

3. 標誌、裝飾品的布置

徽牌、標誌和裝飾品等是服務零售業中可以作為某種意義提示的標示物。例如，在某些百貨商場，可通行的通道通常鋪上瓷磚，而鋪地毯的區域則是瀏覽區。對於某些需要容易識別的位置或者區域，需要合理地設置標示物。

（二）辦公室布置

在辦公室布置中，主要考慮兩點：

1. 辦公室中信息的交流和團隊協作

目前辦公室布置越來越多地傾向於開放式的辦公室，員工的工作空間僅用低層分隔牆分開。許多公司已經將固定圍牆撤掉，以鼓勵進行更多的交流和團隊協作。

2. 體現職位的重要程度或職業

對於不同管理層次的辦公室，設施布置應該符合所在位置者的職位高低和職業。在日本，辦公室裡辦公桌的位置象徵著桌子主人地位的高低。一般的員工面對面地坐在一排相鄰的桌子上，坐在離門最近處的人在公司地位最低，並且要負責開門和接待來訪者。辦公室的負責人坐在正前方，兩個副手坐在兩邊。靠窗的座位（在西方管理人員中是最佳的位置）是留給那些已超過晉職年限且事業上沒有發展前途的人，這些人「將在公司度過餘生，做一些雜事，看看窗外的風景」。

（三）倉庫布置

倉儲業是非製造業中占比重很大的一個行業，通過合理的倉庫布置來縮短存取貨物的時間、降低倉儲管理成本具有重要的意義。從某種意義上來說，倉庫類似於製造業的工廠，因為物品也需要在不同地點（單元）之間移動。因此，倉庫布置也可以有很多不同的方案，一般的倉庫布置問題的目的都是尋找

一種布置方案，使得總搬運量最小。這個目標函數與很多製造業企業設施布置的目標函數是一致的。因此，可以借助於類似負荷距離法等方法。實際上，這種倉庫布置的情況比製造業工廠中的經濟活動單元的布置更簡單，因為全部搬運都發生在出入口和貨區之間，而不存在各個貨區之間的搬運。

這種倉庫布置進一步可分為兩種不同情況：①各種物品所需貨區面積相同。在這種情況下，只需把搬運次數最多的物品貨區布置在靠近出入口之處，即可得到最小總負荷數；②各種物品所需貨區面積不同。需要首先計算某物品的搬運次數與所需貨區數量之比，取該比值最大者靠近出入口，依次往下排列。

上面是以總負荷數最小為目標的一種簡單易行的倉庫貨區的布置方法。在實際中，根據情況的不同，倉庫布置可以有多種方案和多種考慮目標。例如，不同物品的需求經常是季節性的，在元旦、春節期間應把電視機、音響放在靠近入口處。又如，空間利用的不同方法也會帶來不同的倉庫布置要求。在同一面積內，高架立體倉庫可存儲的物品要多得多。搬運設備、存儲記錄方式等的不同，也會帶來布置方法上的不同。再如，新技術的引入會帶來考慮更多有效方案的可能性；計算機倉庫信息管理系統可使搬運人員迅速知道每一物品的準確倉儲位置，並為搬運人員設計一套匯集不同物品與同一貨車上的最佳搬運行走路線；自動分揀運輸線可使倉儲人員分區工作，而不必跑遍整個倉庫；等等。總而言之，根據不同的目標，所使用技術不同以及倉儲設施本身的特點，倉庫的布置方法有多種。

【綜合案例分析】　　　　　家樂福賣場案例

家樂福於1995年進入中國市場，短時間內便在北京、上海和深圳三地開出了大賣場，各自獨立地發展出自己的供應商網絡。根據家樂福自己的統計，從中國本地購買的商品占了商場裡所有商品的95%以上，僅2000年的採購金額就達15億美元。除了已有的上海、廣東、浙江、福建及膠東半島等各地的採購網絡，家樂福還會在每年年底分別在中國的北京、天津、大連、青島、武漢、寧波、廈門、廣州及深圳開設區域化採購網絡。截至2003年10月，家樂福在中國已有41個大賣場開業。家樂福大賣場設計的顧客群：60%的顧客為34歲以下，70%的顧客是女性，54%的顧客已婚；家樂福的主要理念：低價、一次購足、免費停車、高週轉、新鮮程度；品質現代化的商店就是：衛生、舒適、店內通道進出方便、國際標準大賣場選址。

（1）標準：

Carrefour的法文意思就是「十字路口」，而家樂福的選址也不折不扣地體

現這一個標準。

(2) 位置要求描述：

交通方便（私家車、公交車、地鐵、輕軌）；人口密度相對集中；兩條馬路交叉口，其中一條馬路為主幹道；具備相當面積的停車場，比如在北京至少要求600個以上的停車位。

(3) 建築物要求：

建築占地面積15,000平方米以上，最多不超過兩層，總建築面積2萬~4萬平方米，轉租戶由家樂福負責管理。建築物長寬比例為：10：7或10：6。

(4) 商圈內的人口消費能力：

商圈片區覆蓋：

工具：GIS人口地理系統（註：中國目前並沒有現有的GIS資料可資利用，所以店家不得不借助市場調研公司的力量來收集這方面的數據。）

方法一：以某個原點出發，測算5分鐘的步行距離會到什麼地方，然後是10分鐘步行會到什麼地方，最後是15分鐘會到什麼地方。

方法二：根據中國的本地特色，還需要測算以自行車出發的小片、中片和大片半徑，最後是以車行速度來測算小片、中片和大片各覆蓋了什麼區域。

計量參數：計算這片區域內各個居住小區詳盡的人口規模和特徵的調查，計算不同區域內人口的數量和密度、年齡分佈、文化水準、職業分佈、人均可支配收入等許多指標。家樂福的做法還會更細緻一些，根據這些小區的遠近程度和居民可支配收入，再劃定重要銷售區域和普通銷售區域。

區域內商業環境（包括城市交通和周邊商圈的競爭情況）：

指導原則一：如果一個未來的店址周圍有許多的公交車，或是道路寬敞，交通方便，那麼銷售輻射的半徑就可以放大。

指導原則二：未來潛在銷售區域會受到很多競爭對手的擠壓，所以需要將未來所有的競爭對手計算進去。

持續性商圈微調：

依據目標顧客的信息來微調自己的商品線。

停車場要求至少有600個機動車停車位，非機動車停車區2,000平方米以上，免費提供給家樂福公司員工及顧客使用。

討論題

1. 家樂福賣場選址主要考慮了哪些因素？
2. 談談家樂福在選址及其營運方面的特點與啟示。

課後習題

1. 影響選址決策的主要因素有哪些?
2. 哪些因素導致生產與服務設施選址應該靠近原材料供應地?
3. 哪些因素導致生產與服務設施選址應該靠近銷售市場?
4. 選址決策的一般步驟是什麼?
5. 某企業決定在武漢設立一生產基地，數據如下表。利用重心法確定該基地的最佳位置。假設運輸量與運輸成本存在線性關係（無保險費）。

工廠	坐標	年需求量/件
D1	(2, 2)	800
D2	(3, 5)	900
D3	(5, 4)	200
D4	(8, 5)	100

6. 某農具商欲尋一個商店的位置，現有三個可供選擇的地點。各地點的固定成本、單位變動成本及運輸費用（各地點每月的運輸費用固定不變，與銷售量無關）如下表。哪個地點會使每月出售800單位的總成本最低?

地點	固定成本（元/月）	可變成本（元/單位）	每月運輸費用（元）
A	4,000	4	19,000
B	3,500	5	22,000
C	5,000	6	18,000

7. 假設有三個部門和三個地點（位置），設備布置的任務是把三個部門分配到三個位置，使運輸的費用最低。三個位置相互關係如下圖，運費及運輸距離如下兩個表。請把三個部門安排在A、B、C三個位置。

營運管理

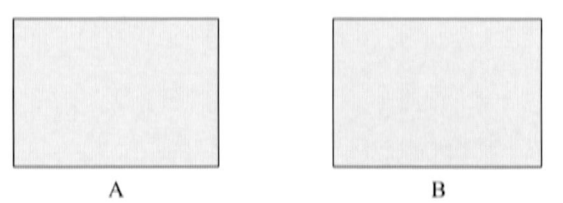

```
┌─────────┐      ┌─────────┐      ┌─────────┐
│         │      │         │      │         │
│         │      │         │      │         │
│    A    │      │    B    │      │    C    │
└─────────┘      └─────────┘      └─────────┘
```

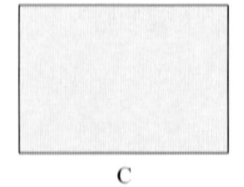

位置間的距離表　　　　　　　　　　　　　　　單位：米

從＼至	位置		
	A	B	C
A	—	20	40
B	20	—	30
C	40	30	—

部門間的工作流量（每天的物料流量）

從＼至	部門		
	1	2	3
1	—	10	80
2	20	—	30
3	90	70	—

第六章　生產能力規劃與設計

> **本章關鍵詞**

生產能力（Productive Capacity）
產出率（Output Rate）
能力利用率（Utilization Rate of Capacity）
假定產品（Pseudo-Product）
能力緩衝（Capacity Cushion）
學習曲線（Learning Curve）

【開篇案例】　　X公司的產能擴充

　　X公司是國內生產冰箱的大型企業，20世紀90年代後期，企業面臨新的競爭，產品需求日益多樣化，產品的更新換代速度不斷加快，品種越來越多，企業的幾條主要生產線、關鍵設備也相繼完成了改造和更新，公司領導希望2000年前實現產能200萬臺的產能目標。企業每年每條生產線生產6種產品，其中，2個固定、4個輪番，共計4條線生產24種產品。公司高層關心的幾個問題是：現在的生產能力能否達到200萬臺？瓶頸工序是什麼？在盡量少投入的條件下，如何提高公司的產能？

討論題

　　1. 如何規劃公司產能？
　　2. 如何解決產能與需求的矛盾？

　　在完成一個新廠的設計或對現有的生產系統進行重新設計或擴展時，需要對生產能力做出正確的決策。僅僅著眼於各類產品的銷售量是很難做出決策的，因為銷售情況可能會反應出季節性的波動。我們究竟是按銷售量的高峰值

還是其平均水準來確定生產能力呢？如果打算按照銷售曲線來確定生產，則會使庫存積壓的風險減至最小。在這種情況下，工廠的勞動力數量應是可變的，除高峰期以外，工廠的生產能力部分被閒置起來。如果我們把生產能力確定為中等水準，則勞動力數量趨於穩定，工廠設備的利用趨於合理，但為了應付銷售高峰就應注意累積庫存。到底哪種方式能使庫存成本、工廠投資和勞動力週轉的綜合成本達到最低呢？

企業一旦投入建成，想再擴大規模需要追加很多投資。我們究竟是制訂一個適應目前銷售情況的生產能力計劃呢，還是制訂一個適應於預測的 1 年、5 年或 10 年後銷售水準的計劃呢？

在這裡，關鍵的問題是通過進行經濟分析進行生產能力決策。

第一節　生產能力

生產能力是保證一個企業未來長期發展和事業成功的核心問題。一個企業所擁有的生產能力過大過小都是很不利的；能力過大，導致設備閒置、人員多餘、資金浪費；能力過小，又會失去很多機會，造成機會損失。因此，企業必須做好生產能力的規劃和決策，制訂周密細緻的生產能力計劃。特別是在多品種、中小批量生產正逐步成為生產方式主流的情況下，生產能力柔性成為競爭的一個關鍵因素，能力決策顯得更為重要。

一、企業生產能力的概念和種類

生產能力是反應企業所擁有的加工能力的一個技術參數，它也可以反應企業的生產規模。每位企業主管之所以十分關心生產能力，是因為他隨時需要知道企業的生產能力能否與市場需求相適應。當需求旺盛時，他需要考慮如何增加生產能力，以滿足需求的增長；當需求不足時，他需要考慮如何縮小規模，避免能力過剩，盡可能減少損失。

（一）生產能力的定義

生產能力是指在一定的營運組織和技術水準下，直接參與企業營運系統的固定資產在一定時期內（一般為一年）所能生產之產品的最大數量，或者所能加工的最大原材料總量。企業的產能是一個動態指標，它會隨著企業生產組織狀況、產品品種結構、原材料質量等因素的變化而變化。製造型企業的產能可以用一個作業單元滿負荷生產所能處理的最大限度來衡量，一般以生產系統

的輸出量描述其大小。對服務型企業而言，如商場、醫院等，產能可能要用商場的營業面積、醫院的床位數量及週轉率等指標來衡量。

對於流程式生產，生產能力是一個準確而清晰的概念。對於加工裝配式生產，生產能力則是一個模糊的概念。其中，大量生產、品種單一，可用具體的產品數表示；大批生產、品種數少，可以用代表產品數表示；多品種、中小批量生產，則只能以假定產品的產量來表示。

(二) 生產能力的種類

一般地，將生產能力分為設計能力、查定能力和計劃能力。

1. 設計能力

設計能力是指企業基本建設或改建、擴建時設計任務書和技術文件中所規定的生產能力。它是按照建廠時設計規定的產品方案、技術裝備和各種設計數據要求確定的。這種能力是假定產品生產過程中所需要的勞動者和勞動對象，都能按規定的質量和數量得到充分保證的前提下，通過配備必要的固定資產而形成的。設計能力是新建、改建和擴建後企業達到的最大生產能力。顯然，這只是一種潛在的能力。

2. 查定能力

查定能力是指在企業產品方向、固定資產、協作關係、資源供應、勞動狀況等方面，發生了某些重大變化後，原來的設計能力已不能反應實際情況時，重新調查核定的能力。企業查定生產能力時，應以現有固定資產等條件為依據，並考慮到查定期內可能實現的各種技術組織措施或技術改造取得的效果。

3. 計劃能力

計劃能力是指企業在計劃期內，充分考慮了現有的生產技術條件，並考慮到計劃年度內能夠實現的各種技術組織措施的效果來計算的能力。這種能力才是作為生產計劃基礎的現實的生產能力。

設計能力和查定能力是根據先進的技術定額水準計算的，是企業編製長遠規劃，確定擴建、改建方案，安排技改項目和採取重大技術組織措施的依據；而計劃能力則是根據平均定額來核算的，只能表明目前的生產能力水準，因此只能作為編製中短期計劃主要是年度生產計劃的依據。

國外將生產能力分成以下兩類：

——固定能力（Fixed Capacity）。固定能力是指固定資產所表示的能力，是生產能力的上限。

——可調能力（Adjustable Capacity）。可調能力是指以勞動力數量和每天工作時間和班次表示的能力。

（三）生產能力的計量單位

由於企業種類的廣泛性，不同企業的產品和生產過程差別很大，在做生產能力計劃以前，必須確定本企業的生產能力計量單位。

1. 以產出量為計量單位

從生產能力的定義可知，生產能力與產出量和投入量有關，因此有些企業的生產能力可以用產出量直接表示。如鋼鐵廠、水泥廠都以產品噸位作為生產能力，家用電器生產廠（如彩電、冰箱、洗衣機等）是以產品臺數作為生產能力。這類企業的產出數量越大，生產能力也越大。

2. 以原料處理量為計量單位

有的企業使用單一的原料生產多種產品，這時以工廠年處理原料的數量作為生產能力的計量單位是比較合理的，如煉油廠以一年加工處理原油的噸位作為它的生產能力。這類企業的生產特徵往往是分解型的，使用一種主要原料，分解製造出多種產品。

3. 以投入量為生產能力計量單位

有些企業如果以產出量計量它的生產能力，則會使人感到不確切，不易把握。如發電廠，年發電量幾十億度電，巨大的天文數字不易比較判斷，還不如用裝機容量來計量更方便。這種情況在服務業中更為普遍，如航空公司以飛機座位數量為計量單位，而不以運送的客流量為計量單位；醫院以病床數而不是以診療的病人數為計量單位；零售商店以營業面積或者標準櫃臺數來計量，而不能以接受服務的顧客數為計量單位；電話局以交換機容量來計量，而不能以接通電話的次數為計量單位。這類企業的生產能力有一個顯著特點，就是能力不能存儲，服務業往往屬於這種類型。

二、生產能力的核定及計算

（一）確定生產能力的計算單位

核算和平衡生產能力時，要根據工業企業的生產特點和產品特點進行，如化工行業，用同一臺設備，可以交替生產甲、乙兩種產品時，可分別計算兩種產品生產能力，即全部設備全年生產甲產品的生產能力和全部設備全年生產乙產品的生產能力。

造紙、紡織、醫藥等行業的產品品種和規格較多，在按年產量表示產品生產能力時，可按混合產品計算。

某些化工產品（如硫酸、燒鹼等）純度不同，在以年產量表示生產能力時，均按折純（折純濃度100％）計算。

對於某些輕工業產品（如皮革、制鞋、地毯、縫紉等）生產能力，如主要工序是手工操作，則在其他環節的平衡生產能力時，應從主要工序（手工操作）出發進行平衡，按主要工序生產人數計算生產能力。

工業企業特別是機械工業企業的產品品種、規格繁多，在計算生產能力時，不可能按所有品種一一計算，一般有以下五種單位：

（1）以具體產品為計量單位。
（2）以代表產品為計量單位。
（3）以假定產品為計量單位。
（4）以產品的主要參數為計量單位。
（5）以產品重量為計量單位。

由於企業生產類型、產品特點不同，所以採用實物單位的形式也有所不同。大量、大批的生產類型，品種較少，可以具體產品作為計量單位，如具體產品的臺數、零部件的件數等。

成批生產的類型，品種繁多，難以用具體的產品品種來表示生產能力，因此，可把所有產品按結構、工藝及勞動量構成的相似性進行分組，找出各組的代表產品，用代表產品作計量單位，而其他產品的數量則通過換算系數換成代表產品的數量，然後進行相加，以求得用代表產品表示企業的生產能力。換算系數等於組內其他產品的臺時定額與該組代表產品臺時定額的比值，即：

$$K_i = \frac{t_i}{t_0}$$

式中：K_i 表示換算系數；t_i 表示產品的臺時定額；t_o 表示代表產品的臺時定額。

當產品品種很多而各種產品的結構、工藝方法和勞動量構成相差很大時，很難找出代表性產品，這時可用假定產品作為計量單位。所謂假定產品就是以各種產品產量與總產量之比分別乘以單位產品臺時消耗之和，作為單位產品勞動量定額的虛構產品。

在單件小批生產的類型中，由於產品品種繁多，而批量較少，所以常用具體產品的重量或假定產品的重量作為計量單位。

(二) 生產能力的計算方法

企業生產能力的計算，應從基層開始自下而上進行。首先，計算各生產班組或工段的生產能力；然後，以各車間生產起決定性作用的主要生產班組或工段的生產能力為基礎，經過綜合平衡，確定車間的生產能力；最後，以主要車間為基礎，同其他生產車間、輔助車間之間進行綜合平衡，確定全廠的生產能力。因此，班組或工段生產能力的計算，是確定車間及全廠生產能力的基礎。

在單件小批和成批生產條件下，班組或工段生產能力的計算是按設備組進行的。所謂設備組是指分配給該班組或工段生產任務方面具有通用特性的一組設備。

1. 單一品種生產能力的計算方法

（1）設備組生產能力的計算公式：

$$M_0 = \frac{F \cdot S}{t}$$

式中：M_0 表示某設備組生產能力（臺或件）；S 表示設備組內設備數量；F 表示單臺設備有效工作時間；t 表示單臺產品計劃臺時。

（2）生產面積生產能力的計算公式：

$$M_0 = \frac{F \cdot B}{b \cdot t}$$

式中：M_0 表示某生產面積生產能力；B 表示生產面積（m^2）；F 表示生產面積的利用時間（小時）；b 表示單位產品占用的生產面積（m^2）；t 表示單位產品占用時間（小時）。

（3）單一品種生產能力的利用指標（即負荷系數）的計算公式：

$$L = \frac{N}{M_0}$$

式中：L 表示負荷系數；N 表示計劃期的計劃產量。

2. 多品種生產能力的計算

（1）以代表產品為單位計算設備組生產能力：

當以代表產品作為計算設備生產能力計算單位時，公式 $M_0 = \frac{F \cdot S}{t}$ 中的 t 表示代表產品的臺時消耗 t_0。

例1：設某企業 A、B、C、D 四種產品，計劃年產量各為180臺、150臺、20臺、50臺，在車床上加工的工時分別為180臺時、120臺時、200臺時、250臺時，假設選定 A 產品為代表產品，車床組共有20臺車床，兩班制生產，設備計劃停工率為10%，則：

車床有效工作時間 $F = (365 - 104 - 10) \times 8 \times 2 \times (1 - 10\%)$

$= 3,614.4$（小時）

（104天為雙休日，10天為法定節假日）

$$M_0 = \frac{F \cdot S}{t_0} = \frac{3,614.4 \times 20}{180} = \frac{72,288}{180} = 401.6（臺）\approx 402（臺）$$

本例中，各產品折合為代表產品產量的換算如表6.1所示。

多品種以代表產品為單位計算的負荷系數可用下式計算：

$$L = \frac{\sum N_i k_i}{M_O} = \frac{372}{402} \times 100\% = 92.54\%$$

表6.1　　　　　　　　　　代表產品產量的換算表

序號	產品名稱	計劃產量 N_i	單位產品定額小時 t_i	換算系數 $k_i = \frac{t_i}{t_0}$	折合成代表產品的計劃產量 $N_i k_i$	各種產品在全部產品中所占比重(%) $\frac{N_i k_i}{\sum N_i k_i}$	以代表產品為單位的生產能力 M_0 $\frac{N_i k_i}{\sum N_i k_i}$	換算為具體產品單位的生產能力 $M_i = M_0 \cdot \frac{N_i k_i}{\sum N_i k_i} \cdot \frac{1}{k_i}$
1	A	180	180	1	180	48.39	194	194
2	B	150	120	0.67	100	26.88	108	161
3	C	20	200	1.11	22	5.91	24	22
4	D	50	250	1.39	70	18.82	76	55
	∑	400	—	—	372	100.00	402	436

（2）以假定產品為單位計算設備組生產能力：

當以假定產品計算設備組生產能力時，公式 $M_0 = \frac{F \cdot S}{t}$ 中的 t 表示單位產品的臺時消耗。如以 t_0 表示假定產品的單位臺時消耗，則它等於各單位產品臺時消耗與該產品在全部產品產量中所中比重的乘積之和，即：

$$t_0 = \frac{N_1}{N_1 + N_2 + \cdots + N_m} t_1 + \frac{N_2}{N_1 + N_2 + \cdots + N_m} t_2 + \cdots + \frac{N_m}{N_1 + N_2 + \cdots + N_m} t_m$$

$$= \frac{\sum_{i=1}^{m} N_i t_i}{\sum_{i=1}^{m} N_i}$$

式中：t_0 表示假定產品的單位臺時消耗；N_i 表示第 i 種產品的計劃產量；t_i 表示第 i 種單位產品的臺時消耗。

例2：某企業刨床組有6臺刨床，每臺平均年有效工作時間為3,750小時，加工A、B、C、D四種產品，年計劃產量分別為100臺、200臺、250臺和50臺，單位產品的設備臺時分別為20小時、30小時、40小時和80小時。求該刨床組以假定產品為單位的生產能力。

假定產品的單位臺時消耗為：

$$t_0 = \frac{100}{600} \times 20 + \frac{200}{600} \times 30 + \frac{250}{600} \times 40 + \frac{50}{600} \times 80$$

6臺刨床以假定產品為單位的生產能力為：

$$M_0 = \frac{F \cdot S}{t_0} = \frac{3,750 \times 6}{36.66} = \frac{22,500}{36.66} = 614 \text{（臺）}$$

本例中，各產品折合為假定產品產量的換算如表6.2所示。

表6.2　　　　　　　　假定產品產量的換算表

產品名稱	計劃產量（臺）N_i	各種產品產量在全部產品產量所占比重(%) $\frac{N_i}{\Sigma N_i}$	各種產品在刨床上的臺時消耗定額（臺時/臺）t_i	單位假定產品在刨床組上的臺時消耗（臺時/臺）$t_0 = \frac{\Sigma N_i t_i}{\Sigma N_i}$	以假定產品為單位的刨床組生產能力（臺）$M_0 = \frac{F \cdot S}{t_0}$	換算為具體產品表示的生產能力（臺）$M_i = M_0 \cdot \frac{N_i}{\Sigma N_i}$
A	100	16.7%	20	3.34	⎫	103
B	200	33.3%	30	10	⎬ 614	204
C	250	41.7%	40	16.68	⎬	256
D	50	8.3%	80	6.64	⎭	51
Σ	600	100.00	—	36.66		614

多品種以假定產品為單位計算的負荷系數可用下式計算：

$$L = \frac{\Sigma N_i}{M_0} = \frac{600}{614} \times 100\% = 97.72\%$$

另外，可以證明：不論以代表產品或以假定產品為單位計算的多品種設備組負荷系數，均可用下式計算：

$$L = \frac{\Sigma N_i t_i}{FS}$$

（3）當用產品的重量作為計算生產能力的計量單位時的計算公式：

$$M_0 = \frac{FS}{t'}$$

式中，t'表示產品單位重量的臺時消耗，如以t_0表示假定產品單位重量臺時消耗，則它等於各單位重量臺時消耗t_i與相應產品的產量和產品單位重量乘積之和與全部產品總重量之和的比，即：

$$t_0 = \frac{\sum_{i=1}^{n} N_i w_i t_i}{\sum_{i=1}^{m} N_i w_i}$$

式中：N_i表示第i種產品的產量；t_i表示第i種產品的重量臺時消耗；w_i表示第i種產品的單重。

例3：設某車間有70臺設備，兩班制，每班工作8小時，設備平均停工率為0.12，生產普通吊車、冶金吊車和龍門吊三種產品，各種產品噸定額工時分別為20.9小時、24.88小時和18.81小時。車間產品重量構成比例：普通吊車為20%、冶金吊車為60%、龍門吊為20%。求以假定產品重量表示的車間生產能力。

車間假定產品噸定額臺時為：

$t' = 20.9 \times 20\% + 24.88 \times 60\% + 18.81 \times 20\% = 22.87$（小時/噸）

故以重量單位表示的該車間生產能力為：

$M_0 = \dfrac{251 \times 2 \times 8 \times (1-12\%) \times 70}{22.87} = 10,817.03$（噸）

3. 鑄造車間的生產能力

上述生產能力的計算辦法，主要適用於金加工車間。至於鑄造、鍛造等熱加工車間生產能力的計算有它不同的特點。簡介如下：

鑄造車間，主要是計算熔煉設備、造型設備和造型面積的生產能力。

熔煉設備組生產能力的計算公式為：

$M_0 = S \cdot P \cdot F (1-r)$

式中：M_0 表示熔煉設備組生產能力（噸/年）；S 表示熔煉設備數量；P 表示熔煉設備小時數的產量（噸/時）；F 表示熔煉設備有效工作時間（小時）；r 表示鑄造損耗率（包括自然損耗、澆冒口、廢品等）。

造型設備生產能力的計算同機械加工設備相似，造型面積的生產能力的計算公式為：

$M_0 = B \cdot P$

式中：M_0 表示造型面積的生產能力（噸）；B 表示造型面積（m^2）；P 表示單位造型面積年產量（噸/m^2）。

在確定鑄造車間生產能力時，除上述三部分外，還應綜合考慮配砂、型芯、烘干、吊車等各個環節的能力。

4. 鍛造車間的生產能力

除考慮吊車、加熱爐等環節的能力外，主要按鍛錘、水壓機鍛造設備的生產能力來確定。鍛造設備組生產能力的計算公式為：

$M_0 = P \cdot S \cdot F$

式中：M_0 表示鍛造設備組生產能力（噸）；P 表示鍛造設備臺時產量（噸/時）；S 表示設備組設備數量；F 表示設備有效工作時間。

各車間生產能力計算出來後，就可以在此基礎上進行綜合平衡，從而確定

全廠的生產能力。全廠生產能力的綜合平衡主要包括：①各基本生產車間生產能力的平衡，首先要確定主要車間，然後把主要車間生產能力與其他車間生產能力進行平衡。在機械工業企業中主要車間一般是指金加工車間或裝配車間；如果出現基本車間能力不平衡的情況，這就需要經過綜合平衡，使企業生產能力達到一個較高的水準。②基本車間與輔助車間生產能力的平衡，一般以基本生產車間能力為準，瞭解輔助車間生產能力配合協調情況，在能力不平衡時，就應採取措施使之達到平衡。

三、營運能力利用評價

營運能力戰略規劃的目標是使組織的長期供應能力與預期長期需求水準相匹配。一個組織之所以要進行營運能力規劃，原因是多方面的。其中重要的原因有需求變化、技術變化、環境變化以及面臨的威脅或機會。

當前營運能力與預期營運能力的差距將導致能力失衡。營運能力過剩造成營運成本過高，而能力不足會造成資源吃緊，可能失去顧客。

營運能力可以進一步細分成兩種有用的營運能力：

（1）設計營運能力：一個營運、工序或設施設計的最大產出。設計營運能力是理想情況下最大的可能產出。

（2）有效營運能力：設計營運能力扣除因個人時間、機器維修以及質量因素等造成的營運能力減少部分。

有效營運能力考慮了產品組合改變的現實性、設備定期維修的需要、午餐或休息時間，以及營運規劃和平衡等出現問題時的營運能力，它通常要小於設計營運能力（不可能超過設計營運能力）。

而實際產出由於機器故障、缺工、材料短缺、質量以及其他營運部經理所不能控制的問題，通常要小於有效營運能力。

這兩種不同的營運能力度量在定義兩種系統效率即營運效率和營運利用率時非常有用。

營運效率指的是實際產出與有效營運能力的比值：

$$營運效率 = \frac{實際產出}{有效營運能力} \qquad (1)$$

營運利用率指的是實際產出與設計營運能力的比值：

$$營運利用率 = \frac{實際產出}{設計營運能力} \qquad (2)$$

通常，營運部經理只會注意效率，但在許多情況下這種強調是誤導性的，特別是當有效營運能力與設計營運能力相比很小時。

在這些情況下，高的營運效率所表明的資源有效運用並不表明資源真正得到了有效運用。

例如，給定以下信息，計算汽車修理車間的營運效率和營運利用率：

設計營運能力 = 50 輛/天

有效營運能力 = 40 輛/天

實際產出 = 36 輛/天

則：

$$營運效率 = \frac{實際產出}{有效營運能力} = \frac{36}{40} \times 100\% = 90\%$$

$$營運利用率 = \frac{實際產出}{設計營運能力} = \frac{36}{50} \times 100\% = 72\%$$

顯然，與每天 40 輛的有效營運能力相比，每天 36 輛的產出似乎還可以。然而，當與每天 50 輛的設計營運能力相比，每天 36 輛的產出就不太理想了。

第二節　生產能力規劃的步驟

一、生產能力規劃的含義

生產能力規劃是提供一種方法來確定由資本密集型資源——設備、工具、設施和總體勞動力規模等綜合形成的總體生產能力的大小，從而為實現企業的長期競爭戰略政策提供有力的支持。生產能力規劃所確定的生產能力對企業的市場反應速度、成本結構、庫存策略以及企業自身管理和員工制度都將產生重大影響。生產能力規劃具有時間性和層次性。

（一）生產能力規劃的時間性

生產能力規劃的時間性是指生產能力規劃的制定可分為三個時期的計劃：

1. 長期計劃

長期計劃是指時間在一年以上的生產能力規劃。長期計劃中涉及的生產性資源需要一段較長時間才能獲得，也將在一段較長的時間內消耗完畢，如建築物、設備、物料設施等。長期計劃需要高層管理者的參與和批准。長期計劃是基於對企業的長遠利益的考慮而制訂的產能計劃。長期計劃具有戰略性質，對企業的遠期利益至關重要。長期計劃具有很大的風險，需要謹慎處置，周密考慮。長期計劃分為擴展與收縮兩類。

2. 中期計劃

中期計劃是指在半年至 18 個月的時間內制訂的月計劃或季度計劃。這裡，

僱員人數的變化（招聘或解僱）、新工具的增加、小型設備購買以及轉包合同的簽訂等情況發生時，中期計劃可能需要調整。

  3. 短期計劃

  短期計劃是指小於一個月的生產能力計劃。這種類型的生產能力計劃關係到每天或每週的生產調度情況，而且為了消除計劃產量與實際產量的矛盾，短期計劃需做相應調整，這包括超時工作、人員調動或替代性生產程序規劃等。

（二）生產能力規劃的層次性

  生產能力規劃的層次性是指對於不同層次的經營管理者，生產能力計劃的意義不同。具體如下：

  1. 公司層級

  企業總經理關心的是企業內部各工廠的總體生產能力的大小，因為他（她）要為實現這些總的生產能力而投入大量的資金，那麼這些資金需要多少呢？可以通過分析總體生產能力得到答案。

  2. 工廠層級

  工廠的經理（Plant Manager, PM）更關心全工廠的生產能力狀況，他（她）們必須決定如何以最優方式利用工廠的生產能力以滿足預期的需求量。由於一年中需求高峰時的短期需求可能會遠遠大於計劃產量，因此經理必須預測可能出現的需求高峰，並且安排好在什麼時候儲存多少產品以備急需。

  3. 車間層級

  更低一層的生產一線主管最為關心的是，在本部門的生產水準基礎上，機器設備與人力資源結合的情況怎樣？生產可達到多大產量？一線主管需做出詳盡具體的工作調度計劃以滿足每天的工作量。

二、產能規劃需要解決的基本問題

  需求產生大幅變動、生產設備改變、產品設計改變、新產品推出、競爭情況改變時需做產能規劃。產能規劃一般要解決以下三個方面的問題：

（一）需要何種產能

  需要何種產能取決於管理者打算生產或提供的產品或服務。

（二）需要多少產能

  產能並不是越大越好，當然產能少了也不能滿足客戶的需求。一個恰當的產能是非常重要的，它可以以最低的成本滿足市場需求。因此，到底需要多少產能是生產能力規劃必須面對的問題。

（三）以何種策略確定產能供給

  何時需要該產能？根據企業戰略的不同可分為積極策略、消極策略和中間策略。各種策略的產能供給方案如圖6.1所示。

第六章 生產能力規劃與設計

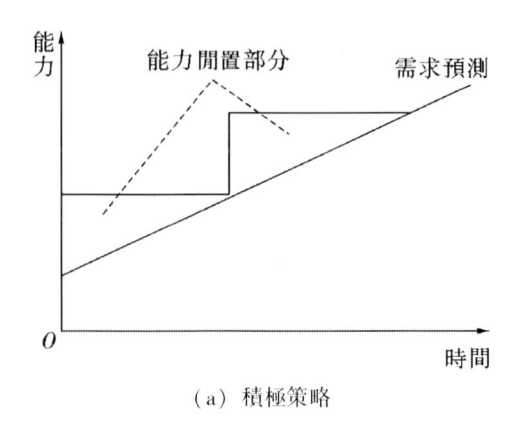

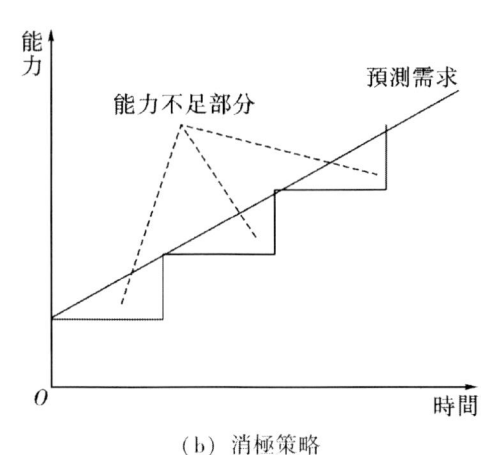

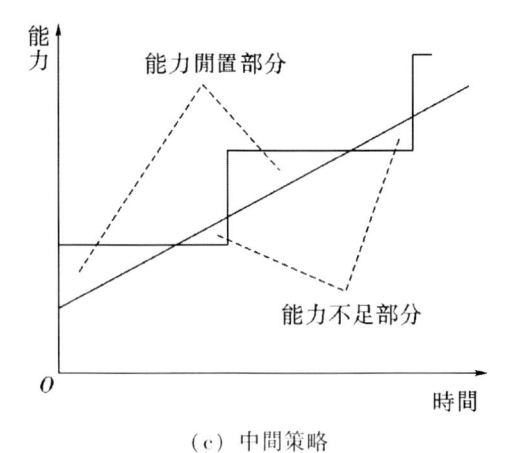

(a) 積極策略

(b) 消極策略

(c) 中間策略

圖 6.1 生產能力擴大的時間和規模

三、生產能力規劃的一般步驟

(一) 需求預測

在進行生產能力規劃時，首先要進行需求預測。由於能力需求的長期計劃不僅與未來的市場需求有關，還與技術變化、競爭關係以及生產率提高等多種因素有關，因此必須綜合考慮。還應該注意的是，所預測的時間段越長，預測的誤差可能性就越大。

1. 分析需求形態

需求形態可分為趨勢型、循環型、穩定型和不規則型（或隨機型），如圖6.2所示。

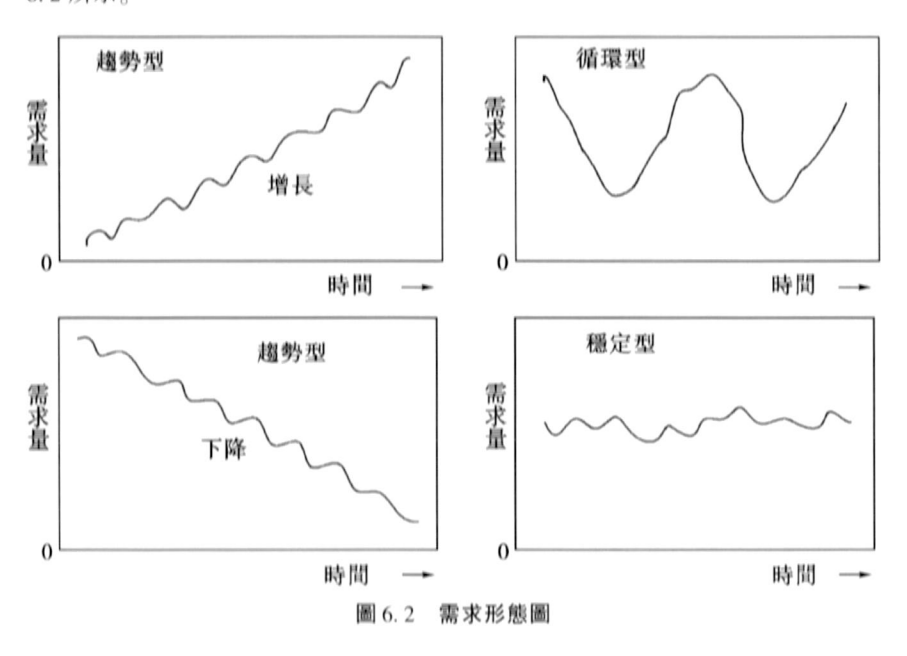

圖6.2 需求形態圖

2. 產能規劃所考慮的時間範圍

長期產能規劃：多應用於需求形態為趨勢型或循環型。透過對一段時間的需求預測，並把預測轉換為產能需求，來決定長期產能。趨勢延續多久，趨勢斜率如何，這些是趨勢型需求基本議題。循環的長度是多少，多久循環一次，這些是循環型需求基本議題。

短期產能規劃：考慮季節性、隨機性與不規則性的產能需求變動。

(二) 計算需求與現有能力之間的差

當預測需求與現有能力之間的差為正數時，很顯然，就需要擴大產能。需

要注意的是，當一個生產營運系統包括多個環節或多個工序時，能力的計劃和選擇就需要格外謹慎。一個典型的例子是：20世紀70年代，西方發達國家的航空工業呈供不應求的局面，因此，許多航空公司認為，所擁有的飛機座位數越多，就可以贏得越多的顧客，因而竭力購入大型客機。但事實證明，擁有小飛機的公司反而獲得了更好的經營績效。其原因是滿足需求的關鍵因素在於航班次數的增加，而不是每一航班所擁有的座位數。也就是說，顧客需求總量可用「座位×航班次數/年」來表達，只擴大前者而忽視後者則遭到了失敗。在製造企業能力擴大同樣必須考慮到各工序能力的平衡。當企業的生產環節很多，設備種類多樣時，各個環節所擁有的生產能力往往不一致，既有富裕環節，又有瓶頸環節。而多餘環節和瓶頸環節又隨著產品品種和製造工藝的改變而變化。從這個意義上來說，企業的整體生產能力是由瓶頸環節的能力所決定的，這是編製能力計劃時必須注意的一個關鍵問題；否則，就會形成一種惡性循環，如果某瓶頸工序能力緊張，就增加該工序能力，但是未增加能力的其他工序變為瓶頸工序。

(三) 制訂候選方案

處理能力與需求之差的方法可有多種。最簡單的一種是：不考慮能力擴大，由這部分顧客或訂單失去。其他方法包括積極策略、消極策略或中間策略的選擇，也包括新設施地點的選擇，還包括是否考慮使用加班、外包等。這些都是制訂能力計劃方案所要考慮的內容。所考慮的重點不同，就會形成不同的候選方案。一般來說，至少應給出五個候選方案。

(四) 評價每個方案，找到最優方案並執行

評價包括兩方面：定量評價和定性評價。定量評價主要是從財務的角度以所要進行的投資為基準，比較各種方案給企業帶來的收益以及投資回收情況這些可使用成本數量分析、回收年限法、淨現值法、決策理論等不同方法。定性評價主要是考慮不能用財務分析來判斷的其他因素，如是否與企業的整體戰略相符等，這些因素的考慮，有些實際上仍可進行定量計算（如人員成本），有些則需要用直觀和經驗來判斷。在進行定性評價時，可對未來進行一系列的假設，如給出一組壞的假設，即需求比預測值要小，競爭更激烈，建設費用更高等；也可以出一組完全相反的假設，即最好的假設，用多組這樣的不同假設來考慮投資案的好壞。

第三節　生產能力的決策方法

產能規劃方案的定量評估主要是從財務的角度，以所要進行的投資為基礎，比較各種方案給企業帶來的收益以及投資回收情況。下面是幾種典型的量化評估技術：

一、成本數量分析

成本數量分析研究的是成本、收入與產量間的關係。其關係如下：

總成本＝固定成本＋變動成本＝固定成本＋（單位變動成本×生產量）

式中：①固定成本即與生產量無關的成本，如租金費用、折舊費用等；變動成本即成本隨產量變動而變動，如材料成本、製造費用、直接人工等。②成本數量分析的限制：僅針對單一產品；沒有存貨；無規模經濟效應；每單位的變動成本與產出無關，固定成本不變；每單位收益都相等；沒有數量折扣。

例4：某公司生產計算機鍵盤，因產能不足正打算擴充產能。目前有三種方案可供選擇，如表6.3所示。

表6.3　　　各方案鍵盤生產的固定成本和單位變動成本　　　單位：元

方案	固定成本	單位變動成本
A	250,000	11
B	100,000	30
C	150,000	20

根據表6.3中各方案不同的固定成本和單位變動成本，可計算各方案的成本數量模型，如圖6.3所示。

由圖6.3可判斷生產量在 $Q1$ 以下以 B 方案最佳，生產量在 $Q1 \sim Q2$ 以 C 方案最佳，生產量在 $Q2$ 以上以方案 A 最佳。

$Q1$ 為 BC 交點：$100,000 + 30Q1 = 150,000 + 20Q1$，計算得出 $Q1 = 5,000$

$Q2$ 為 CA 交點：$150,000 + 20Q2 = 250,000 + 11Q2$，計算得出 $Q2 = 11,111$

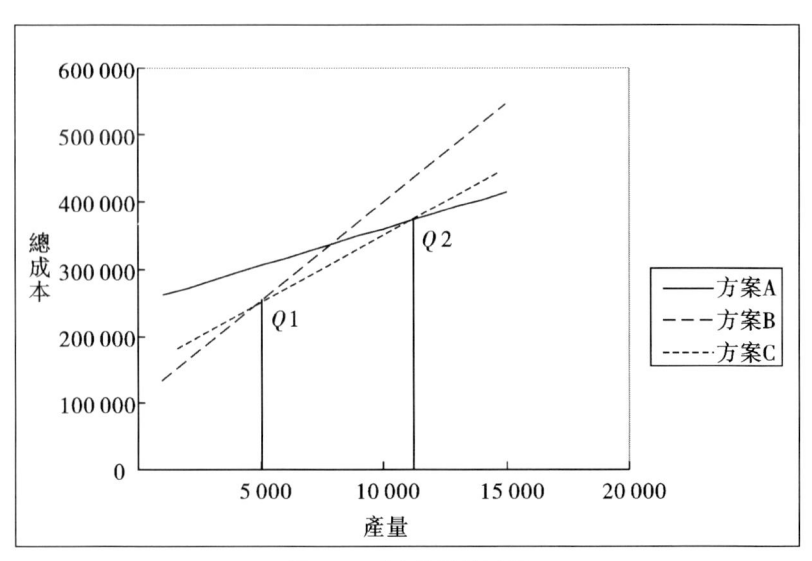

圖 6.3　成本數量模型圖

二、回收年限法

回收年限法是一種計算原始投資的成本回收時間，適用於強調資金回收速度的廠商，並未考慮到還本後的現金流量與設備殘值為較粗略的方法。

例 5：假設某公司焊接中心的產能投資計劃有 A、B、C 三種方案，其起始投資額皆為 600,000 元。各種方案的每年回收現金流量如表 6.4 所示。

表 6.4　　　　　　　各種方案的每年回收現金流量　　　　　　單位：元

方案	A	B	C
起始投資額	600,000	600,000	600,000
第 1 年回收現金流量	200,000	200,000	200,000
第 2 年回收現金流量	300,000	400,000	200,000
第 3 年回收現金流量	300,000	300,000	200,000
第 4 年回收現金流量	100,000	100,000	100,000

根據表 6.4 中各方案每年的回收現金流量，可計算得到各種方案的年累計回收現金流量，如表 6.5 所示。

表 6.5　　　　　　各種方案的年累計回收現金流量　　　　　　單位：元

方案	A	B	C
第 1 年回收現金流量累計	200,000	200,000	200,000
第 2 年回收現金流量累計	500,000	600,000	400,000
第 3 年回收現金流量累計	800,000	900,000	600,000
第 4 年回收現金流量累計	900,000	1,000,000	700,000

由表 6.5 可知，B 方案在第 2 年就收回投資成本，A 方案和 C 方案都要大於兩年，因此，應選擇 B 方案。

三、淨現值法

所謂淨現值，是指特定方案未來現金流入的現值與未來現金流出的現值之間的差額。按照這種方法，所有未來現金流入和現金流出都要按預定貼現率折算為它們的現值，然後再計算它們的差額。如淨現值為正數，即貼現後現金流入大於貼現後現金流出，該投資項目的報酬率大於預定的貼現率。如淨現值為零，即貼現後現金流入等於貼現後現金流出，該投資項目的報酬率相當於預定的貼現率。如淨現值為負數，即貼現後現金流入小於貼現後現金流出，該投資項目的報酬率小於預定的貼現率。計算淨現值的公式如下：

$$NPV = \sum_{k=0}^{n} \frac{I_k}{(1+i)^k} - \sum_{k=0}^{n} \frac{O_k}{(1+i)^k}$$

式中：NPV 表示淨現值；n 表示投資涉及的年限；I_k 表示第 k 年的現金流入量；O_k 表示第 k 年的現金流出量；i 表示預定的貼現率。

淨現值法所依據的原理是：假設預計的現金流入在年末肯定可以實現，並把原始投資看成是按預定貼現率借入的，當淨現值為正數時償還本息後該項目仍有剩餘的收益，當淨現值為零時償還本息後一無所獲，當淨現值為負數時該項目收益不足以償還本息。淨現值法具有廣泛的適用性，淨現值法應用的主要問題是如何確定貼現率，一種辦法是根據資金成本來確定，另一種辦法是根據企業要求的最低資金利潤來確定。

例 6：某公司擬擴充產能，而提出 A、B 兩種方案，這兩種方案之起始成本及每年年底的回收現金流量如表 6.6 所示。請以淨現值法來評估確定產能擴充方案（假設最低投資報酬率為 10%）。

表 6.6　　　　　　各產能擴充方案的回收年現金流量　　　　　　單位：元

方案	A	B
起始成本	3,000,000	2,200,000
第 1 年現金流量	1,200,000	2,000,000
第 2 年現金流量	2,000,000	1,500,000
第 3 年現金流量	2,500,000	1,000,000

根據表 6.6 中的數據，分別將 A、B 兩種方案的每年現金流量轉換成現值。

A 方案的淨現值為：

$$NPV_A = \frac{1,200,000}{1+10\%} + \frac{2,000,000}{(1+10\%)^2} + \frac{2,500,000}{(1+10\%)^3} - 3,000,000$$

$$= 1,622,088.6 \text{（元）}$$

B 方案的淨現值為：

$$NPV_B = \frac{2,000,000}{1+10\%} + \frac{1,500,000}{(1+10\%)^2} + \frac{1,000,000}{(1+10\%)^3} - 2,200,000$$

$$= 1,609,166 \text{（元）}$$

由此可得知 A 方案的淨現值比 B 方案高，所以選擇 A 方案。

四、利用決策樹評價生產能力規劃方案

決策樹是確定生產能力方案的一條簡捷的途徑。決策樹不僅可以幫助人們理解問題，還可以幫助人們解決問題。決策樹是一種通過圖示羅列解題的有關步驟以及各步驟發生的條件與結果的一種方法。近年來出現的許多專門軟件包可以用來建立和分析決策樹。這樣，利用這些專門軟件包，解決問題就變得更為簡便了。

決策樹由決策結點、機會結點與結點間的分枝連線組成。通常，人們用方框表示決策結點，用圓圈表示機會結點，從決策結點引出的分枝連線表示決策者可做出的選擇，從機會結點引出的分枝連線表示機會結點所示事件發生的概率。

在利用決策樹解題時，應從決策樹末端起，從後向前，步步推進到決策樹的始端。在向前推進的過程中，應在每一階段計算事件發生的期望值。需特別注意，如果決策樹所處理問題的計劃期較長，計算時應考慮資金的時間價值。

計算完畢後，開始對決策樹進行剪枝，在每個決策結點刪去除了最高期望

值以外的其他所有分枝，最後步步推進到第一個決策結點，這時就找到了問題的最佳方案。

例7：下面以南方醫院供應公司為例，看一看如何利用決策樹做出合適的生產能力計劃。

南方醫院供應公司是一家製造醫護人員的工裝大褂的公司。該公司正在考慮擴大生產能力。它可以有以下幾種選擇：什麼也不做；建一個小廠；建一個中型廠；建一個大廠。新增加的設備將生產一種新型的大褂，目前該產品的潛力或市場還是未知數。如果建一個大廠且市場較好就可實現 $100,000 的利潤。如果市場不好則會導致 $90,000 的損失。但是，如果市場較好，建中型廠將會獲得 $60,000，市場不好則損失 $10,000。如果建小廠市場較好則獲得 $40,000，市場不好則損失 $5,000。當然，還有一個選擇就是什麼也不幹。最近的市場研究表明市場好的概率是 0.4，也就是說市場不好的概率是 0.6。具體情況如圖 6.4 所示。

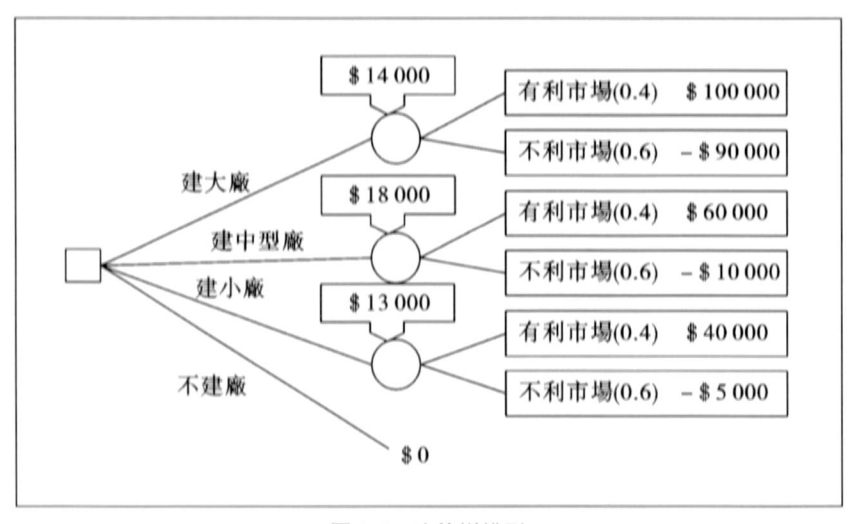

圖 6.4　決策樹模型

在這些數據的基礎上，能產生最大的預期貨幣價值（EMV）的選擇就可以找到。

EMV（建大廠）＝（0.4）×（100,000）+（0.6）×（-90,000）＝ - $14,000

EMV（中型廠）＝（0.4）×（60,000）+（0.6）×（-10,000）＝ + $18,000

EMV（建小廠）＝（0.4）×（40,000）+（0.6）×（-5,000）＝ + $13,000

EMV（不建廠）＝ $0

根據 EMV 標準，南方公司應該建一個中型廠。

第四節　學習效應與學習曲線

一、學習效應的含義

在考慮產能大小的決定時，往往要考慮到學習效應這一決定產能大小的重要因素。所謂學習效應是指當以個人或一個組織重複地做某一產品時，做單位產品所需的時間會隨著產品數量的增加而逐漸減少，然後才趨於穩定。如圖 6.5 所示。

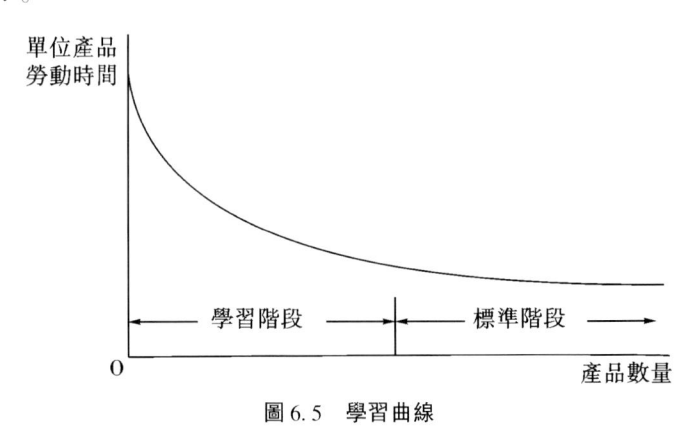

圖 6.5　學習曲線

由圖 6.5 可以看出，學習效應包括兩個階段：一是學習階段，單位產品的生產時間隨產品數量的增加逐漸減少；二是標準階段，學習效應可以忽略不計，可用標準時間進行生產。上圖中的曲線稱為學習曲線（Learning Curves）。它所表示的是單位產品的直接勞動時間和累積產量之間的關係。類似的表示學習效應的概念還有「製造進步函數」（Manufacturing Progress Function）和「經驗曲線」（Experience Curve），但它們所描述的不是單位產品直接勞動時間與累積產量之間的關係，而是單位產品的附加成本與累積數量之間的關係。這兩種曲線的原理與學習曲線是相同的。

常見的學習效應有兩種：個人學習和組織學習。個人學習是指當一個人重複地做某一產品時，由於動作逐漸熟練，或者逐漸摸索到一些更有效的作業方法後，做一件產品所需的工作時間（即直接勞動時間）會隨著產品累積數量的增加而減少。組織學習是指管理方面的學習，指一個企業在產品設計、工藝設計、自動化水準提高、生產組織以及其他資本投資等方面的經驗累積過程，

也是一個不斷改進管理方法、提高人員作業效率的過程。比如上圖所示的學習曲線，既可以是組織學習的結果，也可以是個人學習的結果，還可以是兩種學習結果的疊加。

二、學習曲線的建立

學習曲線又稱為經驗曲線，是指在大量生產週期中，隨著生產產量的增加，單件產品的製造工時逐漸減少的一種變化曲線。

1936年美國康奈爾（Cornell）大學的萊特博士首先在《航空科學》期刊上發表了有關學習曲線的文章，從此學習曲線的理論就不斷被人們所吸收和研究，並廣泛地用於航空工業預測製造費用，以後被逐步推廣發展運用到其他領域。

學習曲線的建立基於以下一些基本假設：

（1）生產第 $n+1$ 個產品所需的直接勞動時間總是少於生產第 n 個產品所需的直接勞動時間。

（2）當累積生產數量增加時所需的直接勞動時間按照一個遞減的速率減少。

（3）時間的減少服從指數分佈。

這些假設實際上就包含了學習曲線的基本規律，即生產數量每增加一倍，所需的直接勞動時間就減少一個固定的百分比。

在這樣的假設下，給定第一個產品的直接勞動時間和學習率，可建立下面這種對數模型：

$$T_n = T_1 n^b$$

式中，T_1 表示第一個產品的直接勞動時間；T_n 表示第 n 個產品的直接勞動時間；n 表示累積的生產數量；b 表示等於 $\lg r / \lg 2$；r 表示學習率。

用這個模型，即可描繪出學習曲線。

和其他管理方法一樣，學習曲線的應用是有條件的。

首先滿足兩個基本假定：一是生產過程中確實存在著「學習曲線」現象；二是學習率的可預測性，即學習現象是規則的，因而學習率是能夠預測的。

其次，學習曲線是否適用，還要考慮以下幾個因素：一是它只適用於大批量生產企業的長期戰略決策，而對短期決策的作用則不甚明。二是它要求企業經營決策者精明強幹、有遠見、有魄力，充分瞭解廠內外的情況，敢於堅持降低成本的各項有效措施，非常重視經濟效益。三是實現學習曲線與產品更新之間既有聯繫，又有矛盾，應處理好兩者的關係，不可偏廢。不能片面認為只要

產量持續增長，成本就一定會下降，銷售額和利潤就一定會增加。如果企業忽略了資源市場、顧客愛好等方面的情況，就難免出現產品滯銷、積壓乃至停產的局面。四是勞動力保持穩定，不斷革新生產技術和改革設備。五是更新產品與降低成本保持平衡。六是學習曲線適用於企業的規模經濟階段。當企業規模過大，出現規模不經濟時，學習曲線的規律不再存在。

三、影響學習曲線的因素

影響學習曲線的因素較多，大致有以下幾個方面：

（1）操作者動作的熟練程度如何是影響學習曲線最基本的因素。

（2）改善操作工具，便於操作工人大大降低操作時間。

（3）設計改進。新產品開始生產後，由於各種疏忽和考慮問題的不周全，需要做設計修改，必要的設計修改有助於降低工時，但過多的修改則有礙生產，對學習反而有害。

（4）改善陳舊設備有助於降低工時。

（5）高質量的原材料和充足的貨源可避免停工待料的時間，從而有助於單位工時的降低，減少學習中斷現象。

（6）分工專業化，使每個操作者專做某一部分簡單的製造工作，有利於減少操作者的學習遺忘和工作難度，從而降低單位工時。

（7）優良的管理，科學的指導，獎罰制度的應用和學習效果的即時反饋都有助於降低成本，提高生產力。

四、學習速率的測定方法

因為 $T_n = T_1 n^b$，$b = \dfrac{\lg y}{\lg 2}$，所以如果數據齊備且合理，學習率求解的步驟包括兩步：

（1）計算 b 的值，其計算公式為：$b = \dfrac{\lg T_n - \lg T_1}{\lg n} = \log_n \left(\dfrac{T_n}{T_1}\right)$

（2）根據 b 的定義求解學習率 r，其計算公式為：$r = 2^b$

特別地，當 $n = 2$ 時，$r = 2^b = 2^{\log_2 \left(\dfrac{T_2}{T_1}\right)} = \dfrac{T_2}{T_1}$。

例 8：一個求職者正在測試自己能否勝任一條裝配線上的工作。管理部門認為，在操作 1,000 次後就大體上達到了穩定狀態。預計普通裝配員工在 4 分鐘內完成該任務。

（1）如果求職者第一次操作時間為 10 分鐘，第二次操作為 9 分鐘，是否

該聘用此求職者？

（2）該求職者第十次操作的預期時間是多少？

解：

（1）學習率 $r = \dfrac{9}{10} = 90\%$

$T_{1,000} = T_1 \times 1,000^b = 10 \times 1,000^{\frac{\lg 0.9}{\lg 2}} = 3.49$ 分鐘。因此，該聘用此人。

（2）同理，第十次操作時間 $= 0.704,7 \times 10 = 7.047$（分鐘）

$T_{10} = T_1 \times 10^b = 10 \times 10^{\frac{\lg 0.9}{\lg 2}} = 7.05$（分鐘）

如果沒有上述數據，即在某種產品未開始生產之前就想估計學習率，這種估計通常帶有較強的主觀性。在這種情況下有兩種估計方法：一是根據本企業過去生產過的類似產品進行估計。如果工藝等類似，就認為具有相同的學習率。二是把它看成與該產業平均學習率相同。無論採用哪種方法，在實際生產開始、累積了一定數據以後，都需要對最初的估計加以修正。這裡有幾個要注意的問題：

（1）盲目地接受產業平均學習率有時是很危險的，因為對於不同的企業，有時會有不同的學習率。

（2）影響各企業學習率的主要因素之一是看生產營運是以設備速率為基礎，還是以人的速率為基礎，在以設備速率為基礎的生產營運中，直接勞動時間減少的機會較有限。在這種情況下，產出速度主要取決於設備能力，而不是人的能力。在一個生產營運系統中，以人的速率為基礎的生產營運所占的比例越大，直接勞動時間中所反應出來的學習效應也就越強。

（3）影響學習率的另一個因素是產品的複雜性。簡單產品的學習效應不如複雜產品那麼顯著。複雜產品在它的整個壽命週期中通常有更多的機會來改進工作方法、改進材料、改變工藝流程等。也就是說，複雜產品的組織學習率通常更低，特別是在沒有相似產品生產經驗的情況下，學習率更低。

（4）資本投入的比率也會影響學習率。這是指自動化程度的提高或設備的改善會使直接勞動時間減少，從而使學習曲線發生一定變化。因此，當根據過去類似產品的經驗估計學習率時，必須考慮到資本投入比率的影響。

學習曲線如使用不當也是有一定風險的。這是指管理人員往往容易忘記環境動態變化的特性。在這種情況下，環境變化中的不測因素有可能影響學習規律，從而給企業帶來損失。一個著名事例是道格拉斯飛機製造公司被麥克唐納兼併的事例。道格拉斯飛機曾經根據學習曲線估計它的某種新型噴氣式飛機成本能夠降低，於是對顧客許諾了價格和交貨日期，但是飛機在製造過程中不斷地修改工藝，致使學習曲線遭到破壞，也未能實現成本降低，因此遇到了嚴重

的財務危機，不得不被兼併。

五、提高學習率的一般指導方針

前面我們已經提出了「學習者」的學習方式有個人學習和組織學習。

（1）個人學習。有許多因素影響個人的表現和學習率。學習率和初始水準是其中最重要的兩個因素。我們假定為了完成一項簡單任務，測試兩個員工生產某件產品的時間，這項測試被行政部用來作為對裝配線上招聘員工考核的一部分。有兩個人應聘裝配線員工，你將聘用哪一個？應聘者 A 開始效率高但他的學習速度慢；應聘者 B 開始效率低但他的學習速度很快。很明顯，B 是一個更好的被聘用者。以上說明不僅學習率本身很重要，起始操作時間也很重要。為了改善個人的操作水準，基於學習曲線的一般指導方針有：

第一，合理選擇員工。應採用某些測試來幫助選擇員工，這些測試對計劃好的工作具有代表性：裝配工作測試其靈巧性，腦力工作測試其腦力勞動能力，服務性工作測度其與顧客溝通的能力等。

第二，合理的培訓。培訓方式越有效，學習率就越高。

第三，激勵。除非有報酬，否則基於學習曲線的生產任務很難完成。

第四，工作專業化。一般的規律是：任務愈簡單，學習得愈快。應注意由於長期操作同一作業所導致的厭煩感是否會對工作產生干擾。如果確實對工作產生了干擾，那麼就要對任務進行重新設計。

第五，一次完成一項或很少的作業。對於每一項工作，一次只完成一項比同時做所有的工作學習得要快。

第六，使用能夠輔助或支持操作的工具或設備。

第七，能夠提供快速而簡單的方法。

第八，讓員工協助重新設計他們的工作。把更多的操作因素考慮到學習曲線的範圍中，實際上能夠使曲線向下傾斜的速度更快。

（2）組織學習。組織同樣也在學習，從工業工程（IE）角度考慮組織學習對於企業間的競爭也是關鍵的。對於個人來說，知識如何獲得和保存以及這些將對個人學習產生多大的影響等方面的概念很容易建立。當然，組織學習主要源於所有聘用員工個人學習的結果。例如，隨著操作者越來越熟練，知識就嵌入軟件和操作方法中去了。知識也可以嵌入組織的結構中去。如當一個組織把它的工業工程（IE）團隊從集中於某一地點的功能組織中轉移到員工分散在工廠各地的分權組織中時，怎樣提高生產率這些方面的知識將會嵌入組織結構中去。如果個人離開組織，知識將貶值。如果技術水準達不到或難以使用，

知識也會貶值。

【綜合案例分析】　道康寧公司擴大在中國的硅橡膠生產能力案例

　　道康寧公司近日表示，隨著道康寧在江蘇省張家港市的下游產品生產基地的建成，其硅橡膠產品的產量將大幅提高，中國及亞洲地區客戶的產品交付時間將隨之縮短。

　　「在該下游產品生產基地建成之前，只有少部分的硅橡膠產品在中國本地生產。」時任道康寧大中華區總裁張康明（Jeremy Burks）說道，「以前我們從歐洲或美國進口產品，交付到客戶手中需要數月時間；而生產能力擴大之後，我們的交付時間可以縮短至幾週。這大大提高了客戶的效率，同時節省了他們的物流成本。」

　　張家港下游產品生產基地將生產液態硅橡膠（LSR）和高溫硅橡膠（HCR），以滿足不同客戶對性能和工藝的要求。道康寧公司將繼續提供各類可靠的硅橡膠產品，來滿足各個行業及消費者市場對產品性能的要求。憑藉卓越的工藝性能和出色的機械、電氣及絕緣特性，Dow Corning®（道康寧）和XIAMETER®品牌的液態硅橡膠和高溫硅橡膠已被廣泛應用於電線電纜、汽車、能源、食品、消費品及其他各類橡膠製成品的應用。

　　道康寧公司張家港生產基地生產的硅橡膠材料，將通過傳統銷售渠道和道康寧公司基於網絡的XIAMETER®商業模式進行銷售。XIAMETER®商業模式是道康寧公司於2002年推出的一種全新的商業模式，在有機硅市場尚屬首例，迄今仍佔有競爭對手無法企及的領先地位。XIAMETER®商業模式在去年得到擴展，目前為全球超過95個國家和地區服務，並提供2,100多種標準有機硅產品。該模式擁有中文網站，為本地用戶提供在線服務。

　　「我們在中國的生產能力正在不斷擴大，而經擴展後的XIAMETER®高效商業模式更是方便了客戶訂購產品，這兩者的結合將使亞洲地區的生產商從中獲益。」時任XIAMETER事業部大中華區商務總監吳皓炯說道。

　　中國最大的有機硅綜合生產基地——張家港生產基地的二期項目正在加緊建設中，預計將於當年年底竣工。屆時，該生產基地的硅氧烷和氣相二氧化硅的額定生產能力有望達到每年200,000公噸。

　　此外，道康寧公司的有機硅下游產品生產基地也正在建設中，產品包括密封膠和硅油。因此，道康寧的下游產品生產能力將進一步得到擴大。

討論題

1. 道康寧公司為什麼要擴大在中國的硅橡膠生產能力？能力擴大的策略有哪些？這些策略各有什麼優缺點？

2. 道康寧公司在中國的硅橡膠生產能力擴大後，對企業會帶來哪些影響？需要注意什麼問題？

課後習題

1. 在擴大生產能力或者服務能力時，管理者是應當依據已有的需求增長進行計劃，還是應該依據對未來的需求的預測來擴大生產經營的計劃？請列出兩種方式的優劣。

2. 為什麼企業要設置生產能力的緩衝（餘量）？

3. 設有A、B、C、D四種產品，其計劃年產量和各產品的單位產品臺時定額為：

產品	計劃年產品（件）	單位產品臺時定額（小時）
A	40	30
B	120	20
C	140	40
D	100	60

要求：

（1）以C為代表產品，將各產品計劃年產量折合成代表產品。

（2）計算假定產品單位臺時定額。

4. 一個公司運行在85%的學習曲線上，若生產第一件產品的時間為300小時，則生產第100件產品所需的時間為多少？

第七章　獨立需求庫存管理

本章關鍵詞

庫存管理（Inventory Management）
獨立需求（Independent Demand）
定量控制系統（Quantitative Control System）
定期控制系統（Periodic Control System）
單週期庫存模型（Single–cycle Inventory Model）
ABC 分析（ABC–Analysis）

【開篇案例】　JAM 公司的庫存管理

詹姆（JAM）電子是一家生產大約 2,500 種工業繼電器等產品的韓國製造商企業。公司在遠東地區的 5 個國家擁有 5 家製造工廠，公司總部在首爾。所有這些產品都是在遠東製造的，產成品儲存在韓國的一個中心倉庫，然後從這裡運往不同的國家。在美國銷售的產品是通過海運運到芝加哥倉庫的。美國詹姆公司是詹姆電子的一個子公司，專門為美國國內提供配送和服務功能。公司在芝加哥設有一個中心倉庫，為兩類顧客提供服務，即分銷商和原始設備製造商。分銷商一般持有詹姆公司產品的庫存，根據顧客需要供應產品。原始設備製造商使用詹姆公司的產品來生產各種類型的產品，如自動化車庫的開門裝置。

近年來，美國詹姆公司已經感到競爭大大加劇了，並感受到來自於顧客要求提高服務水準和降低成本的巨大壓力。不幸的是，正如庫存經理艾爾所說：「目前的服務水準處於歷史最低水準，只有大約 70% 的訂單能夠準時交貨。另外，很多沒有需求的產品占用了大量庫存。」

討論題

1. 什麼是有效的庫存管理策略？
2. 詹姆公司應該如何平衡服務水準和庫存水準之間的關係？
3. 提前期和訂貨點的變動對庫存有什麼影響？詹姆公司該如何處理？

第一節　庫存管理的基本概念

一、庫存的含義

庫存是企業為了滿足未來需要而暫時閒置的資源的總和。由於庫存不能馬上為企業產生效益，故企業要為其承擔資金占用與存儲的成本，而合理的庫存又是企業生產所必需的資源。因此，合理控制企業的物資庫存是企業生產管理工作中的一項重要而經常性的工作。

二、庫存的分類

在批量生產中，建立庫存的基本目的是減弱供應與需求之間的不協調問題，庫存可以在供應與需求、消費者需求與製成品、一個工序的需求與上一個工序的產出、開始生產所需的部件和原料與它們的供應商等之間起到一種緩衝作用。

（1）按庫存物資的存在狀態，可分為原材料庫存、零部件庫存、在製品庫存、成品庫存。

（2）按庫存用途，可分為經常性庫存和安全庫存。

（3）按庫存的表現特徵，可分為以下幾類：

第一，單週期庫存與多週期庫存。根據對物品需求的重複次數可將物品分為單週期需求與多週期需求。單週期需求即僅僅發生在比較短的一段時間內或庫存時間不可能太長的需求，也被稱為一次性需求。單週期需求出現在下面兩種情況：一是偶爾發生的某種物品的需求；二是經常發生的某種生命週期短的物品的不定量的需求。第一種情況如新年賀卡，第二種情況如那些易腐物品（如鮮魚）或其他生命週期短的易過時的商品等。對單週期需求物品的庫存控制問題稱為單週期庫存問題。多週期需求則指在足夠長的時間裡對某種物品的重複的、連續的需求，其庫存需要不斷地補充。與單週期需求比，多週期需求問題普遍得多。對多週期需求物品的庫存控制問題稱為多週期庫存問題。

第二，獨立需求庫存與相關需求庫存。產品的需求取決於用戶對企業產品和服務的需求時稱為獨立需求。獨立需求最明顯的特徵是需求的對象和數量不確定，只能通過預測方法粗略地估計。相反，我們把企業內部物料轉化各環節之間所發生的需求稱為相關需求。相關需求也稱為非獨立需求，它可以根據對

最終產品的獨立需求精確地計算出來。獨立需求庫存問題和相關需求庫存問題是兩類不同的庫存問題。

三、庫存管理的目的

一個企業總是期望實現其利潤的最大化。這一目標的實現有待於其顧客服務水準的最大化、生產經營成本的最低化和庫存投資的最小化等目標的實現。

(一) 提高顧客服務水準

顧客服務水準是指一個企業能夠滿足消費者需求的能力。在庫存管理中，顧客服務水準是表示當用戶需要時，物品或服務的可獲取性。然而顧客需求和供貨提前期通常都是不確定的。增加庫存可以減小不確定因素的影響，從而提高顧客服務水準。因此，企業有必要保持一定數目的附加庫存，這就是所謂的安全庫存。

(二) 提高生產經營的效率

庫存可以幫助企業提高生產經營的效率。庫存使得兩個不同生產率的作業可以單獨更經濟地運行。對於季節性需求的產品，可以通過使用預置庫存的策略，使生產率保持相對平穩，淡季建立庫存，以供旺季時使用。庫存使得企業可以長時間持續地生產。

第二節　獨立需求庫存管理的控制系統

庫存控制系統有輸入、輸出、約束和運行機制四個方面。對於獨立需求庫存控制系統，輸出端是不可控的，而輸入端即庫存系統向外發出訂貨的提前期亦為隨機變量，可以控制的一般是訂貨點（即何時發出訂貨）以及訂貨量（一次訂多少）這兩個參數。庫存控制系統正是通過控制訂貨點和訂貨量來滿足外界需求並使總體庫存費用最低。任何庫存控制系統都要回答兩個基本問題：什麼時候再訂貨？一次訂貨的數量是多少？對庫存的控制可以分為兩大類：一是定量訂貨控制系統（連續觀測庫存控制系統），通過觀察庫存是否達到重新訂貨點來實現；二是定期訂貨控制系統（定期觀測庫存控制系統），通過週期性的觀測實現對庫存的補充。

一、定量訂貨控制系統

定量訂貨控制系統也稱為訂貨點控制系統（ROP）、固定量系統。其工作

原理是，連續不斷地監視庫存餘量的變化，當庫存餘量下降到某個預定數值——訂貨點（Reorder Point, RP）時，就向供應商發出固定批量的訂貨請求，經過一段時間，我們稱之為提前期（Lead Time, LT），訂貨到達補充庫存。圖7.1 是定量訂貨系統原理圖。

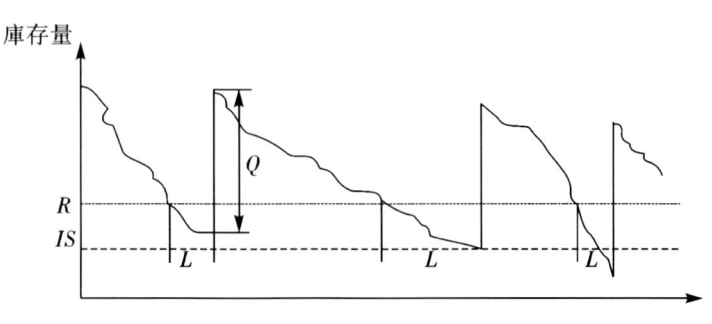

圖 7.1　定量訂貨系統原理圖

在定量訂貨控制系統中，訂貨點和訂貨量都是固定的。每次按相同的訂貨量補充庫存。這種控制方法雖然工作量較大，但對庫存量控制得比較嚴格，一般適用於重要物資的庫存控制。有時為了減少工作量，可採用雙倉控制，即將同一種物資分放兩倉，一倉用完即發出訂貨。

二、定期訂貨控制系統

針對定量訂貨費用較大、工作量較大的缺陷，定期訂貨控制系統按照預先確定的時間間隔，週期性地檢查庫存量，隨後發出訂貨，將現有庫存量補充到目標水準。圖7.2 是定期訂貨系統原理圖。

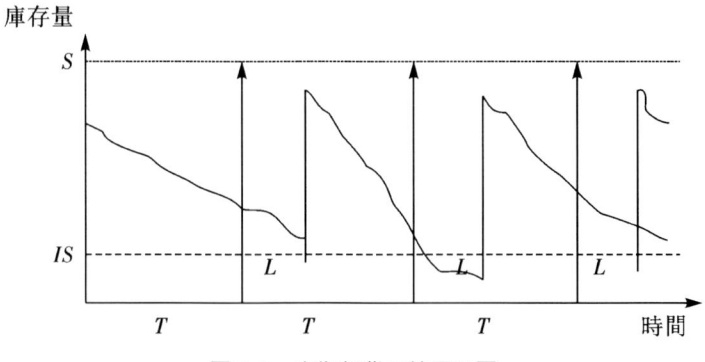

圖 7.2　定期訂貨系統原理圖

定期訂貨控制系統沒有訂貨點，每次只按預定的週期檢查庫存，依據目標庫存和現有庫存狀況，計算出需要補充的數量，然後按訂貨提前期發出訂貨，使庫存達到目標水準。

三、定量訂貨和定期訂貨的區別

定量訂貨模型和定期訂貨模型的基本區別是，定量訂貨模型是「事件驅動」，而定期訂貨模型是「時間驅動」。也就是說，定量訂貨模型是當達到規定的再訂貨水準的事件發生後，就進行訂貨，這種事件有可能隨時發生，主要取決於對該物資的需求情況。相比而言，定期訂貨模型只限於在預定時期期末進行訂貨，是由時間來驅動的。

運用定量訂貨模型時（當庫存量降低到再訂購點 R 時，就進行訂貨），必須連續監控剩餘庫存量。因此，定量訂貨模型是一種永續盤存系統，它要求每次從庫存裡取出貨物或者往庫存裡增加貨物時，必須刷新記錄以確認是否已達到再訂購點。而在定期訂貨模型中，庫存盤存只在盤點期間發生。

定量訂貨模型和定期訂貨模型的其他區別是：

（1）定期訂貨模型平均庫存較大，以防在盤點期發生缺貨情況；定量訂貨模型沒有盤點期。因為平均庫存量較低，所以定量訂貨模型有利於貴重物資的庫存。

（2）對於重要的物資如關鍵維修零件，定量訂貨模型將更實用，因為該模型對庫存的監控更加密切，這樣可以對潛在的缺貨更快地做出反應。

（3）由於每一次補充庫存或貨物出庫都要進行紀錄，維持定量訂貨模型需要的時間更長。

我們可以看到，定量訂貨系統著重於訂購數量和再訂購點。從程序上來看，每次每單位貨物出庫，都要進行記錄，並且立即將剩餘的庫存量與再訂購點進行比較。如果庫存已降低到再訂購點，則要進行批量為 Q 的訂購；如果庫存仍位於再訂購點之上，則系統保持閒置狀態直到有再一次的出庫需求。對於定期訂購系統，只有當庫存經過盤點後才做出訂貨決策。是否真正訂購依賴於進行盤點的那一時刻的庫存水準。

第三節　多週期庫存模型

一、經濟訂貨批量模型

經濟訂貨批量模型是由哈里斯於1915年提出的。該模型主要有以下幾個假設條件：

(1) 一次訂貨數量無限制。
(2) 訂貨提前期已知並為常量。
(3) 不允許缺貨。
(4) 庫存費是庫存量的線性函數。
(5) 整批訂貨，補充量為無限大。
(6) 採用定量訂貨系統。

設 Q 為訂貨批量，D 為全年需求量，S 為每次訂貨費，H 為單位維持庫存費，C 為單位生產成本。則有，年訂貨次數為 D/Q，平均庫存量為 $Q/2$，年訂貨成本 $CR = S \times D/Q$，年維持庫存費 $CH = H \times Q/2$，

庫存總成本 $CT = CR + CH = S \times D/Q + H \times Q/2$

對決策變量 Q 一階求導求解 CT 的極限值，可得：

$Q^* = \sqrt{2DS/H}$

式中，Q^* 即為最佳訂貨批量。

例1：某公司每年購入某產品8,000件，單價10元。每次訂貨費用為30元，資金年利息為10%，單位維持庫存費按所庫存貨物價值的20%計算。若每次訂貨提前期為一週，試求經濟訂貨批量、年訂貨次數、訂貨點、最低年總費用。

解：由題知 $P = 10$ 元/件，$D = 8,000$ 件/年，$S = 30$ 元，$LT = 1$ 週，H 包括資金利息和倉儲費用。

$H = 10 \times 10\% + 10 \times 20\% = 3$（元/件·年）

$Q^* = \sqrt{2DS/H} = \sqrt{2 \times 8,000 \times 30 \div 3} = 400$（件）

年訂貨次數為：

$n = D/Q^* = 8,000 \div 400 = 20$（次）

訂貨點為：

$R = LT \times D \div 52 = 1 \times 8,000 \div 52 = 153.8$ （件）

最低年總費用為：

$F = P \times D + CR + CH = P \times D + S \times D \div Q + H \times Q \div 2$

$= 8,000 \times 10 + 30 \times 8,000 \div 400 + 3 \times 400 \div 2$

$= 81,200$ （元）

二、經濟生產批量模型

上述模型的假設並不符合生產實際。一般來說，物資在入庫的同時是被逐漸領用的。也就是說，當生產率（入庫速度）大於需求率（領用速度）時，庫存是逐漸增加的。要防止庫存無限增加，應當在庫存達到一定量時，停止生產一段時間。由於生產系統調整準備時間的存在，在補充成品庫存的生產中，需要確定一個最佳的生產批量，這就是經濟生產批量問題。經濟生產批量模型又稱經濟生產量批量模型。

圖7.3描述了在經濟生產批量模型下庫存量隨時間變化的情況。生產在庫存量為0時開始進行，經過生產時間 t_p 結束。由於生產率 p 大於需求率 d，庫存將以 $(p-d)$ 的速度上升，經過時間 t_p，庫存達到最大值 I_{max}。此時生產停止，庫存按需求率 d 下降。當庫存減少到0時，又開始新一輪生產。

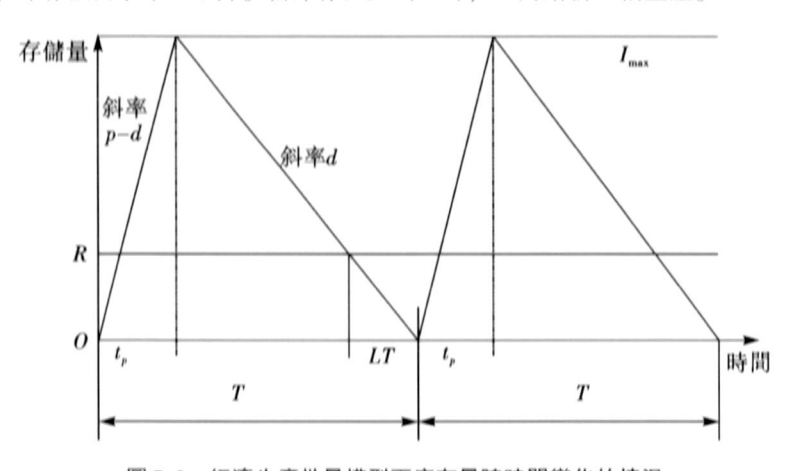

圖7.3 經濟生產批量模型下庫存量隨時間變化的情況

圖7.3中：p 為生產率；d 為需求率（$d<p$）；t_p 為生產時間；I_{max} 為最大庫存量；R 為再訂貨點；LT 為生產提前期。

在EPL模型的假設條件下，C_s 為0，C_p 與生產批量及大小無關，為常量。

與 EOQ 模型不同的是，由於補充量不是無限大，這裡的平均庫存量不是 $Q/2$，而是 $I_{max}/2$，於是又有下列關係存在：

$$C_T = C_H + C_R + C_P = H(I_{max}/2) + S(D/Q) + CD$$

從圖 7.3 可以看出：

$I_{max} = t_p(p-d)$

由 $Q = p \times t_p$ 可得 $t_p = Q/p$，故

$$C_T = H(1-d/p)Q/2 + S(D/Q) + CD$$

對決策變量 Q 求解 CT 的極值，可得最優解：

$$Q^* = \sqrt{2DS/(H-Hd/P)}$$

例 2：根據預測，市場每年對某公司的產品需求為 20,000 臺，一年按 250 個工作日計算。生產率為 100 臺/天，生產提前期為 4 天。單位產品的生產成本為 50 元，單位產品的年維持庫存費為 10 元，每次生產準備費用為 20 元。試求經濟生產批量、年生產次數、訂貨點和年最低費用。

解：這是一個典型的 EPL 問題，由公式可得：

$d = D \div n = 20,000 \div 250 = 80$（臺/日）

$Q^* = \sqrt{2DS \div (H - Hd \div P)}$

$\quad = \sqrt{2 \times 20,000 \times 20 \div (10 - 10 \times 80 \div 100)}$

$\quad = 632$（臺）

年生產次數為：

$n = D \div Q^*$

$\quad = 20,000 \div 632$

$\quad = 31.6$（次）

訂貨點為：

$R = d \times LT$

$\quad = 80 \times 4$

$\quad = 320$（臺）

年最低生產費用為：

$C_T = H(1 - d \div p)Q \div 2 + S(D \div Q) + CD$

$\quad = 10 \times (1 - 80 \div 100) \times 632 \div 2 + 20(20,000 \div 632) + 50 \times 20,000$

$\quad = 1,001,265$（元）

EPL 模型對分析生產問題十分有用。一般情況下，每次生產準備費越大，則經濟生產批量就應該大；單位維持庫存費用越大，則經濟生產批量應該小。

第四節　單週期庫存模型

對於單週期需求來說，庫存控制的關鍵在於確定訂貨批量。對於單週期庫存問題，訂貨量就等於預測的需求量。由於預測誤差的存在，根據預測確定的訂貨量和實際需求量不可能一致。如果需求量大於訂貨量，就會失去潛在的銷售機會，導致機會損失。而假如需求量小於訂貨量，所有未銷售出去的物品將可能以低於成本的價格出售，甚至報廢，還要另外支付一筆處理費。這種由於供過於求導致的費用稱為陳舊（超儲）成本。顯然，最理想的情況是訂貨量恰恰等於需求量。

為了確定最佳訂貨量，需要考慮各種由訂貨引起的費用。由於只發出一次訂貨和只發生一次訂購費用，所以訂貨費用為一種沉沒成本，它與決策無關。庫存費用也可視為一種沉沒成本，因為單週期物品的現實需求無法準確預計，而且只通過一次訂貨滿足，所以即使有庫存，其費用的變化也不會很大。因此，只有機會成本和陳舊成本對最佳訂貨量的確定起決定性的作用。確定最佳訂貨量可採用期望損失最小法或期望利潤最大法。

一、期望損失最小法

期望損失最小法就是比較不同訂貨量下的期望損失。期望損失最小的訂貨量即為最佳訂貨量。

已知庫存物品的單位成本為 C，單價為 P，實際需求量為 d。若在預定的時間內賣不出去，則單價降為 S，單位超儲損失為 $C_O = C - S$；若需求超過存貨，則單位機會損失為 $C_U = P - C$。設訂貨量為 Q 時的期望利潤為 $L(Q)$，則

$$L(Q) = \sum_{d<Q} C_O(Q-d)p(d) + \sum_{d \geq Q} C_U(d-Q)p(d)$$

例3：按統計記錄，中秋節期間對某超市月餅的需求分佈率如表7.1所示。

表 7.1

需求 (D)	0	10	20	30	40	50
分佈率 $p(D)$	0.05	0.15	0.20	0.25	0.20	0.15

已知每盒月餅的進價 $C=50$ 元，售價 $P=80$ 元，若在中秋節前賣不出去則每盒月餅只能按 $S=30$ 元售出。求該超市應該進多少盒月餅為好。

當實際需求 $d<Q$ 時，將有一部分月餅賣不出去，每盒月餅的超儲損失為：

第七章　獨立需求庫存管理

$C_O = C - S = 50 - 30 = 20$

當實際需求 $d > Q$ 時，將有機會損失，每盒月餅的機會損失為：

$C_U = P - C = 80 - 50 = 30$

當 $Q = 30$ 時，

$L(Q) = [20 \times (30-0) \times 0.05 + 20 \times (30-10) \times 0.15 + 20 \times (30-20) \times 0.20] + [30 \times (40-30) \times 0.2 + 30 \times (50-30) \times 0.15]$

$= 280$

同理，可算出當 Q 為其他數據時的期望損失。結果見表 7.2，使期望損失 $L(Q)$ 最小對應的 Q 即為最佳進貨數量。

表 7.2

訂貨量 Q	實際需求 d						期望損失 L(Q)
	0	10	20	30	40	50	
	P(d)						
	0.05	0.15	0.20	0.25	0.20	0.15	
0	0	300	600	900	1,200	1,500	855
10	200	0	300	600	900	1,200	580
20	400	200	0	300	600	900	380
30	600	400	200	0	300	600	280
40	800	-600	400	200	0	300	305
50	1,000	800	600	400	200	0	430

二、期望利潤最大法

期望利潤最大法就是比較不同訂貨量下的期望利潤。期望利潤最大的訂貨量即為最佳訂貨量。

設訂貨量為 Q 時的期望利潤為 $E(Q)$，則

$E(Q) = \sum_{d<Q}[C_U d - C_O(Q-d)]p(d) + \sum_{d \geq Q} C_U Q p(d)$

同例 3，設該店買進 Q 盒月餅，

當 $Q = 30$ 時，

$E(30) = [30 \times 0 - 20 \times (30-0)] \times 0.05 + [30 \times 10 - 20 \times (30-10)] \times 0.15 + [30 \times 20 - 20 \times (30-20)] \times 0.20 + 30 \times 30 \times 0.25 + 30 \times 30 \times 0.20 + 30 \times 30 \times 0.15$

$= 575$

同理，可算出當 Q 為其他數據時的期望利潤。結果見表 7.3，使期望利潤最大的 Q 即為最佳進貨數量。

表 7.3

訂貨量 Q	實際需求 d						期望利潤 $E(Q)$
	0	10	20	30	40	50	
	$P(d)$						
	0.05	0.15	0.20	0.25	0.20	0.15	
0	0	0	0	0	0	0	0
10	-200	300	300	300	300	300	275
20	-400	100	600	600	600	600	475
30	-600	-100	400	900	900	900	575
40	-800	-300	200	700	1,200	1,200	550
50	-1,000	-500	0	500	1,000	1,500	425

第五節　ABC 分析在庫存管理中的應用

無論對於製造業還是流通業，原則上經常保持一定的庫存是非常必要的，但庫存的種類與數目往往紛繁蕪雜，給管理帶來了很大的困難。庫存管理的無效不僅會帶來缺貨率高、補貨不及時、增加成本、資金積壓、庫存週轉不靈等後果外，嚴重的甚至會導致企業破產。但正如事物都有它的兩面性一樣，庫存也可以成為企業開發利潤的寶庫，關鍵在於我們能否抓住管理的重點。關於重點管理的方法很多，其中 ABC 分析法從其產生發展到今天，得到了世界範圍內的推廣與應用，就像日本著名學者水戶誠一先生所說的：「沒有一種計劃比 ABC 分析的重點管理更能迅速地產生效果，也不曾有一種方略比它更具有廣泛的適用層面。」

一、ABC 分析的產生

ABC 分析是從 ABC 曲線轉化而來的一種管理方法。ABC 曲線又稱帕累托（Pareto）曲線。義大利經濟學家 Villefredo Pareto 在 1879 年研究人口與收入的關係問題時，經過對一些統計資料的分析後提出了一個關於收入分配的法則：

社會財富的80%掌握在20%的人手中，而餘下的80%的人只佔有20%的財富。這種由少數人擁有最重要的事物而多數人擁有少量的重要事物的理論，已擴大並包含許多的情況，並被稱為Pareto原則（Pareto Principle），即所謂「關鍵的少數和次要的多數」的哲理，也就是我們平時所提到的80/20法則。如果將此情況通過以橫坐標為人口比例、縱坐標為收入比例的曲線加以描述，就得到如圖7.4所示的帕累托曲線。

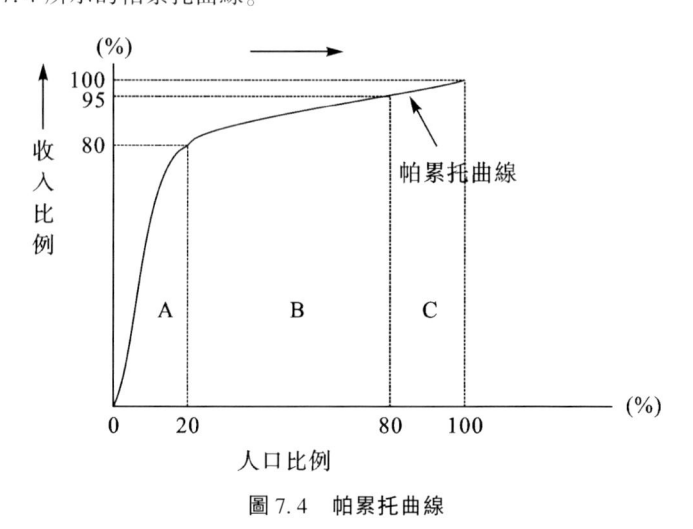

圖7.4　帕累托曲線

二、ABC分析的發展

隨著人類社會經濟的飛速發展，經濟研究活動也在不斷地深入之中，人們漸漸發現，帕累托原理不僅存在於社會財富的分配問題中，在經濟活動中的其他各個領域也具有普遍意義：如市場銷售中20%的主要顧客佔有80%的銷售量；成本分析中20%的部件耗用工廠成本的80%等。經過對大量事實的研究表明，只要某一經濟活動中的兩個相關因素的統計分佈符合ABC分析曲線的態勢，就可以依據這兩個因素將影響經濟活動的主要方面與次要方面相區分，從而抓住矛盾的主要方面，也就抓住瞭解決問題的關鍵。而在企業所需的大量物品中（或企業的庫存系統中），少數品種在總需用量中，或在總供給額中，或在庫存總量中，或在儲備資金總額中，占了很大的比重；而占品種項數比重很大的眾多項目，在相應的量值中所占的比重並不大。所以，可以對此同樣運用ABC分析，將企業所需的各種庫存物品，按其需用量的大小、物品的重要程度、資源短缺和採購的難易程度、單價的高低、占用儲備資金的多少等因素分為若干類，實施分類管理。最早在庫存管理中運用ABC分析的是美國通用

電氣公司的 H. F. Deckie。時至今日，ABC 分析所帶來的事半功倍的效果已經得到了企業界的公認。

三、ABC 分析在庫存管理中的實施

（一）實施準備階段

　1. 實施 ABC 分析的前提

　　（1）成本—效益原則。這是企業的各種活動所必須遵守的基本原則。也就是說，無論採用何種方法，只有其付出的成本能夠得到完全補償的情況下才可以施行。企業對庫存進行 ABC 分析同樣也適用這一原則。如果是一個規模很小、存貨少的企業，不用花費太多的人力、物力就可以把庫存管理好的話，就沒有必要興師動眾地進行分類管理，花費不必要的精力在上面；但對一個大中型企業，庫存品種上千甚至上萬種，其中又能分出主要、次要，實施 ABC 分析就顯得非常必要了。

　　（2）「最小最大」原則。本來庫存管理就是以「最小的成本求得最大效益」，而 ABC 分析更要貫徹這一原則。管理的本身並非重點，管理的效果才是最主要的。我們要在追求 ABC 分類管理的成本最小的同時，追求其效果的最優，這才是管理之本。

　　（3）適當原則。在施行 ABC 分析進行比率分割時，要注意企業自身境況，對企業的存貨劃分為 A 類、B 類、C 類並沒有一定的基準。比如，同樣是輪胎，在汽車配件廠可能是 B、C 類物品，而對於輪胎專營店則一定是 A 類物品。商業企業與生產企業分類時所使用的比率不同，商業企業、生產企業內部所使用的比率也不同。這就要求企業要對存貨情況進行翔實的統計分析，找出適合自己的劃分比率，才能紮實地做好 ABC 分析的準備工作，為以後進行分類管理打下一個堅實的基礎。

　2. 確定 ABC 分類的標準

　　這裡鑒於工業企業和商業企業存貨性質的不同，以及它們在流通階段中所處的位置不同，以下對這兩類企業如何設立 ABC 分類的標準分別進行說明。

　　（1）工業企業

　　①按項目所占庫存金額分類：分別計算存貨品種累積數目占品種總數的比例與其存貨金額累計數所占庫存總金額的比例。例如：存貨品種累積數約占品種總數的 5%～10%，而金額占庫存總金額的比例達到 70% 左右，設為 A 類；存貨品種累積數占品種總數的 20%～30%，而金額占庫存總金額的 20% 左右，設為 B 類；存貨品種累積數占品種總數的 60%～70%，而金額占庫存總金額

的15%以下，設為C類。

②按項目年消耗金額分類：分別計算每種物品年消耗金額占全部物品消耗總金額的比例，與各類物品品種數占全部品種數的比例。例如：品種數占全部品種數的比例為5%~15%，年消耗金額占年消耗總金額的比例為60%~80%的列為A類；品種數占全部品種數的比例為15%~25%，年消耗金額占年消耗總金額的比例為15%~25%的列為B類；品種數占全部品種數的比例為60%~80%，年消耗金額占年消耗總金額的比例僅為5%~15%的列為C類。

這兩種方法都適合於那些存貨單位比較統一或有統一計量規範（如建立SKU指標體系），便於計算品種數目的生產企業；如不具備這兩個條件中的任何一個，進行ABC分類有較大困難。

（2）商業企業

考察商業企業的主要指標是銷售額，因此在對商業企業庫存物品進行ABC分類時考慮的一個因素可設為銷售額，使用儲存品種與銷售額這兩個相關因素作為分類時的計算對象，這時也會出現上述方法中的統一單位的問題。目前中國超市業發展迅速，貨架使用面廣而且在逐步統一標準之中。所以在此建議一種較新的方法：按貨架陳列量與銷售額這兩個因素進行分類，分別計算陳列量與累積陳列量所占總陳列量的比例和銷售額與累積銷售額占總銷售額的比例。

例如，某超市銷售8種方便麵，根據以上方法列表計算如表7.4：

表7.4　　　　　　　　　ABC分析計算表　　　　　　　　單位：袋

品目名	銷售額	累積銷售額	比例(%)	陳列量	累積陳列量	比例(%)
a	61	61	61	27	27	27
b	15	76	76	25	52	52
c	8	84	84	16	68	68
d	6	90	90	13	81	81
e	3	93	93	11	92	92
f	3	96	96	2	94	94
g	2	98	98	3	97	97
h	2	100	100	3	100	100

依據ABC分析畫出曲線，見圖7.5。

圖 7.5　ABC 分析曲線

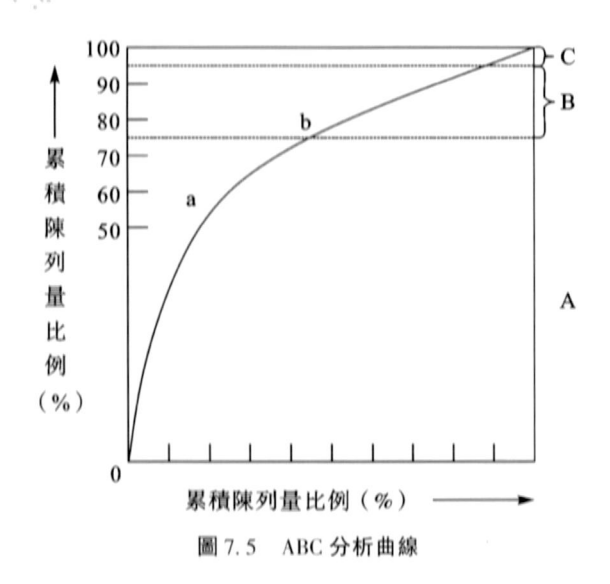

這樣，從圖 7.5 就可以看出，a、b 類屬於 A 類品目，c、d、e 類屬於 B 類品目，f、g、h 類則屬於 C 類品目。

但是我們同時也發現這種方法其實是品種、銷售額法的演化，它只適用於同一品種的 ABC 分類，如上例中的方便麵就可以統一按袋為計量單位進行計算。這樣雖便於把握一個品種中的重點項目，但不適用於整個商店的所有商品的 ABC 分類。我們不妨在目前所有商品單位還無法統一的情況下，把企業的重點品種選出來進行重點中的重點管理，採用這種方法進行 ABC 分類。

值得注意的是，以上我們所講到的 ABC 分類的標準是基於統計數字的，所謂 20% 或 80% 等並不是一個絕對值。而企業在實施 ABC 分析時，如何確定這個劃分界線，就需要結合自身的情況，依據適當原則選擇自己的標準，所以一定要注意我們前面提出的實施前提。

(二)　實施進行階段

1. ABC 分類的步驟

運用 ABC 分析，最基礎也是最麻煩的工作是對全部庫存物品的 ABC 分類。以上討論了關於分類標準的問題，接下來便談談分類的步驟、程序。

(1) 確定統計期。對庫存情況的統計調查，應該有一個期間，叫統計期。該期間應該確定在能反應當前和今後一段時間的供應銷售和儲存形勢，對於生產、經營情況較穩定的企業，可以採用稍長一點的統計期，如一季、一年；對於變動幅度較大、頻率較高的企業，尤其是零售業，可採用較短的統計期，如一旬、一月，並可針對部分銷售情況較穩定的商品來進行統計分析。

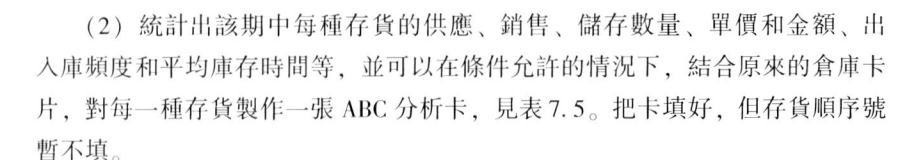

（2）統計出該期中每種存貨的供應、銷售、儲存數量、單價和金額、出入庫頻度和平均庫存時間等，並可以在條件允許的情況下，結合原來的倉庫卡片，對每一種存貨製作一張ABC分析卡，見表7.5。把卡填好，但存貨順序號暫不填。

表 7.5　　　　　　　　　　ABC 分析卡

（編號）	（名稱）	（規格）	（順序號）
單價	數量	單位	金額	在庫天數	週轉次數	估計貨損率

（3）將每種存貨的 ABC 分析卡，按金額大小順序排入，並將順序號填在分析卡上。

（4）製作各種存貨的 ABC 綜合分析表，見表 7.6。

表 7.6　　　　　　　　庫存物品 ABC 分析表

編號	名稱	品種數	品種數累計（%）	單價	平均庫存量	平均資金占用額(元)	平均資金占用額累計(%)	分類結果
1	2	3	4	5	6	7	8	9

（5）繪製 ABC 分析圖。以品種累計百分比為橫坐標，以平均資金占用累計百分比為縱坐標，按 ABC 分析表中第四欄和第八欄數據填在坐標圖上取點，並連接成曲線，繪製成 ABC 曲線圖；再按照企業自身規定的 ABC 分類比例把曲線分成兩段或三段。按每段中包括哪些品目來確定各種存貨的分類歸屬，填入表 7.6 中的第 9 欄。

通過以上的一系列措施就能把庫存物品較合理地分為 A、B、C 三類或重點與非重點。這裡要說明的一點是，把庫存分成幾類並不重要，關鍵是要便於今後的分類管理。

2. 針對不同品目的處理方法

進行完分類後，下面就要結合已有的庫存管理方法和各種庫存控制系統模型，來對不同品目採取不同的處理方法。見表 7.7。

表 7.7　　　　　　　　　　　ABC 分類管理表

分類 項目	A	B	C
價值	高	中	低
管理要點	將庫存壓縮到最低水準	庫存控制有時可嚴些有時可鬆些	集中大量訂貨，以較高庫存來節約訂貨費用
訂貨量	少	較多	多
訂購量計算方法	按經濟批量計算	按過去的記錄	按經驗估算
定額綜合程度	按品種或規格	按大類品種	按總金額
檢查庫存情況	經常檢查	一般檢查	季度或年度檢查
進出統計	詳細統計	一般統計	按金額統計
保險儲備量	低	較大	允許較高
控制程度	嚴格控制	一般控制	控制總金額
控制系統	連續型庫存觀測系統	綜合控制法或連續、定期法	定期型庫存觀測系統

3. 實施中應注意的問題

（1）不同企業由於其生產及經營特點和所需用的物品、銷售的商品範圍的不同，ABC 各類的構成也會不同，這就要求我們要從實際出發，視具體情況而定。

（2）ABC 的分類是人為的。對生產企業而言，物品的品種數及消耗定額數的比例關係也會隨生產結構的變化而改變。各生產企業可根據本單位的實際情況而分類，但對重點物品進行重點管理的原則是相同的。

（3）在存儲系統中採用 ABC 分析，主要是對資金施行重點管理，而不是指物品本身的重要程度。企業在生產過程中，即使缺少一個零件或者是一個小螺絲，生產也會發生中斷而造成嚴重的經濟損失。因此，從生產角度看，每一種物品都是非常重要的，決不能放鬆管理。在實際應用中，特別是對某些單價高或十分貴重的材料，不能籠統地定為 A 類物品，而應從占用資金總量來考慮。例如，某企業每年生產需用 10 兩黃金作為原料，因其占用資金總量不大，應劃分為 C 類物品，採購週期可以長一些，一年採購一次。而對某些消耗金額（或占用儲備資金）屬 C 類物品而資源短缺的關鍵用料，亦可列入 A 類，加強控制，積極組織貨源，重點加以管理，以保證生產需要。

(4) 在 ABC 分析中，一般會忽略 B、C 類品目的管理。這種情況尤其會發生在商業企業中，因為 B、C 類商品對銷售額所做的貢獻大大低於 A 類商品，所以甚至有人提出要去除 B、C 類商品。這一認識是錯誤的。因為有 B、C 類商品才能相對產生 A 類商品，所以它們有維持暢銷品、確保店內整體業績的功能。現在有一種「Z」商品觀念，就是把那些對業績完全沒有貢獻、業績為 0 的商品揀出來並定為「Z」類。據調查，不論哪家店鋪，這類商品大概都要占到全部商品的 10%～20% 的比例。這類商品放著還會逐漸繁殖增加，就像店鋪的癌細胞，侵蝕賣場的活力，所以務必要盡早發現並清除。但並不是說 Z 商品就要完全去除，有一些是為了政策上的需要，如為凸顯店鋪風格而導入一些觀賞性商品，就不能從賣場中剔除，而且還要陳列在顧客最容易看到的地方。

(5) 由於在進行 ABC 分類時是以一定的統計期為基礎的，所以在運用過程中如果發現物品使用情況比原來分類時發生較大變化時，應隨時調整，該升級的應及時升級，該降級的應及時降級。特別在零售業中，若以一個月為統計單位，A 組商品跌落到 B 組，而 B 組商品依序遞補為 A 組商品的情況時有發生，因此任何零售店都很難做到最佳的商品配置，需要不斷地進行調整。

【綜合案例分析】　　斯通家具公司案例

斯通家具公司是達森公司的老買主。一天，公司的王經理接到達森木器實業公司成都經銷商唐經理的一個電話：「老王，我們才收到汽車運輸公司的一份新價目表。它規定運量在 10 噸以上，運費從原來的每百千克 10 元降為 9 元，我想讓你們享受這份好處。按你們常訂的臥式家具計算，一套就能省 10 元的運費。不過這得每次訂 10 套而不是現在的每次 6 套，您看如何？」

王經理聽了唐經理的這番美意，當即回答道：「唐經理，你的主意很好，不過我得核算下成本才好做決策。假如我們每次訂 15 套還能再優惠些嗎？」唐經理一看要多訂貨也很高興，說道：「運輸公司恐怕不會再降價了。不過要是您能訂購 15 套，我們公司給你 2% 的價格優惠，一套便宜 12 元。你們研究下，我下星期和你聯繫。」

王經理放下電話，還是不清楚該怎麼辦。倉庫裡的空位剛好能放下 15 套臥式家具，但這一來就不能存放其他家具了，會引起機會成本。而且貸款利率最近一直在上升，增加的庫存占用的資金不少。他打算結合下表有關資料研究這個問題。

項目	數據	備註
銷售價格	1,000 元/套	
單套成本	600 元/套	未計運輸成本
平均年銷售量	60 套	
訂購成本	40 元/次	包括辦理訂貨以及到貨後的驗收入庫等費用
年保管費率	30%	包括資金成本 20%、保險金 3%、倉庫使用費 5% 和庫存損耗 2%
保險儲備量	2 套	
每套重量	1,000 千克	
訂購提前期	4 週	

討論題

你認為王經理應當做出什麼樣的決策？你在分析上述問題中依據了什麼假設和理由？

課後習題

1. 什麼是庫存？怎樣認識庫存的作用？
2. 不同種類的庫存問題各有什麼特點？
3. 在庫存問題中，主要涉及哪些費用？
4. 經濟訂貨批量模型有哪些假設條件？它如何在生產實際中應用？

第八章　營運計劃體系

本章關鍵詞

綜合計劃（Aggregate Planning，AP）
長期計劃（Long-term Planning）
中期計劃（Mid-term Planning）
短期計劃（Short-term Planning）
調整供給（Adjustment of Supply）
調節需求（Adjustment of Demand）
收益管理（Revenue Management）
主生產計劃（Master Production Schedule，MPS）
可簽約量（Available To Promise，ATP）
時界（Time Fence）
物料需求計劃（Material Requirement Planning，MRP）

【開篇案例】　如何確定最優化生產計劃

　　HK 公司是一家由上市公司「中儲股份」控股的國家高新技術企業，現有資產 3,000 多萬元，員工 200 多人，其中擁有大專以上學歷者超過 70%，主要從事稱重、計量、包裝、自動控制等方面的產品開發和生產製造，是雄厚資金和高新技術的有機結合體。現有的主導產品是無線傳輸式電子吊鉤秤。

　　20 世紀 80 年代國內第一臺替代進口產品的電子吊秤誕生於公司的前身——Z 廠，並且受國家技術監督局之托，起草了電子吊秤國家標準。公司擁有國內規模最大、檢測及生產設備最完善的吊秤生產基地。中國衡器協會歷年統計數字表明，ORS 系列產品國內市場佔有率一直高於 50%，市場總量已達 8,000 餘臺。公司立足於生產國家專利產品 ORS 系列電容式電子吊秤，現已發展成為專業生產研究現代計量、測力、電子稱重、自動化包裝、自動化控制等機電一體化高科技產品的現代化高新技術企業。

根據公司組織機構的劃分，由生產部負責對整個公司的產品生產進行規劃。一般的流程為：每月的25號，生產部程經理根據下月銷售預測和庫存情況制訂下月生產計劃，屬於典型的以銷定產。但是最近公司引入了全面預算管理的制度，要求每個部門都要以實現公司利潤最大化為工作目標，生產部作為公司的利潤中心，實行預算管理勢在必行。因此，如何合理安排生產計劃，實現利潤最大化成了程經理面臨的新問題。

公司現有ORS吊秤、OCS吊秤和直顯式吊秤三種主要產品，每臺最終產品包括秤體和儀表各一臺，秤體和儀表是分開入庫的。吊秤和儀表是互相通用的，其區別就在於秤體的不同。儀表生產全部由儀表車間完成，秤體的生產則分為零部件生產和裝配兩個步驟，分別由機加工車間和裝配車間完成。由於機加工車間目前生產能力所限，不能滿足全部套件生產，因此部分採用外包形式完成。因為自己生產套件的成本低於外包，公司也曾考慮要把外包零活收回，但這需要在廠房、設備上投資很大，故一直沒有實行。原則上要盡可能地利用機加工車間現有的加工能力。

今天已經到了24號，明天就要拿出下月的生產計劃了，程經理面對擺在桌上的一些報表正在苦思冥想：要怎樣制訂出最優的生產計劃才能滿足公司提出的利潤最大化目標呢？

案例來源：http://www.wenzhouglasses.com/html/news/346378.html。

討論題

1. 什麼是綜合生產計劃？
2. 如何制訂綜合生產計劃？
3. HK公司如何確定最優化生產計劃？

第一節　營運計劃體系概述

計劃是管理的首要職能，是企業成功營運的關鍵，它滲透於企業各個組織層次的管理活動中。沒有計劃，企業內一切活動都會陷入混亂。本章將從營運計劃體系入手，闡述有關綜合計劃和主生產計劃的問題。

一、營運計劃的類型

(一) 長期計劃、中期計劃和短期計劃

一般來說，企業的營運計劃按照其時間跨度，可以分為長期計劃、中期計劃和短期計劃。

（1）長期計劃。長期計劃是企業戰略計劃的重要組成部分，是由企業最高決策層制訂的計劃，計劃期一般為 3～5 年。它是根據企業經營發展戰略的要求，對有關產品發展方向、生產發展規模、技術發展水準、生產能力水準、新設施的建造和生產組織結構的改革等方面所做出的規劃與決策。

（2）中期計劃。中期計劃又稱為年度生產計劃，是由企業中層管理部門制訂的計劃。它是根據企業的經營目標、利潤計劃、銷售計劃的要求，確定在現有條件下在計劃年度內實現的生產目標，如品種、產量、質量、產值、利潤、交貨期等。具體表現為綜合計劃、主生產計劃、物料需求計劃。中期計劃具有銜接長期計劃和短期計劃的作用。

（3）短期計劃。短期計劃是年度計劃的繼續和具體化，是由執行部門編製的作業計劃，確定日常生產營運活動的具體安排，包括任務分配、負荷平衡、作業排序、進度控制等。

(二) 戰略計劃、戰術計劃和作業計劃

企業的營運計劃按照營運計劃對企業營運活動的影響範圍和影響程度，可以分為戰略計劃、戰術計劃和作業計劃。

（1）戰略計劃。戰略計劃是指應用於整個組織，為組織設立總體目標和尋求組織在環境中的地位的計劃。戰略計劃一般由組織的高層管理人員來制訂。

（2）戰術計劃。戰術計劃是為實現戰略計劃而採取的手段，比戰略計劃具有更大的靈活性。戰術計劃一般由中層管理人員制訂。

（3）作業計劃。作業計劃是指規定總體目標如何實現的細節的計劃，是根據戰略計劃和策略計劃而制訂的執行性計劃。作業計劃一般由低層管理人員制訂。

三個層次的計劃有不同的特點，如表 8.1 所示。從表 8.1 可以看出，從戰略層到作業層，計劃期越來越短，計劃的時間單位越來越細，覆蓋的空間範圍越來越小，計劃內容越來越詳細，計劃中的不確定性越來越小。

表 8.1 不同層次計劃的特點

	戰略層計劃	戰術層計劃	作業層計劃
計劃期	長（≥5 年）	中（一年）	短（月、旬、週）
計劃的時間單位	粗（年）	中（月、季）	細（工作日、班次、小時、分）
空間範圍	企業、公司	工廠	車間、工段、班組
詳細程度	高度綜合	綜合	詳細
不確定性	高	中	低
管理層次	企業高層領導	中層、部門領導	低層、車間領導
特點	涉及資源獲取	資源利用	日常活動處理

二、營運計劃體系

圖 8.1 為營運計劃體系簡圖。從圖 8.1 中可以看出綜合計劃和主生產計劃相對於其他主要營運計劃活動的地位。

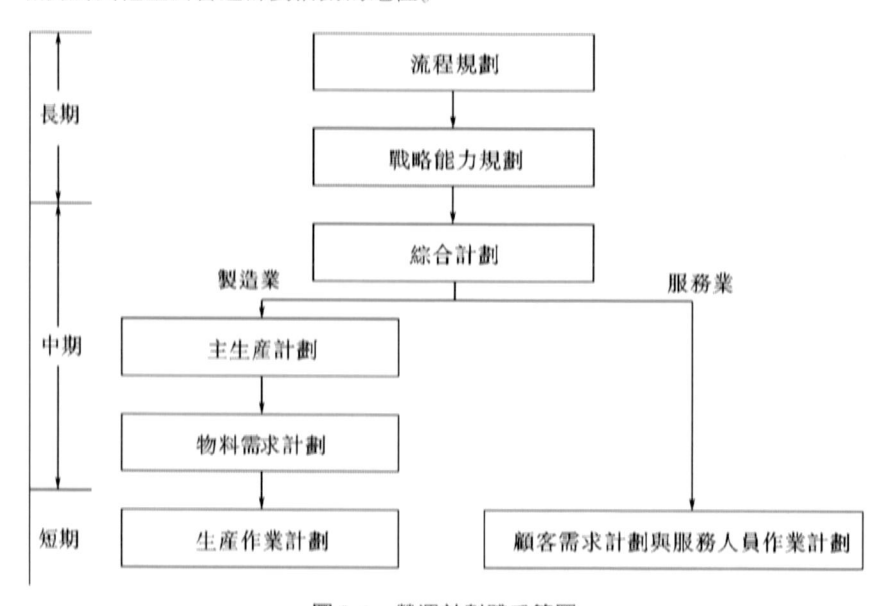

圖 8.1 營運計劃體系簡圖

其中，流程規劃（Process Planning）是處理某種產品或提供某種服務所需的特定技術和程序。戰略能力規劃（Strategic Capacity Planning）則是確定生產系統的長期能力（如大小、範圍）。綜合計劃（Aggregate Planning）對於服務

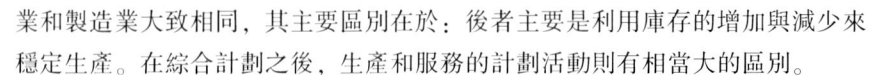

業和製造業大致相同，其主要區別在於：後者主要是利用庫存的增加與減少來穩定生產。在綜合計劃之後，生產和服務的計劃活動則有相當大的區別。

在製造業中，計劃活動可以歸納如下：生產控制組織將已有的或預測的訂貨編入主生產計劃（Master Production Schedule，MPS）。MPS 確定每次所需的產品數量和交貨時間。粗能力計劃（Rough-cut Capacity Planning）用來檢查當前的生產、倉庫設施、機器設備、勞動力等能力，核實主要的供應商是否安排好了足夠的生產能力以確保在需要時提供充足原料。物料需求計劃（Material Requirements Planning，MRP）從主生產計劃中得到最終產品的需求量，將它們分解到零件和部裝件，並制訂出物料計劃。這個計劃規定了每個零件和部裝件的生產與訂購時間，以確保按計劃完成產品。大部分 MRP 計劃將生產能力分配到各個批次。最終計劃則是每臺機器、生產線或工作中心每天或每週的訂購計劃和作業計劃。

在服務業中，一旦服務人員的數量確定了，工作的重點就落到了每週或每天以小時為單位的勞動力與顧客計劃上。勞動力計劃是計劃顧客能獲得的服務小時數、相關時間段內某一時間能得到的特殊服務技能。許多服務工作有特定的時間和法律的限制，這些限制影響著計劃的制訂，而典型的製造行業則沒有這些限制。飛機機組人員就是一個很好的例子，他們的計劃比生產人員要複雜得多。顧客需求計劃則處理顧客指定或預定的服務並當他們到達時為他們安排接受服務的先後順序。當然，這其中有正式的預訂系統，也有簡單的簽約單。

第二節　綜合計劃概述

一、綜合計劃的概念

在整個營運計劃體系中，綜合計劃作為中期戰術計劃，是銜接長期戰略計劃和短期作業計劃的紐帶。綜合計劃是企業根據市場需求和資源條件對未來較長一段時間內產出量、人力規模和庫存水準等問題所做出的決策、規劃和初步安排。綜合生產計劃一般是按年度來編製的，所以又叫年度生產計劃。但有些生產週期較長的產品，如重型機械、大型船舶等，可能是兩年、三年或更長時間。

綜合計劃決策的焦點是如何有效利用企業所擁有的資源能力，最大限度地滿足產品系列（產品門類）的預期需求，而不是每個具體產品的預期需求。至於每個具體產品在每一個具體時間段內的需求則是由主生產計劃來確定如何

滿足。如表 8.2 所示的某家電企業的綜合計劃，表中給出了未來 6 個月「王子系列」冰箱和「統帥系列」冰箱的產出量，而實際上這兩種系列的冰箱都是由不同型號的冰箱構成的。

表 8.2　　　　　　　　　　綜合計劃示例

月　　份	1月	2月	3月	4月	5月	6月
「王子系列」冰箱產出量(臺)	600	650	620	630	640	650
「統帥系列」冰箱產出量(臺)	……	……	……	……	……	……

二、綜合計劃的主要目標

綜合計劃的主要目標是如何充分利用企業的生產能力及生產資源，滿足用戶要求和市場需求，同時使生產負荷盡量均衡穩定，控制庫存的合理水準並使總生產成本盡可能低。這些目標可概括如下：

（1）成本最小或利潤最大。

（2）最大限度地滿足顧客要求。

（3）最小的庫存費用。

（4）生產速率的穩定性。

（5）人員水準變動最小。

（6）設施、設備的充分利用。

很明顯，這些目標之間既有一致性又存在某種相悖的特性。例如，當可以通過增加庫存來最大限度滿足顧客的需求，做到按時交貨、快速交貨，但這會使庫存增大、成本增加。當產品和服務出現較大的非均勻需求時，很難做到均衡生產和保持人員穩定。在需求量減少時解雇工人，需求增加時就多雇工人，就會帶來工人隊伍的不穩定性，會引起產品質量下降，造成一系列管理問題。這些都可能使成本上升、利潤下降。因此，綜合計劃制訂過程中必須妥善處理好各種目標之間的矛盾，選擇適當的策略加以解決。

三、綜合計劃的任務

綜合計劃的任務是對計劃期內的應當生產的產品品種、產量、質量、產值和出產期等指標做出總體安排。

（一）品種指標

產品品種是企業在計劃期出產的產品品名、規格、型號和種類數，確定品種指標是解決「生產什麼」的決策。品種指標反應企業的服務方向和企業的

發展水準。

(二) 產量指標

產品產量指標是企業在計劃期內應當生產的符合產品質量標準的實物數量或提供的服務數量，確定產量指標是解決「生產多少」的決策。產量指標反應企業向社會提供的使用價值的數量和企業的生產能力水準。

(三) 質量指標

產品質量指標是企業在計劃期內產品質量應當達到的質量標準和水準。質量指標通常包含兩個方面的內容：一是產品的技術標準或質量要求，二是產品生產的工作標準。工作標準一般用綜合性的質量指標來表示，如合格品率、一等品率、優質品率、廢品率等。質量指標反應企業產品滿足用戶需要的程度、企業的生產技術水準。

(四) 產值指標

產值指標就是用貨幣表示的產量指標。它綜合體現企業在計劃期內生產活動的總成果，反應一定時期內不同企業以及同一企業在不同時期的生產規模、生產水準和增長速度。產值指標按其包含的內容不同，又分為總產值、商品產值和淨產值。

(五) 出產期

產品出產期是指為了保證按期交貨確定的產品出產日期。產品出產期是確定生產進度計劃的重要條件，也是編製主生產計劃、物料需求計劃、生產作業計劃的依據。

對於備貨型生產企業來講，由於生產的產品是按已有的標準產品或產品系列生產，對產品的需求可以預測，產品價格事先是知道的，顧客一般直接從成品庫提貨，因此編製綜合生產計劃的核心是確定品種與產量，有了品種與產量就可以計算產值。但對於訂貨型生產企業而言，由於是按用戶要求生產，可能是變型產品或是無標準產品，用戶可能對產品提出各種各樣的要求，這就需要通過協議與合同方式對產品性能、質量、數量、交貨期等進行確認，然後才能組織設計和製造，因此綜合生產計劃的核心是品種、數量、價格和交貨期，即確定品種、數量和價格訂貨決策與出產進度安排尤為重要。

四、綜合計劃的制訂

正如「綜合」這個詞語所表示的，一項綜合計劃意味著將各種相適合的資源連成一體，給定需求預測、設備生產能力、總的庫存水準、勞動力數量以及相關投入。部門經理必須選定以後 3～18 個月的設備產出率。在制訂綜合計

劃時，部門經理必須回答的幾個問題是：

（1）需求的變化是通過勞動力數量的變化來平衡的嗎？

（2）是否通過轉包方式來維持需求增長時的勞動力的穩定？

（3）需求變動是通過聘用非全日制雇員或採取超時或減時工作來平衡的嗎？

（4）是否改變價格或其他政策來影響需求嗎？

（5）庫存是用於平衡計劃期內需求的變化嗎？

這些問題有利於管理層制訂有效的綜合計劃。綜合計劃有許多重要的信息需求：首先，計劃者必須瞭解計劃期間的可利用資源；其次，必須要對預期需求進行預測；最後，計劃者務必要重視有關雇傭水準改變的政策法規（比如說，中國勞動法對工人的加班有嚴格的規定）。

綜合計劃是大型生產計劃系統的一部分。因此，有必要瞭解計劃與各個內外部因素之間的聯結點。部門經理不僅從市場部門的需求預測中獲取信息，而且他還要處理財務數據、員工、生產能力以及原材料的獲得量等資料。如表8.3所示，制訂綜合計劃需要企業多個部門的信息支持。

表8.3　　　　　制訂綜合計劃所需的主要信息及其來源

所需信息	信息來源
新產品開發情況 主要產品和工藝改變（對投入資源的影響） 工作標準（人員標準和設備標準）	技術部門
成本數據 企業的財務狀況	財務部門
勞動力市場狀況 現有人力情況 培訓能力	人事管理部門
現有設備能力 勞動生產率 現有人員水準 新設備計劃	製造（生產）部門
市場需求預測 經濟形勢 競爭對手狀況	市場行銷部門
原材料供應情況 現有庫存水準 供應商、承包商的能力 倉儲能力	物料管理部門

以生產廠商為例，聯想集團生產各種類型的數碼產品包括：
（1）臺式電腦。
（2）筆記本電腦。
（3）數碼相機。
（4）掌上電腦。
（5）服務器。
（6）電腦外接設備。

通過綜合計劃，聯想集團可以在其各個產品需求預測的基礎上，綜合考慮各個產品今後 3～18 個月的產出量並安排其相應的生產計劃。

綜合計劃的制訂程序主要可分為四個步驟，如圖 8.2 所示。

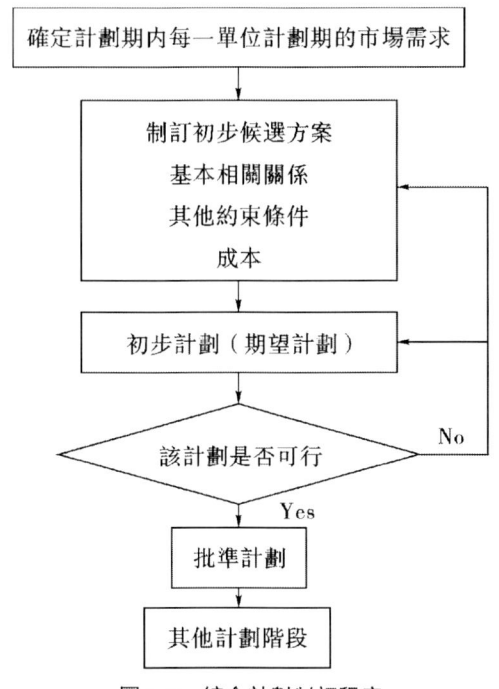

圖 8.2　綜合計劃制訂程序

步驟一：確定計劃期內每一單位計劃期的市場需求。
步驟二：制訂初步候選方案。
（1）確定各期生產能力（正常時間、加班時間和轉包合同）。
（2）明確相關公司或部門政策（如保持占需求 5% 的安全庫存，保持穩定合理的勞動力水準等）。

（3）為正常時間、加班時間、轉包合同、持有存貨、延遲交貨等確定單位成本和其他相關成本。

（4）規劃可供選擇的計劃，並計算出各自成本。

步驟三：制訂可行的綜合計劃。

如果出現滿意的計劃，選擇其中能滿足目標的計劃。

步驟四：批准綜合計劃。

第三節　綜合計劃策略

綜合計劃的策略選擇與預期需求的數量和時間有關。如果計劃期間的預期需求總量和同一期間的可利用生產能力差別很大，計劃者的主要工作內容就是改變生產能力或需求，或同時改變兩者，盡力達到平衡。同時，即使生產能力和需求與總體計劃水準相符，計劃者仍然可能面臨處理計劃期間非均勻需求的問題。預期需求有時會超過，有時會達不到計劃生產能力，有時兩者相等。綜合計劃制訂者的目的是使整個計劃期間的需求和生產能力達到大致的平衡。一般來說，雖然成本不是唯一的考慮因素，但計劃者還是要努力使生產計劃的成本最小。

一、綜合計劃的成本

綜合計劃有四種相關成本。它們與生產成本本身有關，與庫存和未完成訂貨的成本也有關。具體包括：

（1）基本生產成本。它是計劃時期內生產某種產品的固定成本和變動成本，包括直接勞動力成本和間接勞動力成本、正常工資和加班工資。

（2）與生產率相關的成本。這一類成本裡典型的是與雇傭、培訓以及解雇人員相關的成本。雇傭臨時工是一種避免這種成本的好辦法。

（3）庫存成本。庫存占用資金的成本是其中一個主要組成部分。其他組成部分包括存儲費用、保險費、稅收、損壞與折舊造成的費用等。

（4）延期交貨成本。通常這一類成本很難計算，它包括由於延期交貨引起的趕工生產成本、企業信譽喪失、銷售收入下降等成本。

下面，我們將詳細考察八種策略選擇。前五種為調整供給策略，因其不改變需求而試圖調整企業的生產能力。後三種稱為調節需求策略，即公司通過影響需求模式以消除其在計劃期內的波動。

二、調整供給策略

調整供給策略是根據市場需求制訂相應的綜合計劃，即將預測的市場需求視為給定條件，而從企業供給方面尋求滿足預測的市場需求的解決方案，通過有效地調整企業的生產能力，使得企業能夠穩妥地應變市場需求的波動。企業可以利用的生產能力（供給）選擇有以下幾種：

(一) 改變庫存水準

改變庫存水準就是通過調整庫存來調節生產，而維持生產率和工人數量不變。經理可以在低需求時期增加庫存水準，以滿足將來某時期的高需求。如圖8.3所示，當需求不足時，生產率不變，庫存就會上升。當需求過大時，將消耗庫存來滿足需要，庫存就會減少。這種策略不必按最高生產負荷配備生產能力，節約了固定資產投資，是處理非均勻需求常用的策略。成品庫存的作用好比水庫，可以蓄水和供水，既防旱又防澇，保證水位正常。但是，通過改變庫存水準來適應市場的波動，增加了有關庫存、保險、管理、過期、丟失及資本占用等費用（每年這些成本可能占到一件產品價值的 15%～50%）；同時，庫存也破壞了生產的準時性。對純勞務性生產，不能採用這種策略。純勞務性生產只能通過價格折扣等方式來轉移需求，使負荷高峰比較平緩。

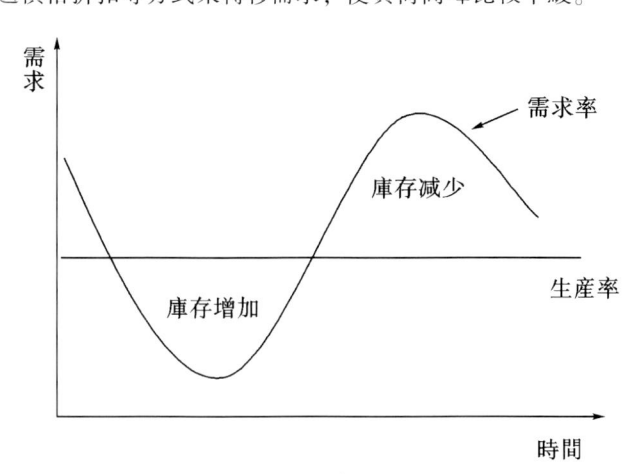

圖8.3　改變庫存水準適應需求的波動

(二) 通過新聘或暫時解聘來改變勞動力的數量

滿足需求的一種方式是新聘或解聘一批工人以使生產率保持一致。但一般新的雇員需要培訓，當他們進入公司時，平均產量有一段時間會下降。當然，暫時解聘或解雇工人會有損於工人的工作時期，因而也會導致生產率的下降和

一系列管理問題。對技術要求高的工種一般不能採取這種策略，因為技術工人不是隨時可以雇到的。

(三) 通過超時工作或減時工作來改變生產率

經理可以改變工作時數來適應需求的變動。當需求有較大的上升時，要增加工人工作時數以提高產出。當然，這裡超時多少有一個極限問題。超時工作報酬會更高，而且太多的超時工作會降低包括正常工作時間在內所有工作的平均產出。超時工作也意味著機器運轉時間過長。但當需求呈下降趨勢時，公司要酌減工人的工作時數——這通常是很難辦到的。

(四) 轉包

公司可通過轉包一部分工作出去以應付高峰需求時期。轉包具有以下局限性：一是需花費一定的成本；二是承擔一部分顧客轉而跑到競爭對手那邊從而失去客戶的風險；三是很難找到理想的承包者，保證能按時按質地提供產品。

(五) 使用非全日制雇員

非全日制雇員可以滿足對非技術雇員的需求（特別是在服務業部門）。聘用非全日制雇員方式在超級市場、零售商場以及餐館裡經常使用。

三、調節需求策略

調節需求策略的基本思路是主動出擊，通過調節需求模式，影響和平緩企業的市場需求，以此來尋求能夠有效地、低成本地滿足需求的解決方案。基本的需求選擇方式有以下幾種：

(一) 影響需求

當需求不景氣時，公司可通過廣告、促銷、個人推銷以及削價的方式來刺激需求。例如，航空公司長期提供週末折價以及淡季降價服務，電話公司夜間服務價低，電風扇在冬季買最便宜等。當然，通過廣告、促銷、推銷等手段並不總是能保持產品供求平衡。

(二) 高峰需求時期的延遲交貨

所謂延遲交貨是指顧客向公司（廠家）訂購商品或某項服務而商家當時不能實現（有意或偶然），等待未來某時間兌現的買賣方式。延遲交貨僅當顧客情願等待且不減少其效用或不取消其訂貨的條件下才能成立。例如，一些汽車經銷商經常採用延遲交貨銷售方式。但這種方式在某些消費品買賣上行不通。

(三) 不同季節產品混合

許多廠商設法製造集中在不同季節銷售的產品，如一些公司生產除草機和掃雪機；一些商店在夏秋兩季銷售冷飲，在冬春兩季銷售麻辣燙。許多採取這種方法進行營運的服務企業和生產企業發現其服務或產品超出了其專長或經營領域。

四、綜合計劃技術

一些企業沒有正式的綜合計劃制訂步驟，它們年復一年地使用統一計劃，只是根據新的需求適當做一些調整。這種方法不能提供一定的彈性，一旦原始計劃不是最佳的，則整個生產過程只能固定在相對較低的水準上。

企業一般採用試算法來制訂綜合計劃。試算法通過計算不同生產計劃的成本，並選擇最佳方案。電子表格軟件有助於這一計劃的制訂進程。精確的方法如線性規劃法經常在電子表格中運用。

（一）試算法

試算法可能是在管理實踐中應用最廣的方法。面對複雜的管理對象，人們很難找到優化的方法來處理，於是通過直覺和經驗得出一種方法。將這種方法用於實踐，取得經驗，發現問題，對方法做出改進，再用於實踐……如此循環反覆。雖然不一定能得到最優解，但是一定可以得到可行的且令人滿意的結果。在制訂綜合計劃中，也可以採用試算法。下面以一個例子來說明如何應用試算法。

假設我們要為 CA&J 公司制訂 6 個月的綜合計劃。已知信息見表 8.4。

表 8.4　　　　CA&J 公司有關綜合計劃的基本信息

	1月	2月	3月	4月	5月	6月	總計
需求預測(件)	1,800	1,500	1,100	900	1,100	1,600	8,000
工作天數(天)	22	19	21	21	22	20	125
成本							
材料成本				100 美元/件			
庫存成本				1.50 美元/件·月			
缺貨成本				5 美元/件·月			
外包邊際成本				20 美元/件·月（120 美元的外包費用－100 美元的材料成本）			
招聘與培訓成本				200 美元/人			
解聘費用				250 美元/人			
單位產品加工時間				5 小時/件			
正常人工成本（每天 8 小時）				4 美元/小時			
加班人工成本（1.5 倍正常人工費用）				6 美元/小時			
庫存							
期初庫存				400 件			
安全庫存				月需求預測量的 25%			

解決這個問題的時候，我們可以不考慮材料成本。我們可能在所有計算中都考慮了這 100 美元的成本，但是如果每一件產品都有這 100 美元的成本，我們就只需考慮邊際成本。雖然外包費用是 120 美元，但我們因此節約了材料，所以外包的實際費用為 20 美元。

應該注意的是，許多費用的表達形式與會計記帳形式不一樣。因此不要指望能夠直接從會計記帳中得到所有成本，而應該從管理人員那裡間接獲取，他們能夠幫助解釋這些數據。

第一階段期初庫存是 400 件。因為需求預測是有誤差的，CA&J 公司決定建立安全庫存（緩衝庫存）來減少缺貨的可能性。本例中，假設安全庫存是預測需求量的 1/4。

在研究備選的生產計劃之前，通常把預測需求量轉化為生產需求量，生產需求量包括了估計的安全庫存。注意，在表 8.5 中，這些生產需求量表明安全庫存從未真正使用過，因此每月的期末庫存等於該月的安全庫存。例如，1 月的安全庫存 450（件）（1 月需求預測 1,800 的 1/4）成為了 1 月的期末庫存。1 月的生產需求量是預測需求量加上安全庫存再減去期初庫存（1,800 + 450 − 400 = 1,850）。

表 8.5　　　　　　　　　　綜合計劃需要的數據　　　　　　　　單位：件

	1月	2月	3月	4月	5月	6月
期初庫存	400	450	375	275	225	275
需求預測	1,800	1,500	1,100	900	1,100	1,600
安全庫存（0.25 × 預測需求量）	450	375	275	225	275	400
生產需求量（預測需求量 + 安全庫存 − 期初庫存）	1,850	1,425	1,000	850	1,150	1,725
期末庫存（期初庫存 + 生產需求量 − 預測需求量）	450	375	275	225	275	400

現在我們為 CA&J 公司分析不同的綜合計劃，找出不同方案下最低成本的一種。

計劃 1：改變工人人數，每天固定工作 8 小時，使生產出來的產品數量恰好與產品需求一致。該計劃的成本計算見表 8.6。

表 8.6　　　綜合計劃 1（滿足生產需求量；變動工人人數）

	1 月	2 月	3 月	4 月	5 月	6 月	總和
生產需求量（根據表 8.5）	1,850	1,425	1,000	850	1,150	1,725	
所需生產時間（生產需求量×5 小時/件）	9,250	7,125	5,000	4,250	5,750	8,625	
每月工作天數	22	19	21	21	22	20	
每人每月工時（工作天數×8 小時/天）	176	152	168	168	176	160	
所需人數（生產時間÷每人每月工時）	53	47	30	25	33	54	
新增工人數（假設期初工人數等於 1 月的 53 人）	0	0	0	0	8	21	
招聘費（新增工人數×200 美元）	0	0	0	0	1,600	4,200	5,800
解聘人數	0	6	17	5	0	0	
解聘費（解聘人數×250 美元）	0	1,500	4,250	1,250	0	0	7,000
正常人工成本（所需工作時間×4 美元）	37,000	28,500	20,000	17,000	23,000	34,500	160,000
						總成本：	172,800

計劃 2：維持固定的工人數，按未來 6 個月的平均需求進行生產。固定的工人數是通過計劃期內平均每天所需個人數量計算得出的。把總需求數量乘以單位產品所需的工時，然後除以一個人計劃期內總的生產時間，即（8,000 件×5 小時/件）÷（125 天×8 小時/天）＝40（工人數）。允許存貨累積，缺貨通過延期交貨用下個月的生產量補足。期初存貨量不足，表明需求需要延期交貨。在某些情況下，如果需求得不到滿足，訂貨可能被取消。缺貨的損失通過本期期末存貨量為負和下期期初存貨量為零表現出來。注意，在這個計劃中，我們在 1 月、2 月、3 月和 6 月使用了安全庫存來滿足預計需求量。該計劃的成本計算見表 8.7。

表 8.7　　　綜合計劃 2（固定工人人數；變動的庫存與缺貨）

	1 月	2 月	3 月	4 月	5 月	6 月	總和
期初庫存	400	8	-276	-32	412	720	

表8.7(續)

	1月	2月	3月	4月	5月	6月	總和
每月工作天數	22	19	21	21	22	20	
可用生產時間 (工作天數×8小時/天×40人)	7,040	6,080	6,720	6,720	7,040	6,400	
實際生產量 (實際生產時間÷5小時/件)	1,408	1,216	1,344	1,344	1,408	1,280	
需求預測量（根據表8.5）	1,800	1,500	1,100	900	1,100	1,600	
期末庫存 (期初庫存+實際產量－需求預測量)	8	－276	－32	412	720	400	
缺貨損失（缺貨件數×5美元）	0	1,380	160	0	0	0	1,540
安全庫存（根據表8.5）	450	375	275	225	275	400	
多餘庫存（期末庫存－安全庫存）	0	0	0	187	445	0	
庫存費用（多餘庫存×1.5美元）	0	0	0	281	688	0	948
正常人工成本 (所需工作時間×4美元)	28,160	24,320	26,880	26,880	28,160	25,600	160,000
						總成本：	162,488

計劃3：用固定的工人數在正常的時間內生產最小預測需求（4月份）。用外包的方式滿足其他生產需求量。固定工人數的計算是確定那個最小的月需求量並決定該月需要的工人數，即（850件×5小時/件）÷（21天×8小時/天）=25工人數，再把每月生產需求量與生產量的差額外包出去。該計劃的成本計算見表8.8。

表8.8　　　綜合計劃3（固定下限工人數；外包）

	1月	2月	3月	4月	5月	6月	總和
生產需求量（根據表8.5）	1,850	1,425	1,000	850	1,150	1,725	
每月工作天數	22	19	21	21	22	20	

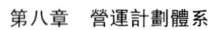

表8.8(續)

	1月	2月	3月	4月	5月	6月	總和
可用生產時間 (工作天數×8小時/天×25人)	4,400	3,800	4,200	4,200	4,400	4,000	
實際生產量 (實際生產時間÷5小時/件)	880	760	840	840	880	800	
外包件數(生產需求量－實際產量)	970	665	160	10	270	925	
外包成本(外包件數×20美元)	19,400	13,300	3,200	200	5,400	18,500	60,000
正常人工成本 (所需工作時間×4美元)	17,600	15,200	16,800	16,800	17,600	16,000	100,000
						總成本:	160,000

計劃4：在前兩個月用固定的工人數在正常的生產時間進行生產。用加班的方式滿足其他生產需求量。對於這個計劃，工人數是很難計算出來的，但目標是在6月底時使期末庫存盡可能接近6月的安全庫存。經過反覆的計算，確信38個工人是最合適的。該計劃的成本計算見表8.9。

表8.9　　　　　　綜合計劃4(固定工人人數；加班)

	1月	2月	3月	4月	5月	6月	總和
期初庫存	400	0	0	177	554	792	
每月工作天數	22	19	21	21	22	20	
可用生產時間 (工作天數×8小時/天×38人)	6,688	5,776	6,384	6,384	6,688	6,080	
固定生產量 (可用生產時間÷5小時/件)	1,338	1,155	1,277	1,277	1,338	1,216	
需求預測量(根據表8.5)	1,800	1,500	1,100	900	1,100	1,600	
加班前庫存量 (期初庫存＋固定產量－需求預測量)	－62	－345	177	554	792	408	
加班生產件數	62	345	0	0	0	0	

表8.9（續）

	1月	2月	3月	4月	5月	6月	總和
加班成本 （加班件數×5小時/件×6美元/小時）	1,860	10,350	0	0	0	0	12,210
安全庫存（根據表8.5）	450	375	275	225	275	400	
（正數）多餘庫存 （加班前庫存－安全庫存）	0	0	0	329	517	8	
庫存費用（多餘庫存×1.5美元）	0	0	0	494	776	12	1,281
正常人工成本 （所需工作時間×4美元）	26,750	23,104	25,536	25,536	26,752	24,320	152,000
						總成本：	165,491

　　最後，比較各計劃的成本。從以上四個表可以看出，在四種綜合計劃方案中，採用外包方式的總成本最低（計劃3）。

　　注意，在本例中，我們還做了一個假設：這個計劃能以任何工人數目開始運行，而不會發生雇傭或解雇成本。因為綜合計劃是在現有工作人員的基礎上做出的。我們可以用這種方式開始制訂計劃。然而在實際應用中，現有員工可以在公司內部各部門流動，這也許會使假設條件發生變化。

　　這四個計劃都著重考慮一種成本，都是單一策略。顯然，還有其他可行方案，如使用工人人數變動、加班以及外包的組合等。

　　記住，試算法並不能保證得到成本最小的方案。

（二）線性規劃法

　　線性規劃法是在環境條件已定、滿足規定約束條件下，尋求目標函數的最大值（或最小值），以求取最優方案的方法。這種方法的步驟是：首先確定一個目標函數，如利潤、產值、產量等；其次建立為實現該目標函數所需滿足的各種約束條件，如設備、原材料、能源、勞動力的使用限制等；最後對上述聯立方程求解，以取得最優方案。

　　如果成本與變量之間的關係是線性的，並且需求可以認為是確定的，那麼線性規劃的一般模型對於綜合計劃是十分適用的。許多工作可以用微軟Excel的Solver Option實現，在此不做深入探討。

五、服務業綜合計劃

(一) 服務業綜合計劃策略

服務業的綜合計劃策略與製造業的綜合計劃策略的不同之處主要有兩點：首先是由於服務需求的波動更加動態化，更加複雜。服務企業雖然同樣可以從需求和供給兩個角度出發，但是由於服務一般是與消費同期進行的，大多數服務都是不能存儲的，諸如財務計劃、稅務諮詢和旅遊等服務均不能儲存，使得在需求淡季為預期旺季建立庫存的選擇方案不能實現。其次，服務能力的擱置實質上是一種浪費，因而使服務業的服務能力與服務需求相匹配很重要，所以服務業不能像製造業那樣可以選擇多種策略。

(二) 收益管理

為什麼飛機上坐在你旁邊的乘客的票價只是你的一半？為什麼提前一個月預訂酒店房間比不預訂要便宜？答案在於收益管理的實行。收益管理可以定義為根據顧客類型確定相應類型的產量，並確定相應的價格和時間以達到收益最大化。收益管理是一個使需求預測更準確的方法，這對於綜合計劃非常重要。

收益管理是自20世紀80年代發展起來的一種現代科學營運管理方法。其核心是通過制定一套靈活的且符合市場競爭規律的價格體系，再結合現代化的微觀市場預測及價格優化手段對公司資源進行動態調控。使得公司在實現長期目標的同時，又在每一具體營運時刻充分利用市場出現的機遇來獲取最大收益。概括而言，收益管理目標是使公司產品能在最佳的時刻，以最好的價格，通過最優渠道，出售給最合適的顧客。這一管理方法在許多信息發達的國家，尤其是在歐美國家已經被許多行業採用，並累計創造了成百上千億美元的效益。

早期的價格和收益管理主要應用於民航客運業，經過20多年的理論研究和實踐檢驗，價格和收益管理的概念已經廣泛地被其他領域吸收和應用。一些根據各行業特點而設計的價格和收益管理系統已成為許多行業用於市場競爭不可或缺的有力武器。

在酒店業，隨著計算機和信息技術的迅速發展，多數酒店已經引入了計算機聯網的預售及客房管理系統，使得酒店管理進入了數字化階段。相應地，酒店業的價格與收益管理系統的功能也顯得日益重要。過去手工操作時的粗線條管理模式已不能滿足日益激烈的市場競爭的需要，代之而起的是大數據量的微觀分析以及針對具體客戶的精確的定量管理。就收益管理的方法來說，先後由點式管理、網式管理發展到了結合客戶服務的綜合管理。在價格管理方面，也

從單一靜態價格，到多重動態價格，再到結合市場競爭的優化價格控制。這一切雖使得價格與收益管理系統變得日益複雜，但同時其創造的效益也日益顯著。根據用戶統計分析，一個現代化的收益管理系統每年可為公司增加4%～8%的額外收益。對許多企業而言，這幾乎相當於50%～100%的淨利潤。

為了充分發揮收益管理的優勢，一般來說，適用於收益管理的服務企業需要具備以下特徵：

（1）相對固定的能力。

（2）細分市場的能力。也即需求能根據客戶進行分割，服務企業必須能夠細分市場，充分挖掘不同類型的顧客需求。

（3）高固定成本與低變動成本的成本結構。也即企業的淨收益直接與銷量相關，銷量越大，淨收益也越大。

（4）易逝的服務能力。對於服務水準是受固定能力限制的企業，採用收益管理的一個潛在原因是服務能力的易逝性，即服務能力不能夠存儲起來以備將來使用。

（5）預訂能力。收益管理通過價格誘導來調節需求以適應服務能力的供給，實現收益最大化。

（6）需求波動大。

酒店業很好地說明了上述幾個特點。當然對不同的酒店和酒店集團，由於各自的市場定位、顧客來源、管理理念、控制機制的不同，其價格和收益管理的方法及其作用也不盡相同。但總體而言，酒店業的價格和收益管理系統可通過下列幾個方面來發揮作用：

（1）顧客分類及需求預測。不同的顧客對酒店的要求往往不同。儘管每一酒店有其自己的市場定位，但顧客的性質、來源渠道以及消費特點仍有許多不同之處。收益管理的一個重要功能就是通過科學的方法對不同的顧客進行分類，並得出各種行為模式的統計特性，然後再對每一類顧客的未來需求進行精確的預測，包括預訂的遲早、入住的長短、實際入住和預訂的差異、提前離店和推遲離店的概率等。有了這些精確的預測，再根據各種客人對價格的敏感度等，酒店就能很好地控制資源，提高收益。

（2）優化控制。有了精確的需求預測，還必須有一套相應的價格和收益控制體系才能靈活、有效地利用酒店資源，使得收益或利潤最大化。根據不同的預售和價格控制系統，酒店業普遍採用的優化方法主要包括線性規劃、動態規劃、邊際收益控制和風險最小化等。這些方法最終轉換成可操作的控制機制，如最短最長控制（MIN－MAX）、完全長度控制（FULL－PATTERN）等。

（3）節假日價格需求控制。節假日以及特殊事件日往往是酒店獲利的最佳時機，許多酒店在此期間一般能達到很高的入住率。但高入住率並非就是高利潤率。要使得收益和利潤最大化，還必須有一套完善的節假日需求預測及控制方法。

（4）動態價格設定。酒店的定價及其管理是調節一家酒店盈利能力的最直接的槓桿。常見的以成本為基礎的定價方法雖簡便易行，但往往缺乏競爭的靈活性，且不能反應市場需求的動態變化。而建立在收益管理基礎上的一些定價方法，如即時競標定價（BID PRICE）、浮動定價（DYNAMIC PRICING）、競爭定價等則通過對市場的細分和有效的控制使得價格槓桿的功能發揮到極致。

（5）超售和免費升級控制。由於預售和實際入住往往存在一定的差異，因此如何預測及控制這種差異從而保證實際入住率是酒店經常要解決的一個問題。尤其是在高峰季節，這一問題特別突出。對酒店而言，既要保證盡可能高的入住率，又要避免超售而使得客人無房的尷尬，因此一種精確的超售控制規則是保證酒店在最大收益條件下使得客戶服務損失變得最小的一個重要工具。

（6）團體和銷售代理管理。團體銷售幾乎是每一酒店都有的業務，且多數情況下有一定的折扣。但如何定量地對這項業務進行分析並有效地控制折扣程度，則是收益管理的重要部分。相應地，對代理銷售及批發代理等，也都可通過抽象的模式來進行優化控制。

（7）酒店附設資源管理。許多星級酒店常有許多附設資源，如餐廳、會議室等。收益管理系統的拓展就是進行所謂的「全收益」管理，即不僅僅對客房的收益進行預測和控制，而且要對整個酒店的收益進行預測和優化，以期達到最大效益。

（8）經營狀況比較和 WHAT－IF 分析。酒店經營狀況的及時反饋和歷史分析是保證酒店正確決策的重要途徑。而收益管理系統由於同時兼有大量的歷史數據以及未來需求的預測，因此它可以是一個很好的戰略和戰術的決策武器。另外，通過所謂的 WHAT－IF 分析，即通過比較不同控制模式所得到的實際收益和理論最大收益之間的差值，酒店管理層就能隨時判斷經營管理的狀態。

（9）結合顧客價值的收益管理。隨著許多星級酒店由以利潤為中心的管理轉向以顧客服務為中心的管理，如何確定每一顧客的價值並通過相應的收益控制來區別對待是酒店收益管理的一個新的方向。

第四節　主生產計劃

一、主生產計劃的定義

主生產計劃（Master Production Schedule，MPS）是在綜合計劃的基礎上制訂的營運計劃，是把綜合計劃具體化為可操作的實施計劃，目的是要確定企業生產的最終產品的出產數量和出產時間。最終產品是指對於企業來說最終完成，具有獨立需求特徵的整機、部件或零件，它可以是直接用於消費的產成品，也可以是作為其他企業的部件或配件。

主生產計劃是物料需求計劃（MRP）的輸入部分之一，與中國通常採用的產品出產進度計劃在計劃的時間單位上略有不同，產品出產進度計劃一般以月為計劃時間單位，而主生產計劃通常以週計劃時間為單位，在有些情況下，也可以是日、旬、月。主生產計劃詳細規定生產什麼、什麼時段應該產出，它是獨立需求計劃。主生產計劃根據客戶合同和市場預測，把綜合計劃中的產品系列具體化，使之成為展開物料需求計劃的主要依據，起到了從綜合計劃向具體計劃過渡的作用。主生產計劃必須考慮客戶訂單和預測、未完成訂單、可用物料的數量、現有能力、管理方針和目標等。因此，它是生產計劃工作的一項重要內容。

二、主生產計劃的對象

主生產計劃的對象主要是把綜合計劃中的產品系列具體化以後的出廠產品，通稱最終項目。所謂「最終項目」通常是獨立需求件，對它的需求不依賴於對其他物料的需求而獨立存在。但是由於計劃範圍和銷售環境不同，作為計劃對象的最終項目其含義也不完全相同。

從滿足最少項目數的原則出發，下面按三種製造環境分別考慮 MPS 應選取的計劃對象。

（一）在為庫存而生產（MTS）的公司

用很多種原材料和部件製造出少量品種的標準產品，則產品、備品備件等獨立需求項目成為 MPS 計劃對象的最終項目。對產品系列下有多種具體產品的情況，有時要根據市場分析估計產品占系列產品總產量的比例。此時，綜合計劃對象是系列產品，而 MPS 的計劃對象是按預測比例計算的。產品系列同具體產品的比例結構形式，類似一個產品結構圖，通常稱為計劃物料或計

劃 BOM。

（二）在為訂單生產（MTO）的公司

最終項目一般就是標準定型產品或按訂貨要求設計的產品，MPS 的計劃對象可以放在相當於 T 型或 V 型產品結構的低層，以減少計劃物料的數量。如果產品是標準設計或專項，最終項目一般就是產品結構中間層的關鍵零部件。

（三）在為訂單而裝配（ATO）的公司

產品是一個系列，結構相同，表現為模塊化產品結構，都是由若干基本組件和一些通用部件組成的。每項基本組件又有多種可選件，有多種搭配選擇（如轎車等），從而可形成一系列規格的變型產品，可將主生產計劃設立在基本組件級。在這種情況下，最終項目指的是基本組件和通用部件。這時主生產計劃是基本組件（如發動機、車身等）的生產計劃。

一般地，對於一些由標準模塊組合而成的、型號多樣的、有多種選擇性的產品（如個人電腦），將 MPS 設立在基本零部件這一級，不必預測確切的、最終項目的配置，輔助以成品裝配計劃（FAS）來簡化 MPS 的處理過程。FAS 也是一個實際的生產製造計劃，它可表達用戶對成品項目的、特定的多種配置需求，包括從部件和零配件的製造到產品發貨這一部分的生產和裝配，如產品的最終裝配、測試和包裝等。對於有多種選擇項的項目，採用 FAS 時，可簡化 MPS 的。可用總裝進度安排出廠產品的計劃，用多層 MPS 和計劃 BOM（物料清單）制訂通用件、基本組件和可選件的計劃。這時，MPS 的計劃對象相當於 X 形產品結構中「腰部」的物料，頂部物料是 FAS 的計劃對象。用 FAS 來組合最終項目，僅根據用戶的訂單對成品裝配製訂短期的生產計劃。MPS 和 FAS 的協同運行，實現了從原材料的採購、部件的製造到最終產品交貨的整個計劃過程。

例如，電腦製造公司可用零配件來簡化 MPS 的排產。市場需求的電腦型號，可由若干種不同的零部件組合而成。可選擇的零配件包括：6 種 CPU、4 種主板、3 種硬盤、1 種軟驅、2 種光驅、3 種內存、4 種顯示器、3 種顯卡、2 種聲卡、2 種 Modem、5 種機箱電源。基於這些不同的選擇，可裝配出的電腦種類有 6×4×3×⋯ = 103,680（種），但主要的零配件總共只有 6 + 4 + 3 + ⋯ = 35（種），零配件的種數比最終產品的種數少得多。顯然，將 MPS 定在比最終產品（電腦）這一層次低的某一級（零配件）比較合理。經過對裝配過程的分析，確定只對這些配件進行 MPS 的編製，而對最後生成的 103,680 種可選產品，將根據客戶的訂單來制訂最終裝配計劃。這種生產計劃環境即是

面向訂單裝配。實際編製計劃時，先根據歷史資料確定各基本組件中各種可選件占需求量的百分比，並以此安排生產或採購，保持一定庫存儲備。一旦收到正式訂單，只要再編製一個總裝計劃（FAS），規定從接到訂單開始，核查庫存、組裝、測試檢驗、發貨的進度，就可以選裝出各種變型產品，從而縮短交貨期，滿足客戶需求。

三、主生產計劃的約束條件

編製主生產計劃時要確定每一具體的最終產品在每一具體時間段內的生產數量。它所需要滿足的約束條件首先是：

（一）主生產計劃所確定的生產總量必須等於綜合計劃確定的生產總量

該約束條件包括兩個方面：

第一個方面是，每個月某種產品各個型號的產量之和等於綜合計劃確定的該種產品的月生產總量。

例如，表8.10（即前文中的表8.2）和表8.11就是某家電企業的綜合計劃和主生產計劃相對應的例子。其中，綜合計劃安排1月份生產「王子系列」冰箱600臺，而實際上「王子系列」冰箱是由兩種不同型號的冰箱構成的，即「小小王子BD－36」和「小小王子BD－60」，主生產計劃安排兩種型號（BC－36型和BD－60型）的產量分配到各週次的累計數量也是600臺。

表8.10　　　　　　　　某家電企業的綜合計劃

月　份	1月	2月	3月	4月	5月	6月
「王子系列」冰箱產出量（臺）	600	650	620	630	640	650
「統帥系列」冰箱產出量（臺）	……	……	……	……	……	……

表8.11　　　　　　　　某家電企業的主生產計劃

月　份	1月		2月		3月		4月		5月		6月	
週　次	1～2	3～4	1～2	3～4	1～2	3～4	1～2	3～4	1～2	3～4	1～2	3～4
「小小王子BD－36」冰箱產出量（臺）	100	100	100	100	100	100	150	150	150	150	100	100

表8.11（續）

月　　份	1月		2月		3月		4月		5月		6月	
「小小王子BD-60」冰箱產出量（臺）	200	200	250	200	210	210	160	170	170	170	250	200
月產出量	600		650		620		630		640		650	

　　第二個方面是，綜合計劃所確定的某種產品在某時間段內的生產總量（也就是需求總量）應該以一種有效的方式分配在該段時間段內的不同時間生產。

　　當然，這種分配應該是基於多方面考慮的。例如，需求的歷史數據，對未來市場的預測，訂單以及企業經營方面的其他考慮。此外，主生產計劃既可以週為單位，也可以日、旬或月為單位。當選定以週為單位以後，必須根據週來考慮生產批量（斷續生產的情況下）的大小，其中重要的考慮因素是作業交換成本和庫存成本。

(二) 在決定產品批量和生產時間時必須考慮資源的約束

　　與生產量有關的資源約束有若干種，如設備能力、人員能力、庫存能力（倉儲空間的大小）、流動資金總量等。在制訂主生產計劃時，必須首先清楚地瞭解這些約束條件，根據產品的輕重緩急來分配資源，將關鍵資源用於關鍵產品。

四、主生產計劃的編製原則

　　主生產計劃是根據企業的能力確定要做的事情，通過均衡地安排生產實現生產規劃的目標，使企業在客戶服務水準、庫存週轉率和生產率方面都能得到提高，並及時更新，保持計劃的切實可行和有效性。主生產計劃中不能有超越可用物料和可能能力的項目。在編製主生產計劃時，應遵循這樣一些基本原則：

(一) 最少項目原則

　　用最少的項目數進行主生產計劃的安排。如果 MPS 中的項目數過多，就會使預測和管理都變得困難。因此，要根據不同的製造環境，選取產品結構不同的級，進行主生產計劃的編製。使得在產品結構這一級的製造和裝配過程中，產品（或）部件選型的數目最少，以改進管理評審與控制。

(二) 獨立具體原則

　　要列出實際的、具體的可構造項目，而不是一些項目組或計劃清單項目。

這些產品可分解成可識別的零件或組件。MPS 應該列出實際的要採購或製造的項目，而不是計劃清單項目。

（三）關鍵項目原則

列出對生產能力、財務指標或關鍵材料有重大影響的項目。對生產能力有重大影響的項目，是指那些對生產和裝配過程起重大影響的項目。如一些大批量項目、造成生產能力的瓶頸環節的項目或通過關鍵工作中心的項目。對財務指標而言，指的是對公司的利潤效益最為關鍵的項目。如製造費用高、含有貴重部件、昂貴原材料、高費用的生產工藝或有特殊要求的部件項目。也包括那些作為公司主要利潤來源的，相對不貴的項目。而對於關鍵材料而言，是指那些提前期很長或供應廠商有限的項目。

（四）全面代表原則

計劃的項目應盡可能全面代表企業的生產產品。MPS 應覆蓋被該 MPS 驅動的 MRP 程序中的盡可能多數組件，反應關於製造設施，特別是瓶頸資源或關鍵工作中心盡可能多的信息。

（五）適當餘量原則

留有適當餘地，並考慮預防性維修設備的時間。可把預防性維修作為一個項目安排在 MPS 中，也可以按預防性維修的時間，減少工作中心的能力。

（六）適當穩定原則

在有效的期限內應保持適當穩定。主生產計劃制訂後在有效的期限內應保持適當穩定，那種只按照主觀願望隨意改動的做法，將會引起系統原有合理的正常的優先級計劃的破壞，削弱系統的計劃能力。

另外，編製主生產計劃還應當注意以下問題：

（1）MPS 中規定的生產數量可以是總需求量，也可以是淨需求量。如果是總需求量，則要扣除現有庫存量，才能得到實際需要生產的數量。一般來說，MPS 中應列出淨需求量。值得注意的是，MPS 中所列出的產品需要量是指按獨立需求處理的最終產品的數量。在表 8.11 中，最終產品是兩種型號的冰箱，而不是零件。當最終產品需要量定下來以後，就可以根據產品結構確定各層零部件的需要量。

（2）MPS 中應當反應出顧客訂貨與企業需求預測的數量和時間要求等信息。已訂貨的產品安排在計劃期的近期，預計要生產的產品安排在計劃期的後期，這樣便於充分利用企業的生產能力。當有顧客訂貨時，就將原預測產量轉為實際訂貨，及時滿足顧客要求。當預測產量不能滿足實際訂貨要求時，企業就要加班加點生產。

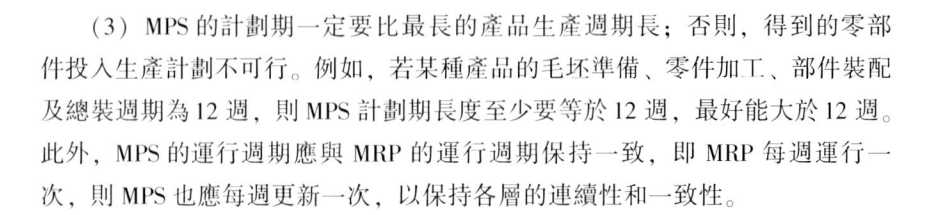

（3）MPS 的計劃期一定要比最長的產品生產週期長；否則，得到的零部件投入生產計劃不可行。例如，若某種產品的毛坯準備、零件加工、部件裝配及總裝週期為 12 週，則 MPS 計劃期長度至少要等於 12 週，最好能大於 12 週。此外，MPS 的運行週期應與 MRP 的運行週期保持一致，即 MRP 每週運行一次，則 MPS 也應每週更新一次，以保持各層的連續性和一致性。

五、主生產計劃的編製步驟

編製主生產計劃一般要經過以下步驟：

（1）根據生產規劃和計劃清單確定對每個最終項目的生產預測。

（2）根據生產預測、已收到的客戶訂單、配件預測以及該最終項目作為非獨立需求項的需求數量，計算總需求。

（3）根據總需求量和事先確定好的訂貨策略和批量以及安全庫存量和期初庫存量，計算各時區的主生產計劃接收量和預計可用量。

使用如下公式從最初時區推算：

$$\text{第 } K+1 \text{ 時區的預計可用量} = \text{第 } K \text{ 時區預計可用量} + \text{第 } K+1 \text{ 時區主生產計劃接收量} - \text{第 } K+1 \text{ 時區的總需求量} \quad (K=0, 1, \cdots, n)$$

第 0 時區預計可用量 = 期初可用量

在計算過程中，如預計庫存量為正值，表示可以滿足需求量，不必再安排主生產計劃量；如預計庫存量為負值，則在本時區計劃一個批量作為主生產計劃接收量。從而給出一個主生產計劃的備選方案。在此過程中，要注意均衡生產的要求。

（4）用粗能力計劃評價主生產計劃備選方案的可行性，模擬選優，給出主生產計劃報告。

雖然經營規劃、預測和生產規劃可為主生產計劃的編製提供合理的基礎，但隨著情況的變化，主生產計劃期的改變仍是不可避免的。為了尋求一個比較穩定的主生產計劃，提出了時界的概念，向生產計劃人員提供一個控制計劃的手段。

在計劃展望期內最近的計劃期，其跨度等於或略大於最終產品的總裝配提前期；稍後的計劃期其跨度加上第一個計劃期的跨度等於或略大於最終產品的累計提前期。這兩個計劃期的分界線稱為需求時界，它提醒計劃人員，早於這個時界的計劃已在進行最後階段，不宜再做變動；第二個計劃期和以後的計劃期的分界線稱為計劃時界，它提醒計劃人員，在這個時界和需求時界之間的計

劃已經確認，不允許系統自動更改，必須由主生產計劃員來控制；在計劃時界以後的計劃系統可以改動。通過兩種時界向計劃人員提供一種控制手段。

在制訂主生產計劃的過程中涉及一系列的量，計算方法分述如下：

（一）生產預測

生產預測用於指導主生產計劃的編製，使得主生產計劃員在編製主生產計劃時能遵循生產規劃的目標。它是某產品類的生產規劃總生產量中預期分配到該項產品的部分，其計算通常使用百分比計劃清單來分解生產規劃。

（二）未兌現的預測

未兌現的預測是在一個時區內尚未由實際客戶訂單兌現的預測。它指出在不超過預測的前提下，對一個最終項目還可以期望得到多少客戶訂單。計算方法是以某時區的預測值減去同一時區的客戶訂單。但是對於早於需求時界的累計未兌現預測如何處理，典型的MRP Ⅱ軟件將提供不同的策略供用戶選擇，或移到需求時界之後的第一個時區，或忽略不計。

（三）總需求

某個時區的總需求量即為本時區的客戶訂單、未兌現的預測和非獨立需求之和。

（四）可簽約量（Available To Promise，ATP）

簽約量等於主生產計劃量減去實際需求。此項計算從計劃展望期的最遠時區由遠及近逐個時區計算。在一個時區內如果需求量大於計劃量，超出的需求可從早先時區的可簽約量中預留出來。

（五）累計可簽約量

從最早的時區開始，把各個時區的可簽約量累加到所考慮的時區即是這個時區的累計可簽約量。它指出在不改變主生產計劃的前提下，累積到目前所考慮的時區為止，關於此最終項目還可向客戶做出多大數量的供貨承諾。

一般地，主生產計劃員首先根據總需求量、可簽約量、預計可用量和時界策略來制訂主生產計劃；然後，當新的操作數據產生時，再對主生產計劃進行維護。

六、主生產計劃編製的技巧

（一）主生產計劃與綜合計劃的連接

在主生產計劃的基本模型中，並未考慮利用生產速率的改變、人員水準的變動或調節庫存來進行權衡、折中。但是，綜合計劃是要考慮生產速率、人員水準等折中因素的。因此，在實際的主生產計劃制訂中，是以綜合計劃所確定

的生產量而不是以市場需求預測來計算主生產計劃量的。也就是說，以綜合計劃中的生產作為主生產計劃模型中的預測需求量。綜合計劃中的產量是按照產品系列來規定的，為了使之轉換成主生產計劃中的市場需求量，首先需要對其進行分解，分解成每一計劃期內對每一具體型號產品的需求。在做這樣的分解時，必須考慮到不同型號、規格的適當組合，每種型號的現有庫存量和已有的顧客訂單量相等；然後，將這樣的分解結果作為主生產計劃中的需求預測量。

總而言之，主生產計劃應是對綜合計劃的一種具體化，當主生產計劃以上述方式體現了總體計劃的意圖時，主生產計劃就成為企業整個經營計劃中的一個重要的、不可或缺的部分。

(二) 主生產計劃的「凍結」(相對穩定化)

主生產計劃是所有部件、零件等物料需求計劃的基礎。由於這個原因，主生產計劃的改變，尤其是對已開始執行但尚未完成的主生產計劃進行修改，將會引起一系列計劃的改變以及成本的增加。主生產計劃量要增加，可能會由於物料短缺而引起交貨期延遲或作業分配變得複雜；主生產計劃量要減少，可能會導致多餘物料或零部件的產生（直至下一期主生產計劃需要它們），還會導致將寶貴的生產能力用於現在並不需要的產品。當需求改變，從而要求主生產量改變時，類似的成本也同樣會發生。

為此，許多企業採取的做法是，設定一個時間段，使主生產計劃在該期間內不變或輕易不得變動。也就是說，使主生產計劃相對穩定化，有一個「凍結」期。「凍結」的方法可有多種，代表不同的「凍結」程度。一種方法是規定「需求凍結期」。它可以包括從本週開始的若干個單位計劃期。在該期間內，沒有管理決策層的特殊授權，不得隨意修改主生產計劃。例如，將主生產計劃設定為 8 週。在該期間內，沒有特殊授權，計劃人員和計算機（預先裝好的程序）均不能隨意改變主生產計劃。另一種方法是規定「計劃凍結期」。計劃凍結期通常比需求凍結期要長。在該期間內，計算機沒有自主改變主生產計劃的程序和授權，但計劃人員可以在兩個凍結期的差額時間段內根據情況對主生產計劃做必要的修改。在這兩個期間之外，可以進行更自由的修改，如讓計算機根據預先制訂好的原則自行調整主生產計劃。這幾種方法實質上只是對主生產計劃的修改程度不同。例如，某企業使用 3 個凍結期：8 週、13 週和 26 週。在 8 週以內，是需求凍結期，輕易不得修改主生產計劃；從 8 週到 13 週，主生產計劃呈剛性，但只要零部件不缺，仍可對最終產品的型號略作變動；從 13 週到 26 週，可改變最終產品的生產計劃，但前提仍是物料不會發生短缺。

26週以後，市場行銷部門可根據需求變化情況隨時修改主生產計劃。

總而言之，主生產計劃凍結期的長度應週期性地審視，不應該總是固定不變。此外，主生產計劃的相對凍結雖然使生產成本得以減少，但也同時減少了回應市場變化的柔性，而這同樣是要發生成本的。因此，還需要考慮兩者間的平衡。

（三）不同生產類型中的主生產計劃的變型

主生產計劃是要確定每一具體的最終產品在每一具體時間段內的生產數量。其中的最終產品，是指最終完成的要出廠的產品。但實際上，這主要是指大多數「備貨生產型」（Make To Stock）的企業而言。在這類企業中，雖然可能要用到多種原材料和零部件，但最終產品的種類一般較少（如圖8.4所示），且大都是標準產品，這種產品的市場需求的可靠性也較高。因此，通常是將最終產品預先生產出來，放置於倉庫，隨時準備交貨。

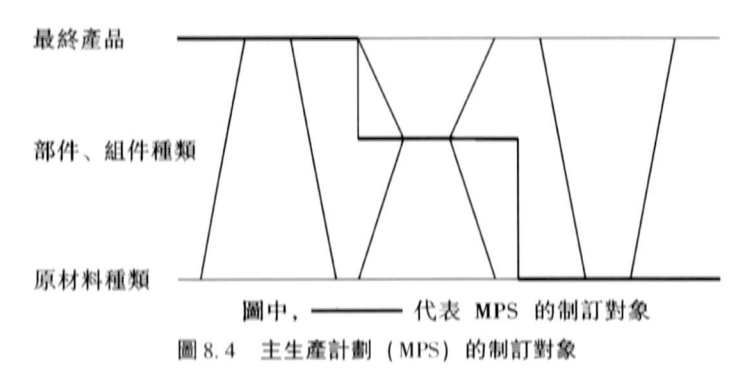

圖中，———— 代表 MPS 的制訂對象

圖8.4　主生產計劃（MPS）的制訂對象

在另外一些情況下，特別是隨著市場需求的日益多樣化，企業要生產的最終產品的「變型」是很多的。所謂變型產品，往往是若干標準模塊的不同組合。例如，以汽車生產為例，傳統的汽車生產是一種大批量備貨生產類型，但在今天，一個汽車裝配廠每天所生產的汽車可以說幾乎沒有兩輛是一樣的，因為顧客對汽車的車身顏色、驅動系統、方向盤、座椅、音響、空調系統等不同部件可以自由選擇，最終產品的裝配只能根據顧客的需求來決定，車的基本型號也是由若干不同部件組合而成的。

例如，一個汽車廠生產的汽車，顧客可選擇的部件包括：3種發動機（大小）、4種傳動系統、2種驅動系統、3種方向盤、3種輪胎尺寸、3種車體、2種平衡方式、4種內裝飾方式、2種制動系統。基於顧客的這些不同選擇，可裝配出的汽車種類有3×4×2…＝10,368（種），但主要部件和組件只有3＋4＋2＋…＝26（種），即使再加上對於每輛車來說都是相同的那些部件，部件種類的總數也仍比最終產品種類的總數要少得多。因此，對於這類產品，一方

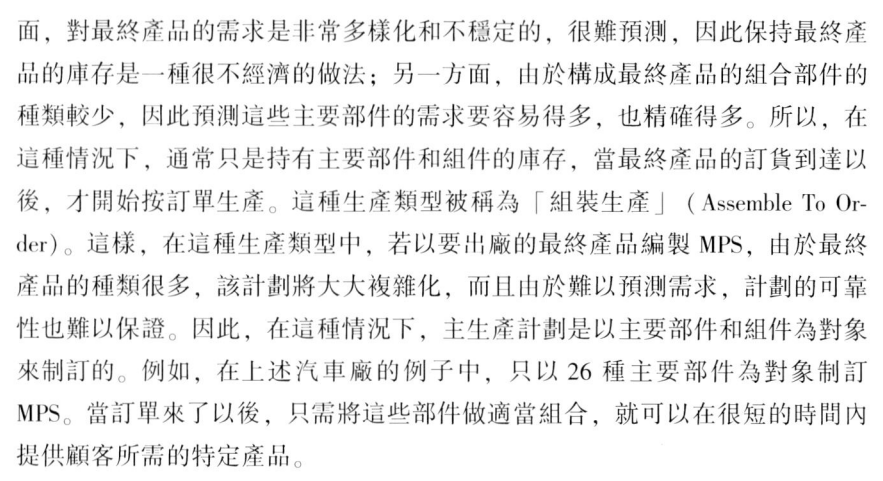

面，對最終產品的需求是非常多樣化和不穩定的，很難預測，因此保持最終產品的庫存是一種很不經濟的做法；另一方面，由於構成最終產品的組合部件的種類較少，因此預測這些主要部件的需求要容易得多，也精確得多。所以，在這種情況下，通常只是持有主要部件和組件的庫存，當最終產品的訂貨到達以後，才開始按訂單生產。這種生產類型被稱為「組裝生產」（Assemble To Order）。這樣，在這種生產類型中，若以要出廠的最終產品編製 MPS，由於最終產品的種類很多，該計劃將大大複雜化，而且由於難以預測需求，計劃的可靠性也難以保證。因此，在這種情況下，主生產計劃是以主要部件和組件為對象來制訂的。例如，在上述汽車廠的例子中，只以 26 種主要部件為對象制訂 MPS。當訂單來了以後，只需將這些部件做適當組合，就可以在很短的時間內提供顧客所需的特定產品。

還有很多採取訂貨生產類型（Make To Order）的企業，如特殊醫療器械、模具等生產企業，當最終產品和主要的部件、組件都是顧客訂貨的特殊產品時，這些最終產品和主要部件、組件的種類比它們所需的主要原材料和基本零件的數量可能要多得多。因此，在這種情況下，主生產計劃也可能是以主要原材料和基本零件為對象來制訂的。

第五節　物料需求計劃

綜合計劃和主生產計劃解決了企業要生產什麼產品族和具體產品的問題，而物料需求計劃（Material Requirement Planning，MRP）則從最終產品的生產計劃（獨立需求）導出相關物料（原材料、零部件等）的需求量和需求時間（相關需求），並根據物料需求時間和生產（訂貨）週期確定其開始生產（訂貨）的時間，主要用於解決相關需求的問題。

一、時段式 MRP

時段式 MRP 是在解決訂貨點法缺陷的基礎上發展起來的。訂貨點法主要用於獨立需求庫存管理，其應用受到許多條件的制約，而且不能反應物料的實際需求。

（一）時段式 MRP 的基本內容

時段式 MRP 的主要內容是編製零件的生產計劃和採購計劃。然而，要正確編製零件計劃，首先必須落實產品的出產進度計劃（即主生產計劃），這是

MRP 展開的依據。MRP 還需要知道產品的零件結構，即物料清單（Bill Of Material，BOM），才能把主生產計劃展開成零件計劃；同時，必須知道庫存數量才能準確計算出零件的採購數量。

（二）時段式 MRP 的基本思路

按照產品結構所確定的物料間的層次與相互從屬關係，以完工日期為計劃基準，按製造或採購提前期不同倒排計劃，確定物料清單上所有物料的需求時間和訂貨時間（即對製造件來說是確定開始生產時間，對採購件來說是確定開始採購時間）。

（三）時段式 MRP 的依據

(1) 主生產計劃。
(2) 物料清單。
(3) 庫存信息。

它們之間的邏輯流程關係，見圖 8.5。

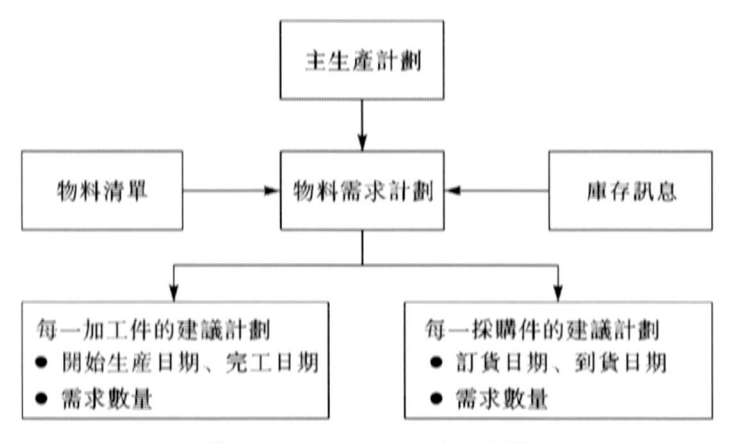

圖 8.5 時段式 MRP 邏輯流程圖

從上述 MRP 的基本概念可以看出，MRP 解決了製造業普遍存在的難題，即：

(1) 生產什麼？←由 MPS 決定。
(2) 需要什麼？←由 MPS 和 BOM 決定。
(3) 需要多少？←由 MPS 和 BOM 及庫存量決定。
(4) 何時需要？←由提前期決定。
(5) 何時開始採購和生產？←由提前期決定。

二、閉環 MRP

要使 MRP 能真正實用和有效，就必須考慮企業的能力和資源的制約和支持，對企業內外部環境和條件變化的信息及時加以溝通、反饋，對計劃做出符合實際情況的調整和修整。因此，雖然時段式 MRP 從 20 世紀 60 年代中期出現，一直到 70 年代中期都深受經濟發達國家企業的重視並被廣泛使用，但人們在使用時段式 MRP 過程中也發現了不足：一是時段式 MRP 僅考慮物料的需求，而且是按需求的優先順序做計劃的，由於只考慮了需求，沒有考慮實際生產能力、車間作業和採購作業，計劃做出後是否能夠順利執行則是未知數，致使計劃的現實性和可執行性存在著許多問題。二是 MRP 計劃在執行過程中，對千變萬化的現實情況沒有做出相應的反應和反饋。因此，面對著 MRP 的不足和局限，在 70 年代中後期很多專家在 MRP 基礎上對其功能又進行了進一步的擴充，提出了閉環 MRP 的概念，它有兩層含義：

（1）把生產能力計劃、車間作業計劃和採購計劃納入 MRP，形成一個封閉系統。

（2）在計劃執行過程中，必須有來自車間、供應商和計劃人員的反饋信息並利用這些反饋信息進行計劃平衡調整，從而使生產計劃方面的各個子系統得到協調統一。

閉環 MRP 的工作原理是：MRP 系統的正常運行，需要有一個現實可行的主生產計劃。它除了要反應市場需求與合同訂單外，還必須滿足企業的生產能力約束條件。因此，除了要編製資源需求計劃外，企業還需要制訂能力需求計劃（CRP），同各個工作中心的能力進行平衡。只有在採取了措施做到能力與資源均滿足負荷需求時，才能開始執行計劃。而要保證實現計劃就要控制計劃，執行 MRP 時要用派工單來控制加工的優先級，用採購單來控制採購的優先級。這樣，基本 MRP 系統進一步發展，把能力需求計劃和執行及控制計劃的功能也包括進來，形成一個環形回路，故稱為閉環 MRP，見圖 8.6。

其工作過程是：計劃—實施—評價—反饋—計劃。

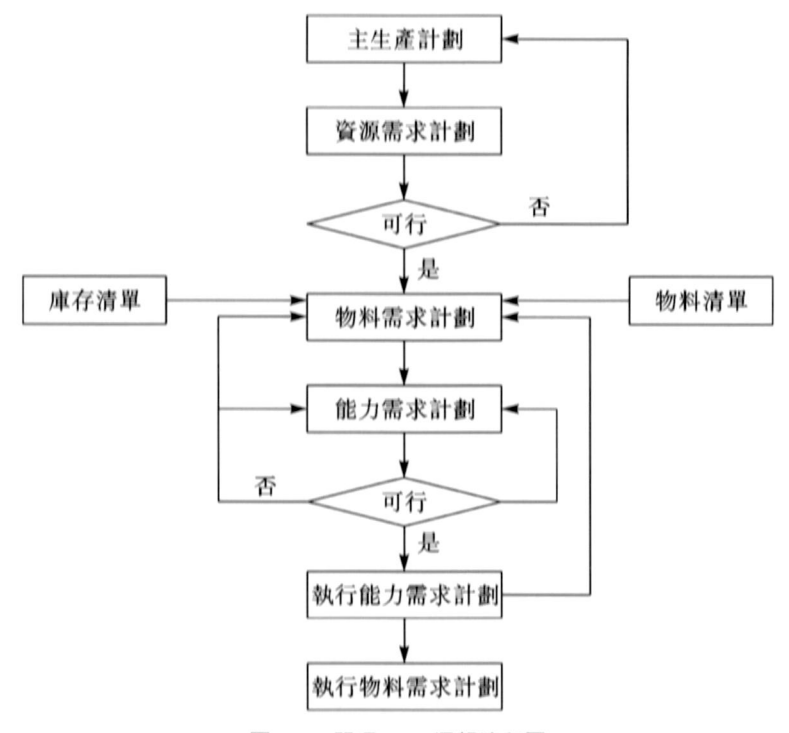

```
                    ┌─────────────┐
                    │  主生產計劃  │◄──────────┐
                    └──────┬──────┘           │
                           ▼                  │
                    ┌─────────────┐           │
                    │ 資源需求計劃 │           │
                    └──────┬──────┘           │
                           ▼                  │
                         ◇可行◇───否──────────┤
                           │是                │
                           ▼                  │
    ┌────────┐      ┌─────────────┐           │
    │ 庫存清單│─────►│ 物料需求計劃 │◄──┐ ┌────────┐
    └────────┘      └──────┬──────┘   │ │ 物料清單│
                           ▼          │ └────────┘
                    ┌─────────────┐   │
                    │ 能力需求計劃 │───┤
                    └──────┬──────┘   │
                           ▼          │
                  否─────◇可行◇───────┘
                           │是
                           ▼
                    ┌─────────────┐
                    │執行能力需求計劃│
                    └──────┬──────┘
                           ▼
                    ┌─────────────┐
                    │執行物料需求計劃│
                    └─────────────┘
```

圖 8.6　閉環 MRP 邏輯流程圖

三、從 MRP II 到 ERP

閉環 MRP 系統的出現，使生產活動方面的各種子系統得到了統一，但這還遠未完善。因為在企業的管理中，生產管理只是一個方面，閉環 MRP 系統所涉及的僅僅是物流，而與物流密切相關的還有資金流等。另外，在閉環 MRP 系統中，財務數據往往是由財會人員另行管理，這就造成了數據的重複錄入與存儲，甚至造成數據的不一致性。為了消除冗餘、減少衝突、提高效率，人們設想把工程技術管理與生產管理、銷售管理、財務管理等有機地結合起來，把生產製造計劃、財務計劃等各種有關的計劃合理銜接起來。這種把生產、財務、銷售、採購、工程技術等各個子系統結合為一個一體化的系統，稱為製造資源計劃（Manufacturing Resource Planning，MRP II）。

隨著市場競爭的不斷加劇和 IT 技術的飛速發展，企業信息化的進程也在不斷深化。為了適應加強供應鏈管理和客戶關係管理的需求，MRP II 的功能又有了新的擴展。到 20 世紀 90 年代，美國著名的管理諮詢公司 Gartner Group Inc. 首先提出了企業資源計劃（Enterprise Resource Planning，ERP）的概念，

ERP把客戶需求及供應商的製造資源和企業的生產經營活動整合在一起，進行整體化管理。

【綜合案例分析】 桂冠食品公司生產計劃

假設你是一家生產休閒食品的製造工廠生產經理。你的重要職責之一是為工廠制訂總生產計劃。這個計劃是每年預算的重要依據。該計劃提供了來年的相關信息，如生產率、生產所需勞動力及計劃成品的庫存水準等。

你在工廠的包裝線上生產小盒的混合布丁。一條包裝線有很多機器，它們排成鏈條一樣。在包裝線的一開始，布丁進行混合；然後裝進小包。這些小包被裝入小的布丁包裝盒，每當這些布丁包裝盒達到48個就把它們集中一下並堆放。最後160堆被放到一個貨盤上。這些貨盤放置在運輸區域，然後被運送到四個分銷中心。這些年來，由於包裝線的技術日新月異以至於在一些相關的小爐子裡也可以生產出不同口味的布丁。工廠有15條這樣的包裝線，但目前只用上了10條，每條需要6個工人。

該產品的需求按月波動。另外，還有一個季節的成分，每年的春節、聖誕節、五一節之前都是銷售淡季。綜合下來，每年第一個季度季末公司都搞一個促銷活動，給予大訂單客戶特別優惠。這樣生意一般會很好，公司一般也會得到銷售上的增長。

工廠把產品送到全國四個大的分銷倉庫。卡車每天運貨。運貨的數量是根據倉庫的目標存貨水準而定的。這些目標是根據每個倉庫的預期供應週數而定。目前的目標是供應2週。

過去，公司的政策是生產量滿足預期銷售量，因為對成品的儲存能力有限。生產能力是完全能支持這個政策的。市場部門已經做出了明年的銷售預測。這個預測是按每季銷售配額制定的，這是一個激勵銷售人員的方法。銷售主要面向美國的零售店。根據銷售人員拿到的訂單，布丁從分銷倉庫運往各零售店。

你的直接任務就是制訂來年的總生產計劃。所需考慮的技術和經濟因素列示如下：

技術、經濟信息：

（1）目前有10條包裝線非加班工作。每條需要6個工人。出於計劃目的，每次正常啟動包裝線運行7.5個小時。當然，支付工人8小時的工資。可以考慮每天加班兩小時，但這必須規劃成每次加班至少持續一週，而且所有包裝線都得加班。工人正常工資是40元/小時，加班為60元/小時。每條包裝線的標準生產率為450套/小時。

（2）市場部門對需求的預測如下：Q1－2,000；Q2－2,200；Q3－2,500；Q4－2,650；Q1（下一年）－2,200。這些數字都是以1,000套為單位的。每個數字代表13週的預測。

（3）管理部門已經通知生產部門維持足夠倉庫2週供應的生產量。這2週供應量應該建立在對未來銷售的預測上。如下是每季期末存貨的目標水準：Q1－338；Q2－385；Q3－408；Q4－338。

（4）根據會計估計，存貨存儲成本約為每套每年3元。這意味著如果一套布丁存放一整年，存貨成本就是3元。如果存放一星期，成本就是0.057,69元。成本是與存放時間成比例的。在Q1的時候有200,000套存貨（這是預測宣布的以1,000套為單位的200套）。

（5）如果脫銷發生，那麼就要延期交貨並推遲運輸。延期交貨的成本是2.40元/每套，緣於信譽喪失以及緊急運輸。

（5）人力資源小組估計雇備並培訓一個新的生產工人需要花費5,000元，解雇一個工人需要花費3,000元。

案例來源：http://logistics.sjtu.edu.cn/yygl/download/case/5.doc.

討論題

1. 假設銷售預測正確，請制訂來年的總生產計劃（綜合計劃）。

2. 仔細檢查你的解答並準備答辯。打印出解答並帶到班上。如果有手提電腦，請把你完成的電子表格拷貝並帶到班上。

課後習題

1. 製造業綜合計劃和服務業綜合計劃的主要區別是什麼？

2. 綜合計劃策略有哪些？

3. 杰森公司（JE）為家庭市場生產可視電話，其質量雖非想像的那麼好，但售價低廉。JE可以一邊研究開發，一邊觀察市場反應。現在，JE要制訂一個1~6月份的綜合計劃。假設你被授權制訂這個計劃，並已知如下數據：

	1月	2月	3月	4月	5月	6月	總計
需求預測(件)	500	600	650	800	900	800	4,250
工作天數(天)	22	19	21	21	22	20	125

成本		
材料成本	100 美元/件
庫存成本	10 美元/件‧月
缺貨成本	20 美元/件‧月
外包邊際成本	100 美元/件‧月（200 美元的外包費用－100 美元的材料成本）
招聘與培訓成本	50 美元/人
解聘費用	100 美元/人
單位產品加工時間	4 小時/件
正常人工成本（每天 8 小時）	12.5 美元/小時
加班人工成本（1.5 倍正常人工費用）	18.75 美元/小時

庫存	
期初庫存	200 件
安全庫存	月需求預測量的 20%

請問下列各策略的成本各為多少？

(1) 滿足需求進行生產；變動的工人人數（假設初始工人人數等於第一個月的需求數量）。

(2) 工人人數不變；庫存變動並允許缺貨（假設初始工人人數為10）。

(3) 工人人數固定為10人；使用分包。

4. 在不同情況下，主生產計劃的對象應如何選擇？

第九章　作業排序與控制

本章關鍵詞

作業排序（Job Sequencing）

優先級法則（Priority Rule）

輸入/輸出控制（Input/Output Control）

有限負荷（Finite Loading）

甘特圖（Gantt Chart）

作業計劃（Job Scheduling）

約翰遜法則（Johnson's Rule）

無限負荷（Infinite Loading）

作業排序（Shop Sequencing）

負荷圖（Loading Chart）

【開篇案例】　棘手的排隊問題

　　位於格林尼治鎮的大聯盟超市通過市場調查瞭解，顧客可以忍受的最長隊伍為7人；超過這個限度，客戶會因厭煩而離去。因此，大聯盟超市使用計算機系統對收銀員進行科學調度，努力使等待結帳的隊伍不超過3個人。為了應付高峰時期的客流量，大聯盟超市和其他超市一樣，採用雇傭兼職員工的辦法。大聯盟超市雇傭了很多家庭婦女和學生，這些臨時工每天在超市裡工作4小時。

　　除了採用雇傭臨時工的辦法解決排隊問題外，大聯盟超市還借助電子掃描儀來加快結帳速度，在所有大超市中都至少設有一個快速結帳口。大聯盟超市在牙買加的金斯敦市新開的連鎖超市裡，設有20個結帳口，其中6個是快速結帳口，在這6個快速結帳口中又有2個是超快結帳口，供購買6件以下商品的顧客結帳，並且只限現金結算。大聯盟超市的有關負責人說：「我們的目標是使顧客在5~7分鐘內結帳完畢，這是我們認為可以接受的等待時間。」

顧客在等待的時候會感到煩躁，而這時如果能夠提供一些消遣，則會降低顧客的煩躁程度。自1959年以來，曼哈頓儲蓄銀行就開始在中午的高峰時間裡向顧客提供一些娛樂節目。曼哈頓儲蓄銀行的13個分行中均有鋼琴師彈奏樂曲。為了使顧客排隊等待時更有耐心，曼哈頓儲蓄銀行偶爾還會安排一些展覽。曼哈頓儲蓄銀行相信，有了以上的這些消遣活動，顧客能夠容忍比較長的等待時間。銀行的一位高級副總裁說：「即使在非常擁擠的高峰期，顧客向我們提出抱怨的情況也比較少。」

在酒店和辦公樓的電梯的門上鑲上鏡子，可以使人們在等電梯時不至於太煩躁。人們通常會對著鏡子整理一下自己的髮型和衣服，而忽視了等待的時間。拉塞爾‧阿克夫研究指出，如果一間酒店的電梯門上有鏡子，這家酒店收到的關於電梯太慢的抱怨會比沒有鏡子的酒店少得多。

有時只需要告訴人們還需等多久，就會使他們的心情好起來。迪士尼樂園對於排隊等待的現象十分敏感，因為在比較熱門的娛樂項目前，等待的隊伍有時會長達1,800人。和許多其他遊樂場一樣，迪士尼樂園也向等待的遊客提供娛樂活動，但它同時也注重反饋。沿隊伍所等之地，很多地方都有指示信號標明從該點起還需要等多久。排隊專家認為，最糟糕的事情莫過於滿眼的等待，就像在公共汽車站的人們不知道下一輛車究竟是1分鐘後就來，還是要等15分鐘後才會來。迪士尼樂園的這種信息反饋，使父母們可以權衡一下：是花25分鐘等「托得先生的野馬」好呢，還是花30分鐘等「Dumbo」項目比較好？

另外，緩解排隊問題還有許多其他方法。紐約和新澤西州港口管理局曾指出，用交通指示燈將車輛分成14輛一組，可使車輛通過荷蘭隧道的效率最高。

哥倫比亞大學商學院的作業研究教授彼得‧科爾薩認為，應該更多地使用差異定價來轉移需求。例如，一些鐵路線非高峰期的票價比較低、餐廳向早於正常時間用餐的顧客提供折扣等。

資料來源：KLEINFIELD N. R. Conquering Those Killer Queues. New York Time, September 25.

討論題

你身邊有沒有這種排隊現象？你認為應該如何解決？

第一節　作業排序概述

在前面的章節中，我們已經學習了如何制訂 MRP，接下來我們需要將 MRP 分配到各車間，以便確定各車間的生產任務。那麼這些具體的生產任務是否可以隨意分配呢？各項作業之間是否有著一些潛在的聯繫？我們能否在生產營運過程中對生產活動進行及時調整與控制呢？這就是本章要研究和解決的問題。

一、作業排序的內涵

作業排序（Job Sequencing）是指為每臺設備、每位員工具體確定每天的工作任務和工作順序的過程。也就是說，作業排序要解決不同工件在同一設備上的加工順序問題、不同工件在整個生產過程中的加工順序問題，以及設備和員工等資源分配問題。人們還常常用生產調度、日常派工、生產控制來描述與作業排序核心含義相同的詞語。

在介紹作業排序的內容前，需要清楚幾個概念：

（1）工作中心。這是指營運中的一個場所或區域，該區域由一定的營運資源如人員、面積、空間、設備、工具等構成。工作中心可以是一臺設備、一組設備、一個成組的營運單元、一個車間、一條生產線等。

（2）無限負荷/有限負荷。這是指對工作中心的營運能力的考慮。無限負荷是指在對工作中心分配任務時，並不直接考慮該工作中心是否具有足夠能力來完成所分配的任務，而只是大概估計所分配的任務與該工作中心能力是否匹配。有限負荷是指在對工作中心分配任務時，對所分配的任務與該工作中心能力之間做出詳細的安排，明確規定每種資源在每一時刻的具體安排。

（3）前向排序/後向排序。前向排序是指系統接受訂單後，立即根據該訂單的各相關作業進行排序。後向排序是指系統接受訂單後，按照該訂單的某一約定時間進行倒排序，從而排定該訂單的各相關作業順序。

二、作業排序的目標

不同的作業排序，有時會產生不同的結果。下面我們以一個生產電子板的工作中心為例，來看看不同的作業排序會產生哪些效果。假如某無線電廠需要按照訂單生產 4 種型號的電子元件，分別為 Ⅰ、Ⅱ、Ⅲ、Ⅳ；而這 4 種元件需

要順序經過打磨與焊接兩道工序，各元件在這兩道工序上的加工時間如表9.1所示。

表9.1　　　　　　　　　4種電子元件的加工定額時間

電子元件	打磨工序耗時	焊接工序耗時
I	3	1
II	2	3
III	3	2
IV	1	2

由於各電子元件的耗時不同，如果我們採取不同的加工順序，那麼4種電子元件最終的完工時間也會不同。那麼加工該4種電子元件的次序排列有哪些呢？這是一個簡單的排列組合的問題。根據排列組合的原理，這4種電子元件的加工順序一共應該有24種。我們只假設用以下4種順序來進行加工，來看看結果如何（見圖9.1）。

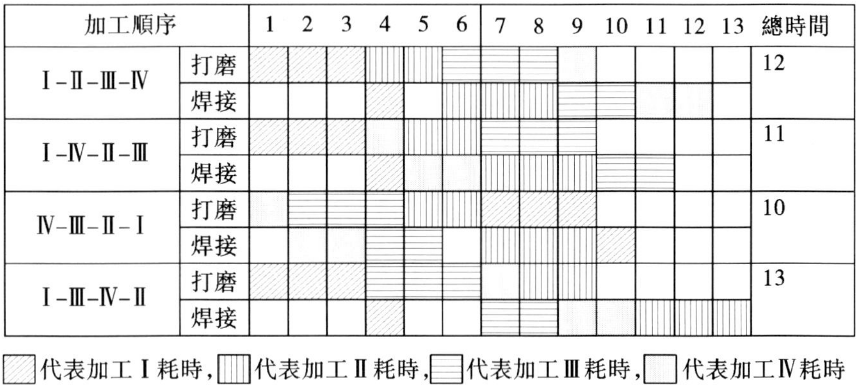

加工順序		1	2	3	4	5	6	7	8	9	10	11	12	13	總時間
I-II-III-IV	打磨														12
	焊接														
I-IV-II-III	打磨														11
	焊接														
IV-III-II-I	打磨														10
	焊接														
I-III-IV-II	打磨														13
	焊接														

▨代表加工 I 耗時，▥代表加工 II 耗時，▤代表加工 III 耗時，☐代表加工 IV 耗時

圖9.1　不同加工順序的比較

由圖9.1可知，第3種排序是4種排序中時間最為節省的順序。因此，科學的作業排序能夠提高整個製造過程或服務過程的效率，縮短加工時間或客戶等待的時間。那麼怎樣的作業排序是最合理的？是不是整個工序時間越短越好？一般說來，合理的作業排序需要在一定的排序目標下進行，而作業排序的主要目標包括：

（1）滿足顧客或下一道工序的交貨期要求。滿足客戶的交貨要求是作業排序的最低目標，也是檢驗作業排序成功與否的重要標準之一。

（2）降低在製品庫存，加快流動資金週轉。在激烈市場競爭及資金壓力下，現代企業對庫存有很高的要求，零庫存一度成為製造企業追求的目標。通過合理的作業排序管理能減少工件的生產加工時間，加快工件在生產過程中的流通速度，從而釋放在製品庫存所占用的資金，加快流動資金週轉。

（3）流程時間最短，即各作業在加工過程中所消耗的時間最少。這將意味著企業用更快的速度生產產品，在激烈的市場競爭中更容易占據領先地位。

（4）降低機器設備的準備時間和準備成本，充分利用機器設備和勞動力。現代化生產代表著大批量、少品種的生產方式，這種生產方式能最大限度地降低企業的生產製造成本，為企業創造更多的利潤。而小批量多品種的市場需求意味著生產設備要頻繁進行調整。

三、作業排序的類別

作業排序有很多種不同的分類方法。如圖9.2所示。

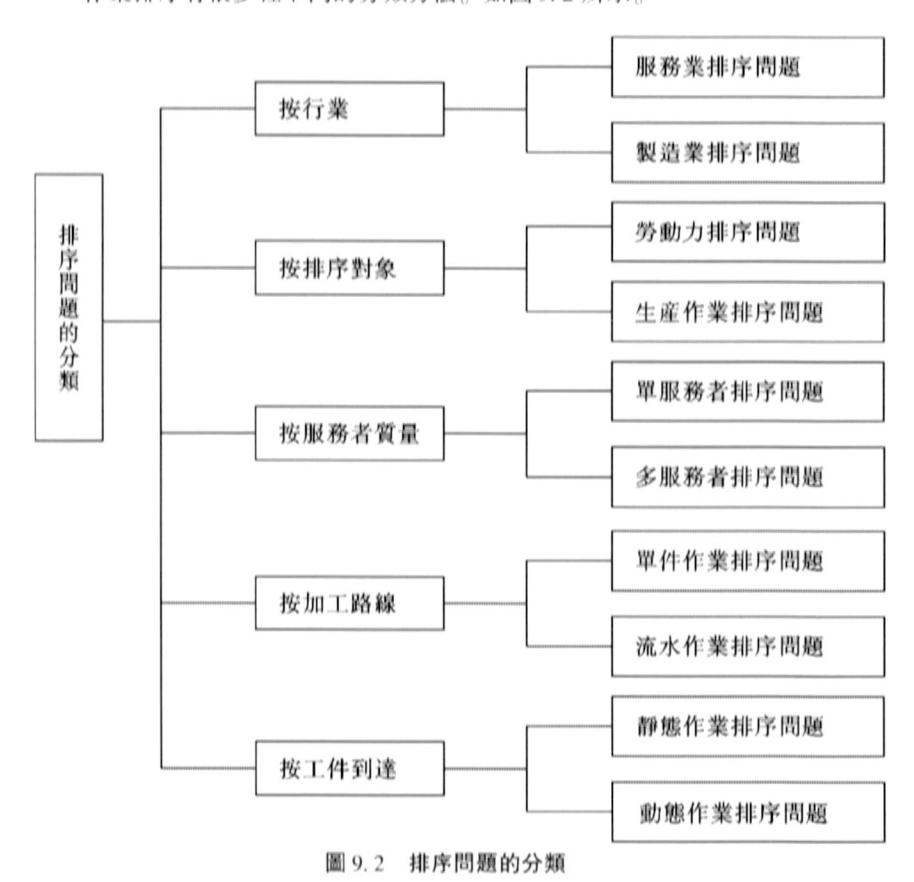

```
                          ┌─── 服務業排序問題
              ┌─ 按行業 ──┤
              │           └─── 製造業排序問題
              │
              │              ┌─── 勞動力排序問題
              ├─ 按排序對象 ─┤
              │              └─── 生產作業排序問題
排序問題的分類─┤
              │                ┌─── 單服務者排序問題
              ├─ 按服務者質量 ─┤
              │                └─── 多服務者排序問題
              │
              │              ┌─── 單件作業排序問題
              ├─ 按加工路線 ─┤
              │              └─── 流水作業排序問題
              │
              │              ┌─── 靜態作業排序問題
              └─ 按工件到達 ─┤
                             └─── 動態作業排序問題
```

圖9.2 排序問題的分類

（1）按照行業的不同，可分為製造業排序問題和服務業排序問題。製造業排序主要解決工件在生產過程中的加工次序問題；服務業排序主要解決如何安排服務能力以適應服務需要。

（2）按照對象不同，可分為勞動力（或服務者）排序和生產作業排序。勞動力排序主要確定機器設備或服務人員何時工作，生產作業排序則主要是將不同工件安排到不同的設備上。

（3）按照服務者的種類和數量不同，可分為單服務者排序問題和多服務者排序問題。在服務業中，單服務者排序是指單列單服務臺排隊問題，而多服務者排序問題是指單列多服務臺或多列多服務臺的排隊問題。在製造業中則為單臺設備上的加工排序問題和多臺設備上的加工排序問題。

（4）對於多臺設備上的加工排序問題，又可根據加工路線分為單件作業排序問題和流水作業排序問題。單件作業排序問題的基本特徵是零件的加工路線不同；流水作業排序問題的基本特徵是零件的加工路線完全相同。

（5）按照零件或顧客到達工位或服務臺的具體情況，可分為靜態作業排序問題和動態作業排序問題。靜態作業排序是指當進行排序時，所有零件或顧客都已到達，可以一次對它們進行排序；動態作業排序是指零件或顧客是陸續到達，要隨時根據情況安排零件或顧客的作業或服務順序。

以上是一些基本的排序分類。除此以外，還有多種分類方式，諸如根據目標函數情況可分為單目標排序問題和多目標排序問題，按照參數性質可分為確定型排序問題和隨機排序問題等。

四、作業排序的優先規則

如前所述，加工排序問題相當複雜。1臺機器n個工件的排序問題就有n!種可能的排序，如果有m臺機器，則最多會有（n!）m種可能的加工順序。而現實規模常常更大，因此，在決策作業排序的問題時，我們需要借助一些排序規則來進行。迄今為止，人們已提出了上百種排序的優先規則，在實際中常用的規則有以下幾種：

（1）FCFS（First Come, First Served）先到先服務規則：按照作業到達的先後順序加工。

（2）SPT（Shortest Processing Time）最短作業時間規則：按照各項作業所需的加工時間由小到大的順序進行。

（3）EDD（Esrliest Due Date）最早交貨規則：按照訂單的交貨日期的順序進行加工，優先出來交貨期最早的訂單。

（4）STR（Slack Time Remaining）最小鬆弛規則：剩餘鬆弛時間最短的訂單先被處理。剩餘鬆弛時間 STR = 距離交貨期所剩時間 − 剩餘加工所需時間。

（5）RW（Remaining Work）剩餘加工量規則：按照剩餘加工時間從小到大的順序進行加工。

（6）CR（Critical Ratio）關鍵比例最小規則：關鍵比例最小的訂單先處理。關鍵比例 CR = 距離交貨期所剩餘的時間 ÷ 剩餘工作時間。

以上優先規則各具特色。FCFS 規則適用於服務行業，最能體現公平的原則；SPT 規則可以使作業的平均流程時間最短，從而減少在製品數量；EDD 及 CR 規則可使作業延誤時間最小。除此以外，還有許多其他的規則，如隨機規則、後到先服務規則等。在進行作業排序時，具體採用哪一種規則，應根據企業的目標而定。

專欄知識 10−1　作業排序與作業計劃的區別

作業排序和作業計劃是兩個不同的概念。以製造業的作業排序和作業計劃為例，作業排序只是確定工件在機器設備上的加工順序，而作業計劃則不僅要確定工件的加工順序，還要確定機器加工每個工件的開始時間和完成時間。在實際生產中，指導工人進行生產活動的是作業計劃，但是作業計劃的主要問題在於確定工件在各設備上的加工順序，也就是作業排序問題，因此作業計劃是在作業排序基礎上進行的。

第二節　製造業中的作業排序

這一節，我們將首先討論應用最廣泛的製造業中的作業排序問題。這類問題可以描述為：n 種工件在 m 臺機器設備上加工的作業排序問題，表示為 n/m。

一、$n/1$ 作業排序問題

所謂 $n/1$ 作業排序問題是指 n 種工件在一臺設備上加工的排序問題，是排序問題中比較簡單的情形。在進行排序方案的設計時，我們只需要根據前一節介紹的優先規則進行排序，對方案的選擇可根據以下幾個評價指標來比選：交貨時間延遲、工件流程時間、在製品庫存等。下面我們用一個例子來說明：

例1：某電子元件生產廠需要在一臺機器上加工 5 種電子元件，每種元件的加工時間和交貨時間如表 9.2 所示。

表 9.2　　　　　　　　　　原始數據

電子元件	加工時間（小時）	交貨時間（小時）
A	3	5
B	4	6
C	2	7
D	6	9
E	1	2

分別使用以下優先規則來進行作業排序：FCFS，SPT，EDD，STR。對每一種方法都要求計算出總流程時間、平均流程時間、平均作業數和平均延遲時間。

（1）按照 FCFS——先到先服務規則，見表 9.3。

表 9.3　　　　　　　　FCFS 規則排序表

加工順序	加工時間	完成時間	交貨時間	延遲時間
A	3	3	5	0
B	4	7	6	1
C	2	9	7	2
D	6	15	9	6
E	1	16	2	14
總計		50		23

平均流程時間 = 50÷5 = 10（小時）

平均延遲時間 = 23÷5 = 4.6（小時）

平均在製品庫存 = 50÷16×1 = 3.125（個）

只有 A 能準時交貨，B、C、D、E 分別會延遲 1 小時、2 小時、6 小時、14 小時。

（2）按照 SPT——最短作業時間規則，見表 9.4。

表9.4　　　　　　　　　　　　SPT規則排序表

加工順序	加工時間	完成時間	交貨時間	延遲時間
E	1	1	2	0
C	2	3	7	0
A	3	6	5	1
B	4	10	6	4
D	6	16	9	7
總計		36		12

平均流程時間 = 36 ÷ 5 = 7.2（小時）

平均延遲時間 = 12 ÷ 5 = 2.4（小時）

平均在製品庫存數 = 36 ÷ 16 × 1 = 2.25（個）

E、C 能準時交貨，A、B、D 分別延遲 1 小時、4 小時、7 小時。

（3）按照 EDD——最早交貨規則，見表9.5。

表9.5　　　　　　　　　　　　EDD規則排序表

加工順序	加工時間	完成時間	交貨時間	延遲時間
E	1	1	2	0
A	3	4	5	0
B	4	8	6	2
C	2	10	7	3
D	6	16	9	7
總計		39		12

平均流程時間 = 39 ÷ 5 = 7.8（小時）

平均延遲時間 = 12 ÷ 5 = 2.4（小時）

平均在製品庫存數 = 39 ÷ 16 × 1 = 2.44（個）

E、A 能準時交貨，B、C、D 分別延遲 2 小時、3 小時、7 小時。

（4）按照 STR——最小鬆弛規則，見表9.6。

表9.6　　　　　　　　　　STR 規則排序表

加工順序	加工時間	交貨時間	鬆弛時間	完工時間	延遲時間
E	1	2	1	1	0
A	3	5	2	4	0
B	4	6	2	8	2
D	6	9	3	14	5
C	2	7	5	16	9
總計				43	16

平均流程時間 = 43 ÷ 5 = 8.6（小時）
平均延遲時間 = 16 ÷ 5 = 3.2（小時）
平均在製品庫存數 = 43 ÷ 16 × 1 = 2.68（個）
E、A 能準時交貨，而 B、C、D 分別延遲 2 小時、5 小時、9 小時。
將以上四種規則的排序結果進行比較，見表9.7。

表9.7　　　　　　FCFS、SPT、EDD、STR 的結果比較

規則	總流程時間（小時）	平均流程時間（小時）	平均延遲時間（小時）	平均在製品庫存（個）
FCFS	50	10	4.6	3.125
SPT	36	7.2	2.4	2.25
EDD	39	7.8	2.4	2.44
STR	43	8.6	3.2	2.68

從表9.7 中我們看出，利用 FCFS 規則進行的排序結果在幾個關鍵績效指標中是最差的，而 SPT 規則的排序結果是四種排序方案中效果最好的。這是由於 SPT 規則是以最短作業時間為出發點，要求整個流程時間最短，相應每個作業的平均流程時間也會最短，因此平均在製品庫存也較少。一般來說，SPT 規則是較優的排序規則，被譽為排序方面最重要的規則。以交貨時間為優先選擇標準的 EDD 規則以及 STR 規則可以使得工件延期的時間在一個較低的範圍內，這對那些對交貨時間有嚴格要求的訂單非常適用。

二、$n/2$ 作業排序問題

一般說來，排序問題是隨著機器設備的增多而越來越複雜。$n/2$ 作業是指

n個工件需要在兩臺設備上進行加工，並且所有作業的加工順序都相同，即都是先在第一臺設備上加工，然後移動到第二臺設備上進行加工。在這種情況下，全部完工時間就變成了最重要的評價指標，排序的結果就是要使得加工週期最短。解決這種 $n/2$ 作業的排序問題，通常使用著名的約翰遜算法（由 S. M. Johnson 於 1954 年提出）。其基本思路是盡量減少第二臺設備上的等待加工時間，將在第二臺設備上加工時間長的工件先加工，將在第二臺設備上加工時間短的工件後加工。這種算法的程序如下：

　　（1）列出兩臺機器上的工件加工所需要的時間。

　　（2）選擇最短加工時間的工件，如果該最短時間發生在第一臺設備上，則最先完成該工件；如果該最短時間發生在第二臺設備上，則最後完成該工件；如果兩臺加工時間相等，則在第一臺設備上完成。

　　（3）把已經確定順序的工件劃去，在剩下的工件中繼續第二步，直到全部工件順序確定。

　　例2：已經有 5 種工件需要順序經過兩臺設備進行加工，其各自的加工時間如表9.8所示。試用約翰遜算法給出最優加工順序。

表9.8　　　　　　　　　　加工時間表　　　　　　　　　單位：小時

工件＼設備	A	B	C	D	E
Ⅰ	5	1	8	5	3
Ⅱ	7	2	2	4	7

解：

　　（1）選擇加工時間最短的工件：B，最短加工時間為1，發生在設備Ⅰ上，故安排在第一位進行加工。從隊列中劃去 B。

　　（2）在剩下的隊列中選擇加工時間最短的工件：C，最短加工時間為2，但該時間是在設備Ⅱ進行的，故放在最後加工。劃去 C。

　　（3）重複以上步驟，選擇工件 E，放在 B 後加工；選擇工件 D，放在工件 C 前加工；選擇工件 A，放在 E 後加工。得到排序方案如下：

$$B \rightarrow E \rightarrow A \rightarrow D \rightarrow C$$

　　該方案的排序總加工週期為 24 小時。

　　圖9.3 是該方案的排序示意圖。

設備	加工時間（小時）																							
	1	2	3	4	5	6	7	8	9	10	11	12	13	14	15	16	17	18	19	20	21	22	23	24
I	B		E					A				D								C				
II																								

圖 9.3　作業排序方案示意圖

三、n/m 作業排序問題

n/m（$m \geq 3$）的流水作業排序是一個複雜的問題。如果 n/m 的值不大，可以通過枚舉法來求解。但當 n/m 值很大時，作業排序會出現 $(n!)m$ 種可選方案。而生產生活中常常會出現這種情況。因此，人們通常會根據一些算法，使用計算機仿真來進行方案的比選。具體的操作我們這裡不再介紹。

四、生產作業控制

生產作業控制是對作業計劃的實施情況進行監控，發現作業計劃與實際完成情況之間的偏差，採取調節和糾正措施，以確保生產計劃能順利完成。由於生產作業計劃是在生產活動開始前預先制定的作業安排，在實施過程中總是存在一些不確定因素，比如機器設備發生故障、工作人員離職或請假，又或者在生產過程中突然產生了一些加急的訂單等，這些情況的出現往往會打亂我們既定的生產計劃。因此，我們需要對生產作業進行有效的控制，以便及時地調整生產計劃以適應變化的環境要求。

生產作業控制主要包括對工作中心的負荷控制、生產作業時間（進度）的控制和生產能力控制三個方面。對工作中心的負荷控制也就是合理分配生產作業，以至於工作中心不會超負荷營運也不會負荷不足。生產作業時間（進度）控制是通過對作業計劃執行情況的動態監控，調整資源分配，控制偏差，保證作業計劃按期完成。生產能力控制主要是調整現有的生產能力從而使一些作業順利進行。下面簡單介紹三種用於生產作業控制的工具和方法：

（一）甘特圖

甘特圖是作業排序與控制中最常用的一種工具，是一種將任務標註於時間軸的條形圖。通過條形圖的完成情況能夠使管理者對各項工作的完成情況了如指掌，為管理者對生產計劃與控制的調整提供依據。甘特圖廣泛運用於作業進度、機器任務安排、資源安排等控制中。圖9.4是某工作中心的機器作業進度控制圖，圖9.5是某訂單進度控制示意圖。

工作任務	4/17	4/18	4/19	4/20	4/21	4/22	4/23	4/24	4/25	4/26
福特										
普利茅斯										
龐蒂亞克										

開始活動　　結束活動　　計劃活動時間

實際進程　　非生產性時間

圖 9.4　某汽車配件公司單件流程的甘特圖

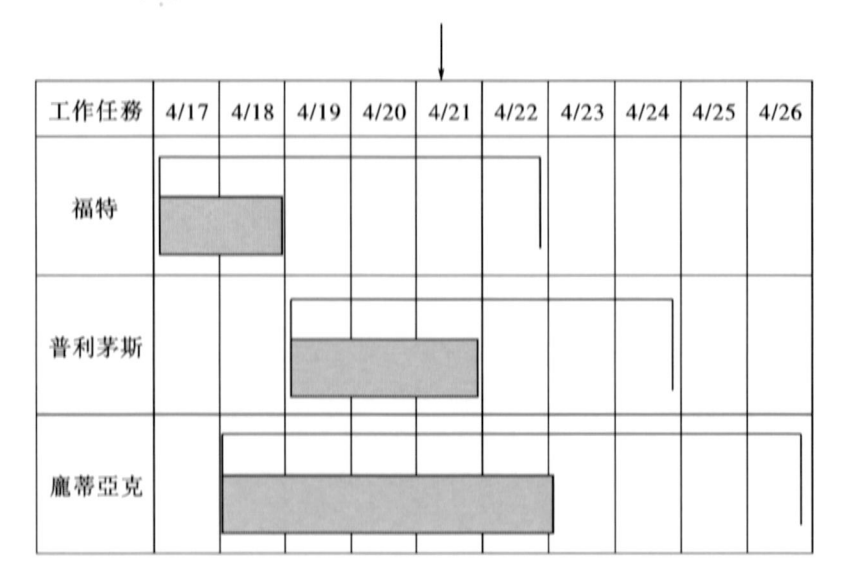

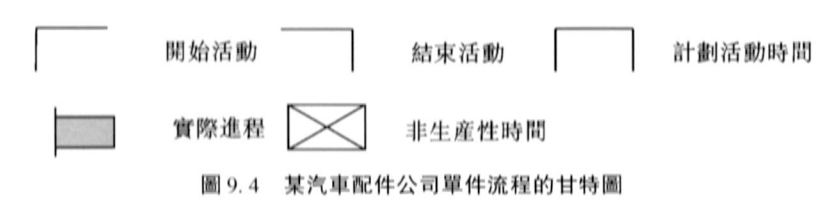

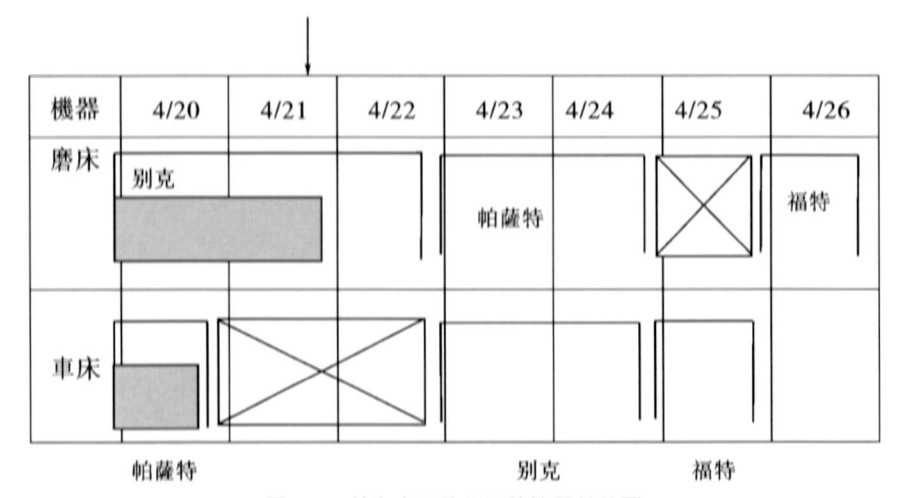

機器	4/20	4/21	4/22	4/23	4/24	4/25	4/26
磨床	別克			帕薩特			福特
車床							

帕薩特　　　　　　別克　　　福特

圖 9.5　某汽車配件公司的機器甘特圖

(二) 輸入/輸出控制

輸入/輸出控制是對工位的工作流進行控制，是生產控制的主要部分。它的主要原理就是嚴格控制工作中心的生產作業輸入不能夠超過生產作業輸出。一方面，一旦輸入大於輸出，就會造成工作中心的訂單積壓，要完成訂單任務只有超負荷運轉；另一方面，如果輸入小於工作中心的正常輸出，就會造成工作中心的效率低下，這也是生產作業不合理的現象。輸入/輸出是否平衡可以通過輸入/輸出報告來檢測。表9.9就是某工作中心的輸入/輸出報告表。從表9.9中可以看出，該工作中心存在著生產能力瓶頸問題，要解決該工作中心的作業積壓問題必須從解決生產能力入手或者降低工作的輸入。

表9.9　　某工作中心2008年5月25~28日的輸入/輸出情況

時間	2008年5月25日	2008年5月26日	2008年5月27日	2008年5月28日
計劃輸入	180	180	180	180
實際輸入	150	120	120	130
累積偏差	－30	－90	－150	－200
計劃輸出	180	180	180	180
實際輸出	140	140	150	130
累計偏差	－40	－80	－110	－160

(三) 生產能力負荷圖

生產能力負荷圖直接明了地將某工作中心的生產能力與訂單的比較情況表示出來。圖9.6是無限生產能力負荷圖，圖9.7是有限生產能力負荷圖。

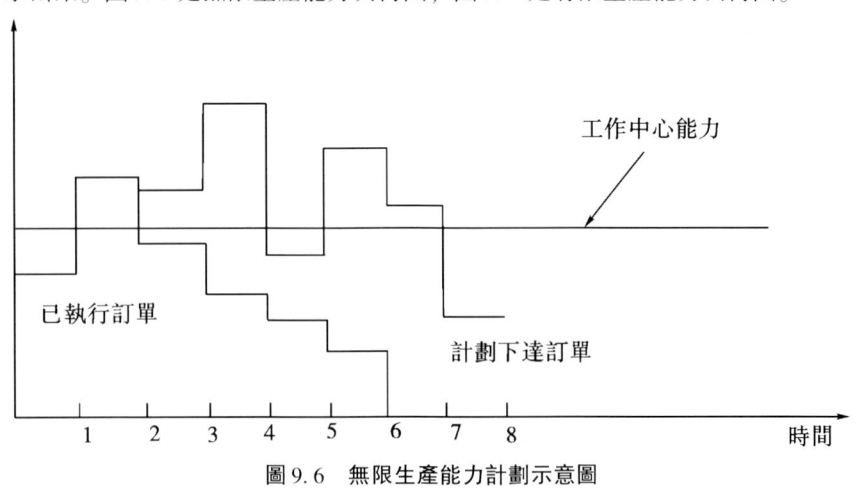

圖9.6　無限生產能力計劃示意圖

圖 9.7　有限生產能力計劃示意圖

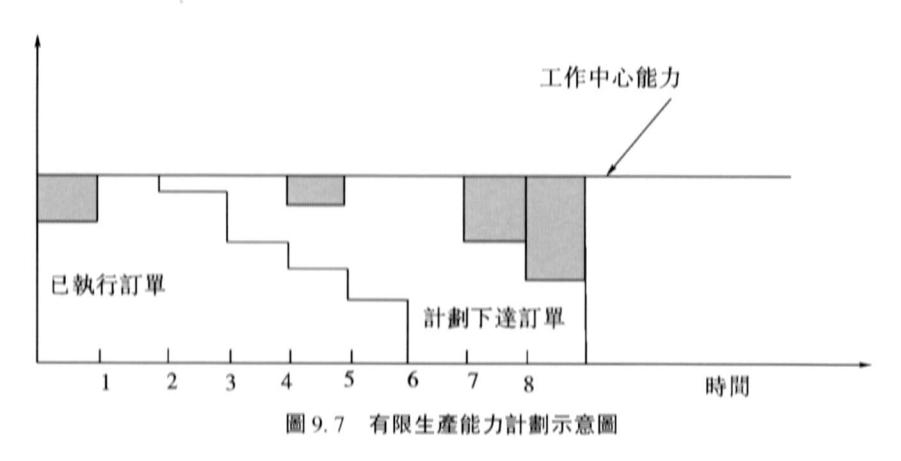

第三節　服務業的作業排序問題

一、服務業作業排序的特點

與製造業相比，服務業最重要的特徵有兩點：一是無法對所提供的服務進行庫存管理，而製造業生產的產品是可以通過庫存量的設計來應對不時之需的；二是需要提供服務的顧客是不確定的，也就是說服務業的服務對象（需求）是難以預測的。以銀行櫃臺工作人員提供的金融服務為例，什麼時候有什麼樣的顧客需要進行哪種類型的服務是無法預知的。根據這個特點，對服務業的作業排序也就轉變成了根據服務需求的訂單及對服務需求的預測來對提供服務的工作人員進行員工排序的問題。

服務作業排序的主要目標是使顧客需求與服務能力相匹配。因此，服務作業排序有兩種基本的方式：①將顧客需求分配到不同的時間段內，以不變的服務能力去滿足顧客需求；②將服務人員安排到顧客需求不同的時間段內，用變化的服務能力去適應顧客需求。

二、顧客需求排序

這種方式中，服務能力保持一定，通過適當地安排顧客的需求來提供準時服務和充分利用能力。常用的方法有三種：預約、預訂、排隊。

（1）預約。通過預約系統的使用，在特定的時間為顧客提供服務。這種方法的優點是能夠為顧客提供及時的服務並提高服務系統和服務人員的效率。

醫生、律師、維修部門是使用預約系統提供服務的典型例子。比如某汽車維修部門可以根據預約系統中的當天預約信息來安排當天的工作計劃，以確保顧客到達後能及時提供維修服務。這樣可以避免客戶等待過長的時間，提高客戶滿意度。

（2）預訂。預訂系統與預約系統有類似之處，區別在於預訂系統通常是指客戶在接受服務時需要占據或使用相應的服務設施的情況。比如顧客預訂酒店房間、飛機座位、飯店座位等常常使用預訂系統。預訂系統的主要優點在於能夠給予服務管理者一定的提前期來做出服務作業計劃。但是預訂系統一般應要求顧客支付一定數額的訂金，以免出現預訂後又放棄的情況發生。

（3）排隊。即使是使用了以上的方法，我們仍然無法避免出現排隊等待服務的現象發生。這是因為顧客需求是隨機的，我們永遠無法準確預知顧客的需求情況。對於排隊現象如何進行服務作業排序主要是依據排隊論的研究進行的。有關排隊論的知識在這裡不再詳細介紹。

三、服務人員的排序

服務人員排序普遍存在於服務行業中，如麥當勞的營業人員、醫院的護士、商場收銀人員、車站售票員的工作計劃和休息日的安排。對服務人員的排序，也就是將服務人員安排到顧客需求不同時間段內，通過適當安排服務人員的數量來調整服務能力，從而最大限度地滿足不同時間段內的不同服務需求。

由於大部分國家對員工的工作時間都有法律約束，對企業來說，超出法定工作時間使用員工則需求付出相當高的加班費用。這也意味著服務成本的提高。因此，如何在保證服務需求得到充分滿足的情況下，合理安排員工的休息時間對服務型企業來說至關重要。下面介紹一種最常見的 5 個工作日、連續休息兩天的啓發式算法來進行服務人員的排序：

排序步驟如下：

（1）從每週人員需求量中，找出服務人員需求量總和最少的連續兩天。

（2）制定第 1 位員工在（1）中確定的兩天休息、在其他 5 天工作。並且對其工作的 5 天的服務人員需求量均減去 1，表示這些工作日已有 1 人工作，因此少需要一個員工。

（3）重複以上步驟，直到將所有服務人員的工作日和休息日安排完畢。

例 3：某快餐店有 10 名雇員，據預測每天需要的雇員數如表 9.10 所示。在不影響店面的服務水準的前提下，要使 10 名雇員每週都能享受連續兩天的休息日，並且盡量安排在週六、週日休息。請為店長做出員工班次計劃，並且

對快餐店的服務能力情況做出評價。

表9.10　　　　　　　快餐店一週的每天雇員需求量

	週一	週二	週三	週四	週五	週六	週日
人員數	8	7	6	5	10	6	5

解：按照排序步驟進行。先假設這10位雇員分別為A、B、C、D、E、F、G、H、I、J。

（1）對A來說，週三和週四的需求量與週六和週日的需求量之和是一樣最少的，但是根據盡量安排在週六、週日這一原則，選擇週六、週日安排A休息。

（2）對週一到週五的雇員需求量均減1，得到表9.11中的第二行。

（3）在第二行中，週三、週四的連續需求量之和最少，故安排B在週三、週四休息。對B的工作日中的需求量均減1，得到表9.11中的第三行。

依次安排下去，得到其他雇員的工作日和休息日，見表9.11。表9.11中劃圈的地方表示雇員連續休息的時間。從表9.11中可以看出，快餐店目前的10名雇員完全能夠滿足店面的員工需求情況，服務能力充分。

表9.11　　　　　　　快餐店員工排序過程及結果

星期	一	二	三	四	五	六	日	員工
員工需求量	8	7	6	5	10	6	5	A
	7	6	5	4	9	6	5	B
	6	5	5	4	8	5	4	C
	5	4	4	3	7	5	4	D
	4	3	4	3	6	4	3	E
	3	2	3	2	5	4	3	F
	2	1	3	2	4	3	2	G
	2	1	2	1	3	2	1	H
	1	0	1	0	2	2	1	I
	1	0	0	0	1	1	0	J
服務能力	8	8	6	6	10	6	6	
顧客需求	8	7	6	5	10	6	5	
閒置產能	0	1	0	1	0	0	1	

四、計算機化員工作業計劃系統

由於員工的作業時間常常伴隨著無數的約束條件和考慮因素，比如電話公司、快遞公司或某客戶服務熱線，員工必須每週工作7天、每天24小時值班，有時一部分員工是兼職員工，上班班次可以交叉，可以延長值班時間，值班時

間必須考慮員工的用餐休息時間及其他一些情況。諸多約束條件和考慮因素，使得管理層進行員工作業計劃變得非常複雜。使用計算機編程進行員工作業排序使問題變得簡單易行。比如，某保險公司的客戶服務中心必須保證每週 7 天每天 24 個小時都配有電話接線員。該公司擁有 150 名正式員工和 100 名臨時雇員。正式員工要在輪班制的基礎上保證作業時間是一週七天的最小工作量。臨時雇員的工作時間安排則相對靈活，有的可以一週工作六天，有的只需要保證每週工作 20 小時的最低工作時數。運用計算機化員工作業計劃系統，公司管理層只需要先預測電話中心每小時的工作量，並將這個工作量轉換為生產能力需求，然後再為員工生成一週的作業計劃，用來滿足對生產能力的這些需求。

閱讀資料 9-2　美國加利福尼亞大學洛杉磯分校的課程安排

加州大學洛杉磯分校（UCLA）安達信管理研究生院（www.asgm.ucr.edu）為本科生、MBA 和博士課程進行手工排課需要兩個人每季度花 3 天時間才能完成。複雜性來源於教師們的各種偏好，以及設施和行政方面的約束條件。例如，老師們可能喜歡將分配給自己的課程安排在同一天連著上，並且還要安排在下午。此外，一天只有 8 個時間空當可以上 MBA 核心課；對能夠進行案例討論、大班課或上機的教室數目也有限制。同一個老師上的課不能重複，同時課程的時間還必須安排得使所有學生都可以選到每個季度的所有必修課。對 25 門 MBA 核心課以及 120 門非核心課進行安排，使教師的偏好、學生的需求以及其他所有約束條件最大限度地得到滿足並非一件容易的事情。

現在課程安排可以採用計算機輔助進行。由於核心課的存在課程開始時間的限制，並且所有的 MBA 學生都必須選這些課，因此首先安排核心課。有關所要提供的核心課的節數、師資和行政約束條件，以及上核心課的教室的教學偏好的數據都會輸入到一個計算機模型中，利用該模型將教室分配給各門課程，將各門課程安排到各個時間空當，使教學偏好最大限度地得到滿足，同時還要滿足各種約束條件。並非所有的偏好都會得到滿足。但是，如果教師的偏好有改變，可以重新利用該模型在幾秒鐘的時間內生成一個新的教學安排。

另外，還開發了一個模型用來給非核心課程安排時間、給教師安排課程，使教師的偏好得到最大限度地滿足。模型的輸入值包括核心課教學任務、核心課安排、可用的教室以及教師的偏好。

該系統已經實施且運轉良好。這個排課系統改進了最終的課程安排質量，還節約了時間。包括解決教師偏好衝突所需的時間在內，現在只需要 3 個小時就能生成一個完整的排課計劃。

【綜合案例分析】　讓病人等待？這事不會發生在我的辦公室

在我的小兒科辦公室裡，99%以上是在預約的時間接待患者的。所以，在我繁忙的單獨行醫的經歷中，遇到過很多對我表示感激的病人。病人經常對我說：「我們真的很感激你的準時接待。為什麼其他的醫生做不到呢？」我的回答是：「我不知道，但是我很願意告訴他們我是怎樣做到的。」

1. 按實際情況安排預約

通過實際安排許多病人的就診時間，我發現他們可以分為幾大類別。我們可以為一個新的病人安排半小時，給一個健康的嬰兒檢查或者一個重要病症安排15分鐘時間，給一個傷病復查、一個免疫就診或者類似長痱子之類的小病安排5分鐘或者10分鐘。當然，你可以根據你自己的實際情況安排你自己的時間分配。當預約好了以後，每一個病人都能收到一個確切的時間，像10：30或14：40。在我的辦公室裡，對病人說「10分鐘以後你再來」或者「半小時以後再來」是絕對不允許的。人們對這暗示的理解是不同的，而且沒有人知道他們到底什麼時候會到。

2. 急診安排

在大多數情況下，急診是醫生未能遵循預約時間的原因。當一個手臂骨折的小孩來就診或者接到醫院電話去參加一個剖腹產急救手術的時候，我就會放下手中的其他工作。如果只是中斷一小會兒，那麼還可以設法趕上原來的計劃。如果可能要很長時間，那麼接下來的幾個病人就可以選擇繼續等待或者安排新的預約。偶爾，我的助手需要對接下來的一個或者幾個小時進行重新安排。不過，通常這種中斷不會超過10～20分鐘，而且病人通常也會選擇繼續等待。接下來我會把他們安排到為重症病人額外保留的時間裡。

3. 電話處理

來自患者的電話，如果你不能好好處理，會破壞你的預約計劃。但是，我這裡沒有這種問題。和其他的小兒科醫生不同，我沒有規定的電話時間，但是我的助手在辦公時間接聽來自患者母親的電話。如果電話比較簡單，如「一個一歲的孩子應該服用多少阿司匹林」等，那麼我的助手就會回答。如果這個問題需要我的回答，那麼助手就會寫在患者來電登記表裡，在我給下一個孩子診治的時候交給我。我寫下答案，然後由助手傳達給打電話的人。

4. 遲到處理

當超過了為一個病人預約的時間19分鐘以上，病人還沒有出現在辦公室，那麼助手就會打電話到他家裡，安排晚一些的預約。如果沒人應答，並且病人

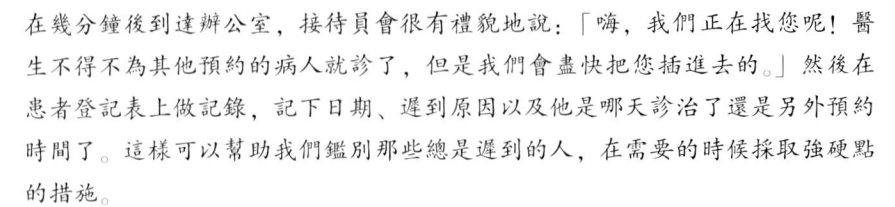

在幾分鐘後到達辦公室，接待員會很有禮貌地說：「嗨，我們正在找您呢！醫生不得不為其他預約的病人就診了，但是我們會盡快把您插進去的。」然後在患者登記表上做記錄，記下日期、遲到原因以及他是哪天診治了還是另外預約時間了。這樣可以幫助我們鑑別那些總是遲到的人，在需要的時候採取強硬點的措施。

5. 不露面處理

對於預約好了但是最終沒有出現、電話也找不到的病人該怎麼處理呢？這些也會被記在患者登記表中。通常有很簡單的解釋，比如出城了或者忘了預約。如果第二次出現，我們會重複同一步驟。如果第三次出現，病人就會收到一封信，提醒他時間已經留出來，但是他三次都沒有出現；並且告訴他，將來他會為這些浪費的時間付帳的。

案例來源：SCHAFER W B. Keep patients waiting? Not in my office [J]. Medical Economics, May 12, 1986：137-141.

討論題

1. 案例上介紹的是哪一種排序問題？該排序問題是如何解決的？
2. 哪些預約計劃系統的特徵起到了關鍵作用？
3. 對於遲到和不露面的情況，應該如何處理？
4. 這個案例帶給我們什麼樣的啟示？

課後習題

1. 什麼是作業排序？
2. 作業排序的目標是什麼？
3. 作業排序有哪些類型？
4. 作業排序的優先規則有哪些？
5. 服務業排序與製造業的排序有何不同？
6. 作業排序與作業計劃有何不同？
7. 有6項需要加工的產品在某車間進行加工的時間如下表所示：

產品	加工時間（天）	預訂交貨時間（天）
A	12	25
B	10	26
C	8	20

續上表

產品	加工時間（天）	預訂交貨時間（天）
D	6	16
E	5	12
F	7	14

試使用 FCFS、SPT、EDD、SCR 四種優先規則，從平均流程時間、平均延期時間、平均在製品庫存三個績效指標來進行加工順序排序方案設計。

8. 假設有 6 個零件需要在兩臺設備上加工，加工順序為先在車床上進行加工，後在磨床上進行加工，每個零件的加工時間如下表所示。請利用約翰遜算法找出一個最優的排序計劃，使完成所有零件所耗費的加工時間最短。

零件	加工時間（小時）	
	車床	磨床
A	2	4
B	4	3
C	3	5
D	4	3
E	8	3
F	5	6

9. 某事務所需要制訂一個員工輪班計劃，使得連續休息兩天的五日制工作所需員工數最少。該事務所一週的每天需要的工作人數如下表：

星期	一	二	三	四	五	六	日
所需人數/人	4	3	4	2	3	1	2

第十章　供應鏈管理

本章關鍵詞

供應鏈（Supply Chain）
通道設計（Channel Designing）
供應鏈管理（Supply Chain Management）
準時採購（JIT Purchasing）
有效性供應鏈（Efficient Supply Chain）
牛鞭效應（Bullwhip Effect）
反應性供應鏈（Responsivesupply Chain）
供應商管理庫存（Vendor Managed Inventory）

【開篇案例】

　　作為中國最大的IT分銷商，神州數碼在中國的供應鏈管理領域處於第一的地位，在IT分銷模式普遍被質疑的環境下，依然保持了良好的發展勢頭，與CISCO、SUN、AMD、NEC、IBM等國際知名品牌保持著良好的合作關係。e–Bridge交易系統於2000年9月開通，截至2003年3月底，實現64億元的交易額。這其實就是神州數碼從傳統分銷向供應鏈服務轉變的最好體現。本著「分銷是一種服務」的理念，神州數碼通過實施渠道變革、產品擴張、服務營運，不斷增加自身在供應鏈中的價值，實現規模化、專業化經營，在滿足上下游客戶需求的過程中，使供應鏈系統能提供更多的增值服務，具備越來越多的「IT服務」色彩。

　　資料來源：http：//baike.baidu.com/view/10365.htm.

討論題

　　1. 什麼是供應鏈管理？
　　2. 供應鏈管理是如何提高企業競爭力的？

閱讀資料 10-1　供應鏈管理的興起

　　由於科學技術不斷進步和經濟的不斷發展、全球化信息網絡和全球化市場形成及技術變革的加速，圍繞新產品的市場競爭也日趨激烈。技術進步和需求多樣化使得產品壽命週期不斷縮短，企業面臨著縮短交貨期、提高產品質量、降低成本和改進服務的壓力。所有這些都要求企業能對不斷變化的市場做出快速反應，源源不斷地開發出滿足用戶需求的、定制的「個性化產品」去占領市場以贏得競爭，市場競爭也主要圍繞新產品的競爭而展開。毋庸置疑，這種狀況會在21世紀持續，使企業面臨的環境更為嚴峻。現代企業的業務越來越趨向於國際化，優秀的企業都把主要精力放在企業的關鍵業務上，並與世界上優秀的企業建立戰略合作關係，將非關鍵業務轉由這些企業完成。現在行業的領頭企業在越來越清楚地認識到保持長遠領先地位的優勢和重要性的同時，也意識到競爭優勢的關鍵在於戰略夥伴關係的建立。而供應鏈管理所強調的市場需求快速反應、戰備管理、高柔性、低風險、成本—效益目標等優勢，吸引了許多學者和企業界人士研究和實踐它。國際上一些著名的企業，如惠普公司、IBM 公司、戴爾計算機公司等在供應鏈管理實踐中取得的巨大成就，使人們更加堅信供應鏈管理是進入21世紀後適應全球競爭的一種有效途徑。

第一節　供應鏈管理的基本概念

　　20世紀90年代以來，由於科學技術飛速進步和生產力的快速發展，顧客消費水準不斷提高，企業之間的競爭加劇，加上政治、經濟、社會環境的巨大變化，使得需求的不確定性大大增加，導致需求日益多樣化。在全球市場的激烈競爭中，企業面對一個變化迅速且無法預測的買方市場，傳統的生產與經營模式對市場巨變的回應越來越遲緩和被動。為了擺脫困境，企業採取了許多先進的單向製造技術和管理方法，如計算機輔助設計（CAD）、柔性製造系統（FMS）、準時生產制（JIT）、製造資源計劃（MRP Ⅱ）和企業資源計劃（ERP）等。雖然這些方法取得了一定的實效，但在經營的靈活性、快速回應顧客需求方面並沒有實質性改觀。人們終於意識到問題不在於具體的製造技術和管理方法本身，而是在於它們仍囿於傳統生產模式的框框之內。

　　長期以來，企業出於對生產資源進行管理和控制的目的，對於其提供原材料、半成品或零部件的其他企業一直採取投資自建，投資控股或兼併的「縱向一體化」管理模式。實行「縱向一體化」的目的在於加強核心企業對原材

料供應、成品製造、分銷和銷售全過程的控制，使企業能夠在市場競爭中掌握主動，從而達到增加各個業務活動階段的利潤的目的。這種模式在傳統市場競爭環境中有其存在的合理性，然而在高科技迅速發展、市場競爭日益激烈、顧客需求不斷變化的今天，「縱向一體化」模式已逐漸顯示出其無法快速、敏捷地回應市場機會的薄弱之處。因此越來越多的企業對傳統模式進行改革或改造，把原來由企業自己生產的零部件外包出去，充分利用外部資源，與這些企業形成了一種水準關係，人們形象地稱之為「橫向一體化」。供應鏈管理就體現了「橫向一體化」的基本思想。

供應鏈最早來源於彼得·德魯克提出的「經濟鏈」，而後由邁克爾·波特發展成為「價值鏈」，最終日漸演變為「供應鏈」。那麼什麼是「供應鏈」(Supply Chain, SC) 呢？它的定義為：圍繞核心企業，通過對信息流、物流、資金流的控制，從採購原材料開始，制成中間產品及最終產品，最後由銷售網絡把產品送到消費者手中。它是將供應商、製造商、分銷商、零售商，直到最終用戶連成一個整體的功能網鏈模式。所以，一條完整的供應鏈應包括供應商（原材料供應商或零配件供應商）、製造商（加工廠或裝配廠）、分銷商（代理商或批發商）、零售商（大賣場、百貨商店、超市、專賣店、便利店和雜貨店）以及消費者。同一企業可能構成這個網絡的不同組成節點，但更多的情況下是由不同的企業構成這個網絡中的不同節點。比如，在某個供應鏈中，同一企業可能既在製造商、倉庫節點，又在配送中心節點等佔有位置。在分工細、專業要求高的供應鏈中，不同節點基本上由不同的企業組成。在供應鏈各成員單位間流動的原材料、在製品庫存和產成品等就構成了供應鏈上的貨物流。圖 10.1 就是一個供應鏈的示意圖。

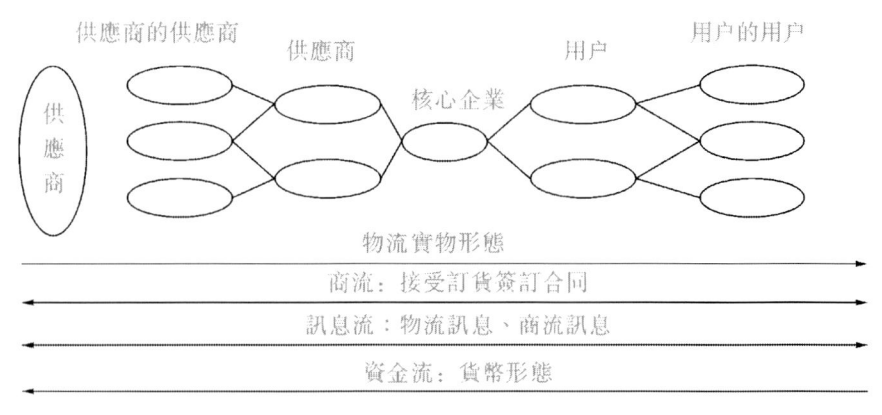

圖 10.1　供應鏈結構示意圖

對於供應鏈管理（Supply Chain Management, SCM），國外也有許多不同的定義和稱呼，如有效客戶反應（Efficency Consumer Response, ECR）、快速反應（Quick Response, QR）、虛擬物流（Virtual Logistics, VL）或連續補充（Continuous Replenishment）等。這些稱呼因考慮的層次、角度不同而不同，但都通過計劃和控制實現企業內部與外部之間的合作，實質上它們在一定程度上都反應了對供應鏈各種活動進行人為干預和管理的特點，使過去那種自發的供應鏈系統成為自覺的供應鏈系統，有目的地為企業服務。

供應鏈管理是一種集成的管理思想和方法，它執行供應鏈中從供應商到最終用戶的物流的計劃和控制等職能。從單一的企業角度來看，是指企業通過改善上、下游供應鏈關係，整合和優化供應鏈中的信息流、物流、資金流，以獲得企業的競爭優勢。其目標是要將顧客所需的正確的產品（Right Product）能夠在正確的時間（Right Time）裡，按照正確的數量（Right Quantity）、正確的質量（Right Quality）和正確的狀態（Right Status）送到正確的地點（Right Place），並使總成本達到最佳化。

從上述定義中，我們能夠解讀出供應鏈管理包含的豐富內涵。

首先，供應鏈管理把產品在滿足客戶需求的過程中對成本有影響的各個成員單位都考慮在內了，包括從原材料供應商、製造商到倉庫再經過配送中心到渠道商。不過，實際上在供應鏈分析中，有必要考慮供應商的供應商以及顧客的顧客，因為它們對供應鏈的業績也是有影響的。

其次，供應鏈管理的目的在於追求整個供應鏈的整體效率和整個系統費用的有效性，總是力圖使系統總成本降至最低。因此，供應鏈管理的重點不在於簡單地使某個供應鏈成員的運輸成本達到最小或減少庫存，而在於通過採用系統方法來協調供應鏈成員以使整個供應鏈總成本最低，使整個供應鏈系統處於最流暢的營運中。

最後，供應鏈管理是圍繞把供應商、製造商、倉庫、配送中心和渠道商有機結合成一體這個問題來展開的，因此它包括企業許多層次上的活動，包括戰略層次、戰術層次和作業層次等。

儘管在實際的物流管理中，只有通過供應鏈的有機整合，企業才能顯著地降低成本和提高服務水準，但是在實踐中供應鏈的整合是非常困難的，這是因為：首先，供應鏈中的不同成員存在著不同的、相互衝突的目標。比如，供應商一般希望製造商進行穩定數量的大量採購，而交貨期可以靈活變動；與供應商的願望相反，儘管大多數製造商願意實施長期生產運轉，但它們必須顧及顧客的需求及其變化並做出積極回應，這就要求製造商靈活地選擇採購策略。因

（6）運輸渠道分析不夠。
（7）庫存成本評價不正確。
（8）組織間的障礙。
（9）產品/流程設計不完整。
（10）沒有度量供應鏈的績效的標準。
（11）供應鏈不完整。

三、供應鏈設計的步驟

第一步，分析市場競爭環境。要「知彼」，其目的在於找到針對哪些產品市場開發供應鏈才有效。為此，必須知道現在的產品需求是什麼，產品的類型和特徵是什麼。分析市場特徵的過程要向賣主、用戶和競爭者進行調查，提出諸如用戶想要什麼，他們在市場中的分量有多大等問題，以確認用戶的需求和因賣主、用戶、競爭者產生的壓力。這一步驟的輸出是每一產品的按重要性排列的市場特徵。同時對於市場的不確定性要有分析和評價。

第二步，總結、分析企業現狀。要「知己」，主要分析企業供需管理的現狀（如果企業已經有供應鏈管理，則分析供應鏈的現狀）。其目的不在於評價供應鏈設計策略的重要性和合適性，而是著重於研究供應鏈開發的方向，分析、找到、總結企業存在的問題及影響供應鏈設計的阻力等因素。

第三步，針對存在的問題提出供應鏈設計項目，分析其必要性。要瞭解產品，圍繞著供應鏈「可靠性」和「經濟性」兩大核心要求，提出供應鏈設計的目標。這些目標包括提高服務水準和降低庫存投資的目標之間的平衡，以及降低成本、保障質量、提高效率、提高客戶滿意度等目標。

第四步，根據基於產品的供應鏈設計策略提出供應鏈設計的目標。其主要目標在於獲得高用戶服務水準和低庫存投資、低單位成本兩個目標之間的平衡（這兩個目標往往有衝突），同時還應包括以下目標：

（1）進入新市場。
（2）開發新產品。
（3）開發新分銷渠道。
（4）改善售後服務水準。
（5）提高用戶滿意程度。
（6）降低成本。
（7）通過降低庫存提高工作效率等。

第五步，分析供應鏈的組成，提出組成供應鏈的基本框架。

供應鏈中的成員組成分析主要包括製造工廠、設備、工藝和供應商、製造商、分銷商、零售商及用戶的選擇及其定位，以及確定選擇與評價的標準。

分析供應鏈節點的組成，提出組成供應鏈的基本框架；供應鏈組成包括產品設計公司、製造工廠、材料商、外包廠（如表面處理）、物流夥伴以及確定選擇和評價的標準包括質量、價格、準時交貨、柔性、提前期（L/T）和批量（MOQ）、服務、管理水準等指標。

第六步，分析和評價供應鏈設計的技術可能性（DFM）。這不僅僅是某種策略或改善技術的推薦清單，而且也是開發和實現供應鏈管理的第一步，它在可行性分析的基礎上，結合本企業的實際情況為開發供應鏈提出技術選擇建議和支持。這也是一個決策的過程。如果認為方案可行，就要進行下面的設計；如果認為方案不可行，就要重新進行設計。結合企業本身和供應鏈聯盟內資源的情況進行可行性分析，並提出建議和支持；如果不可行，則需要重新設計供應鏈，調整節點企業或建議客戶更新產品設計。

第七步，設計供應鏈，主要解決以下問題：

（1）供應鏈的成員組成（供應商、設備、工廠、分銷中心的選擇與定位、計劃與控制）。

（2）原材料的來源問題（包括供應商、流量、價格、運輸等問題）。

（3）生產設計（需求預測、生產什麼產品、生產能力、供應給哪些分銷中心、價格、生產計劃、生產作業計劃和跟蹤控制、庫存管理等問題）。

（4）分銷任務與能力設計（產品服務於哪些市場、運輸、價格等問題）。

（5）信息管理系統設計。

（6）物流管理系統設計等。

在供應鏈設計中，要廣泛地應用到許多工具和技術，包括歸納法、集體解決問題、流程圖、模擬和設計軟件等3PL的選擇與定位，計劃與控制；確定產品和服務的計劃、運送和分配、定價等。設計過程中需要節點企業的參與，以便於以後的有效實施。

第八步，檢驗供應鏈。供應鏈設計完成以後，應通過一定的方法、技術進行測試檢驗或試運行，如不行，返回第四步重新進行設計；如果沒有什麼問題，就可實施供應鏈管理了。

第九步，實施供應鏈。供應鏈實施過程中需要核心企業的協調、控制和信息系統的支持，使整個供應鏈成為一個整體。

四、基於產品的供應鏈設計

產品有不同的特點，供應鏈有不同的功能，只有兩者相匹配，才能起到事

半功倍的效果。企業應當根據產品的不同設計不同的供應鏈。

(一) 兩種不同類型的產品

不同類型的產品對供應鏈設計有不同的要求，高邊際利潤、不穩定需求的創新性產品的供應鏈設計就不同於低邊際利潤、有穩定需求的功能性產品。這兩類產品的特點對比見表10.1。

表 10.1　　　　　兩種不同類型產品的比較（在需求上）

需求特徵	功能性產品	創新性產品
產品壽命週期	超過 2 年	3 個月至 1 年
邊際貢獻率	5%～20%	20%～60%
產品多樣性	低（每一目錄 10～20 個）	高（每一目錄上千個）
平均預測失誤率	10%	40%～100%
平均缺貨率	1%～2%	10%～40%
季末降價率	0	10%～25%
按訂單生產的提前期	6 個月至 1 年	1 天至 2 週

功能性產品需求具有穩定性、可預測。這類產品的壽命週期較長，但它們的邊際利潤較低。經不起高成本供應鏈折騰。功能性產品一般用於滿足用戶的基本要求，如生活用品（柴米油鹽）、男式套裝、家電、糧食等，其特點是變化很少；功能性產品的供應鏈設計應盡量減少鏈中物理功能的成本。

創新性產品的需求一般難以預測，壽命週期較短，但利潤空間高。這類產品按訂單製造，如計算機、流行音樂、時裝等。生產這種產品的企業在接到訂單之前不知道該幹什麼，接到訂單就要快速製造。創新性產品供應鏈設計應少關注成本而更多地關注向客戶提供所需屬性的產品，重視客戶需求並對此做出快速反應，因此特別強調速度和靈活性。

(二) 兩種不同功能的供應鏈

供應鏈從功能上可以劃分為兩種：有效性供應鏈（Efficient Supply Chain）和反應性供應鏈（Responsive Supply Chain）。有效性供應鏈主要體現供應鏈的物理功能，即以最低的成本將原材料轉化成零部件、半成品、產品；反應性供應鏈主要體現供應鏈的市場仲介功能，即把產品分配到滿足用戶需求的市場，對未預知的需求做出快速反應等。兩種類型的供應鏈的比較見表10.2。

表 10.2　　　　　有效性供應鏈和反應性供應鏈的比較

內容	有效性供應鏈	反應性供應鏈
產品特徵	產品技術和市場需求相對平穩	產品技術和市場需求變化很大
基本目標	以最低的成本供應可預測的需求	對不可預測的需求做出快速反應，使缺貨、降價、庫存盡可能低
產品設計	績效最大化而成本最小化	模塊化設計，盡可能減少產品差異
提前期	不增加成本的前提下縮短提前期	大量投資以縮短提前期
製造策略	保持較高設備利用率	配置緩衝庫存，柔性製造
庫存策略	合理的最小庫存	規劃零部件和成品的緩衝庫存
供應商選擇	以成本和質量為核心	以速度、柔性和質量為核心

（三）供應鏈設計應當與產品特點相匹配

　　功能性產品具有用戶已接受的功能，能夠根據歷史數據對未來或季節性需求做出較準確的預測，產品比較容易被模仿，其邊際利潤低。與功能性產品相匹配的供應鏈應當盡可能地降低鏈中的物理成本，擴大市場佔有率。因此，對於功能性產品，應採取有效性供應鏈。

　　創新性產品追求創新，不惜一切努力來滿足用戶差異化需求。這類產品往往具有某些獨特的、能投部分用戶所好的功能。由於創新而不易被模仿，因而其邊際利潤高，在產品供貨中強調速度、靈活性和質量，甚至主動採取措施，寧可增加成本大量投資以縮短提前期。對創新功能產品的需求是很難做出準確預測的。因此，追求降低成本的有效性供應鏈對此是不適應的，這時只有反應性供應鏈才能抓住產品創新機會，以速度、靈活性和質量獲取高邊際利潤。

　　當然，產品與供應鏈之間是否匹配，並非絕對的，匹配與不匹配也會隨著情況的變化而發生變化。理論上，很容易得出有效性供應鏈匹配功能性產品、反應性供應鏈匹配革新性產品的判斷。但實踐中，由於市場行情、用戶需求、企業經營狀況等因素的影響，匹配和不匹配也是相對的。一方面原本相匹配的產品和供應鏈可能變成不相匹配的。例如，對於創新性產品採取反應性供應鏈，這時兩者是匹配的，隨著時間的推移，創新性產品的創新功能也會被模仿，一旦革新性產品變成功能性產品，如果仍選用反應性供應鏈，原來匹配的情形就會相應變成不匹配的情形。另一方面，原本不匹配的產品和供應鏈隨著情況的變化也可能變成匹配的。比如說，企業進行產品開發時，由於市場信息

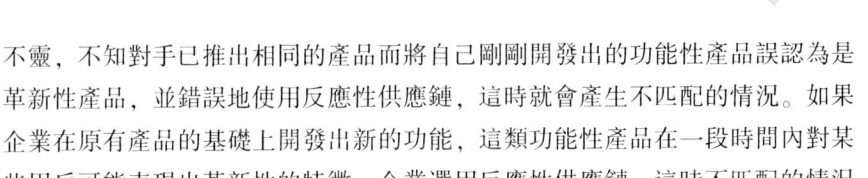

不靈，不知對手已推出相同的產品而將自己剛剛開發出的功能性產品誤認為是革新性產品，並錯誤地使用反應性供應鏈，這時就會產生不匹配的情況。如果企業在原有產品的基礎上開發出新的功能，這類功能性產品在一段時間內對某些用戶可能表現出革新性的特徵，企業選用反應性供應鏈，這時不匹配的情況就變成匹配的情況。相反，如果在產品表現出創新性特徵時，企業沒有認清形勢，卻錯誤地選用了有效性供應鏈，就會造成新的不匹配。所以，隨著諸多因素的變化，匹配與不匹配也會隨時發生變化，關鍵在於企業能否盡快做出調整。

五、推拉式供應鏈戰略選擇

(一) 推動式供應鏈與拉動式供應鏈的含義

有效性供應鏈和反應性供應鏈的劃分是從供應鏈本身功能來講的。按照供應鏈的驅動方式來劃分，可將供應鏈劃分為推動式供應鏈和拉動式供應鏈。

(1) 推動式供應鏈。推動式供應鏈是以製造商為核心企業，根據產品的生產和庫存情況，有計劃地把商品推銷給客戶，其驅動力源於供應鏈上游製造商的生產。在這種營運方式下，供應鏈上各節點比較鬆散，追求降低物理功能成本，屬賣方市場下供應鏈的一種表現。由於不瞭解客戶需求變化，這種營運方式的庫存成本高，對市場變化反應遲鈍。

(2) 拉動式供應鏈。拉動式供應鏈是以客戶為中心，比較關注客戶需求的變化，並根據客戶需求組織生產。在這種營運方式下，供應鏈各節點集成度較高，有時為了滿足客戶差異化需求，不惜追加供應鏈成本，屬買方市場下供應鏈的一種表現。這種營運方式對供應鏈整體素質要求較高，從發展趨勢來看，拉動式是供應鏈營運方式發展的主流。

製造商推動的供應鏈：集成度低、需求變化大、緩衝庫存量高，見圖10.2。

用戶牽引的需求鏈：集成度高、數據交換迅速、緩衝庫存量低、反應迅速，見圖10.2。

(二) 推動戰略與拉動戰略的特點

現實生活中完全採取推動戰略或者完全採取拉動戰略的並不多見。這是因為單純的推動戰略或拉動戰略雖然各有優點，但也存在缺陷。

(1) 推動式供應鏈的特點及缺陷。在一個推動式供應鏈中，生產和分銷的決策都是根據長期預測的結果做出的。準確地說，製造商是利用從零售商處獲得的訂單進行需求預測。事實上，企業從零售商和倉庫那裡獲取訂單的變動

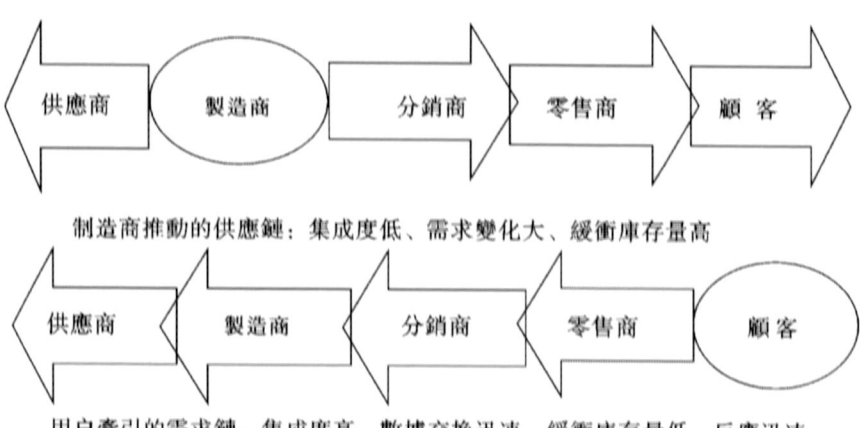

制造商推動的供應鏈：集成度低、需求變化大、緩衝庫存量高

用戶牽引的需求鏈：集成度高、數據交換迅速、緩衝庫存量低、反應迅速

圖10.2 兩種不同性質的供應鏈

性要比顧客實際需求的變動大得多，這就是通常所說的牛鞭效應。這種現象會使得企業的計劃和管理工作變得很困難。例如，製造商不清楚應當如何確定它的生產能力，如果根據最大需求確定，就意味著大多數時間裡製造商必須承擔高昂的資源閒置成本；如果根據平均需求確定生產能力，在需求高峰時期需要尋找昂貴的補充資源。同樣，對運輸能力的確定也面臨這樣的問題：是以最高需求還是以平均需求為準呢？因此，在一個推動式供應鏈中，經常會發現由於緊急的生產轉換引起的運輸成本增加、庫存水準變高或生產成本上升等情況。

推動式供應鏈對市場變化做出反應需要較長的時間，可能會導致一系列不良反應。比如在需求高峰時期，難以滿足顧客需求，導致服務水準下降；當某些產品需求消失時，會使供應鏈產生大量的過時庫存，甚至出現產品過時等現象。

（2）拉動式供應鏈的特點以及需要具備的條件。在拉動式供應鏈中，生產和分銷是由需求驅動的。這樣生產和分銷就能與真正的顧客需求而不是預測需求相協調。在一個真正的拉動式供應鏈中，企業不需要持有太多庫存，只需要對訂單做出反應。

拉動式供應鏈有以下優點：①通過更好地預測零售商訂單的到達情況，可以縮短提前期。②由於提前期縮短，零售商的庫存可以相應減少。③由於提前期縮短，系統的變動性減小，尤其是製造商面臨的變動性變小了。④由於變動性減小，製造商的庫存水準將降低。⑤在一個拉動式供應鏈中，系統的庫存水準有了很大的下降，從而提高了資源利用率。當然，拉動式供應鏈也有缺陷。最突出的表現是由於拉動系統不可能提前較長一段時間做計劃，因而生產和運

輸的規模優勢也難以體現。

拉動式供應鏈雖然具有許多優勢，但要獲得成功並非易事，需要具備相關條件：一是必須有快速的信息傳遞機制，能夠將顧客的需求信息（如銷售點數據）及時傳遞給不同的供應鏈參與企業；二是能夠通過各種途徑縮短提前期。如果提前期不可能隨著需求信息縮短時，拉動式系統是很難實現的。

對一個特定的產品而言，應當採用什麼樣的供應鏈戰略呢？企業是應該採用推動戰略還是拉動戰略，前面主要從市場需求變化的角度出發，考慮的是供應鏈如何處理需求不確定的營運問題。在實際的供應鏈管理過程中，不僅要考慮來自需求端的不確定性問題，而且還要考慮來自企業自身生產和分銷規模經濟的重要性。

在其他條件相同的情況下，需求不確定性越高，就越應當採用根據實際需求管理供應鏈的模式——拉動戰略；相反，需求不確定性越低，就越應當採用根據長期預測管理供應鏈的模式——推動戰略。

同樣，在其他條件相同的情況下，規模效益對降低成本起著重要的作用，如果組合需求的價值越高，就越應當採用推動戰略，根據長期需求預測管理供應鏈；如果規模經濟不那麼重要，組合需求也不能降低成本，就應當採用拉動戰略。

六、推－拉組合戰略的選擇

在推－拉組合戰略中，供應鏈的某些層次，如最初的幾層以推動的形式經營，其餘的層次採用拉動式戰略。推動式與拉動式的接口處被稱為推－拉邊界。

雖然一個產品（計算機）需求具有較高的不確定性，規模效益也不十分突出，理論上應當採取拉動戰略，但實際上計算機廠商並不完全採取拉動戰略。以戴爾為例。戴爾計算機的組裝，完全是根據最終顧客訂單進行的，此時它執行的是典型的拉動戰略。但戴爾計算機的零部件是按預測進行生產和分銷決策的。此時它執行的卻是推動戰略。也就是說，供應鏈的推動部分是在裝配之前，而供應鏈的拉動部分則從裝配之後開始，並按實際的顧客需求進行，是一種前推後拉的混合供應鏈戰略，推－拉邊界就是裝配的起始點。

推－拉組合戰略的另一種形式是採取前拉後推的供應鏈組合戰略。家具行業是這種情況的最典型例子。事實上，一般家具生產商提供的產品在材料上差不多，但在家具外形、顏色、構造等方面的差異卻很大，因此它的需求不確定性相當高。同時，由於家具產品的體積大，所以運輸成本也非常高。此時就有

必要對生產、分銷策略進行區分。從生產角度看，由於需求不確定性高，企業不可能根據長期的需求預測制訂生產計劃，所以生產要採用拉動式戰略。同時，這類產品體積大，運輸成本高，所以分銷策略又必須充分考慮規模經濟的特性，通過大規模運輸來降低運輸成本。事實上許多家具廠商正是採取的這種戰略。也就是說，家具製造商是在接到顧客訂單後才開始生產，當產品生產完成後，將此類產品與其他所有需要運輸到本地區的產品一起送到零售商的商店裡，進而送到顧客手中。因此，家具廠商的供應鏈戰略是這樣的：採用拉動戰略按照實際需求進行生產，採用推動戰略根據固定的時間表進行運輸，是一種前拉後推的組合供應鏈戰略。

綜上所述，企業在設計供應鏈時不僅要考慮產品特點、市場需求，而且要考慮企業自身生產和分銷規模經濟的重要性。只有綜合考慮，才能選擇適合企業的推或拉戰略或者是推－拉組合的供應鏈戰略。

第三節　採購管理與全球供應鏈

隨著全球經濟一體化，特別是中國加入世界貿易組織以後，中國企業正面臨著國際國內市場競爭的嚴峻形勢。激烈的市場競爭要求企業必須全面提高T、Q、C、S水準，即不斷縮短產品開發時間（Time）、改進產品質量（Quality）、降低成本（Cost）、提高服務（Service），才能在激烈的市場競爭中立於不敗之地。

企業在互聯網上的B2B和B2C的電子商務應用，正在由單一的銷售、採購行為轉向整個從消費者到生產者、從供應商到生產者的協同商務（C-commerce）過程。在協同商務的協作世界中，企業之間的競爭不僅取決於自身的管理水準和競爭力，更對企業與協作夥伴之間的信息協作提出了極高的要求。企業管理由面向內部資源管理轉變為面向整個供應鏈的管理。

供應鏈管理作為一種先進的管理思想，其方法、工具完全可以應用到整個社會生活。供應鏈管理強調協同，強調系統功能和整體效應。作為一個資源稀缺的國家，中國對資源的單一管理能力強，但在整體資源的整合上浪費較大，致使資源不能得到有效配置。從經濟學角度看，供應鏈管理是非常重要的資源配置思想和戰略方法，它強調把相關的業務集成到一條鏈上，共同運行、共享資源，從而達到1＋1＞2的效應。

一、準時採購

準時採購（JIT Purchasing）也叫JIT採購法，是一種先進的採購模式，是一種管理哲理。它的基本思想是：在恰當的時間、恰當的地點，以恰當的數量、恰當的質量提供恰當的物品。它是從準時生產發展而來的，是為了消除庫存和不必要的浪費而進行的持續性改進。要進行準時化生產必須有準時的供應，因此準時化採購是準時化生產管理模式的必然要求。它和傳統的採購方法在質量控制、供需關係、供應商的數目、交貨期的管理等方面有許多不同，其中關於供應商的選擇（數量與關係）、關於質量控制是其核心內容。

準時採購包括供應商的支持與合作以及製造過程、貨物運輸系統等一系列內容。準時化採購不但可以減少庫存，還可以加快庫存週轉、降低提前期、提高購物的質量、獲得滿意交貨等效果。從表10.3可以看出，準時化採購和傳統的採購方式有許多不同之處。

表 10.3　　　　　　　　準時化採購和傳統採購的區別

項目	準時化採購	傳統採購
採購批量	小批量，送貨頻率高	大批量，送貨頻率底
供應商選擇	長期合作，單源供應	短期合作，多源供應
供應商評價	質量、交貨期、價格	質量、價格、交貨期
檢查工作	逐漸減少、最後消除	收貨、點貨、質量驗收
協商內容	長期合作關係、質量和合理價格	獲得最低價格
運輸	準時送貨，買方負責安排	較低的成本、賣方負責安排
文書工作	文書工作少，需要的是有能力改變交貨時間和質量	文書工作量大，改變交貨期和質量的採購單多
產品說明	供應商革新、強調性能寬鬆要求	買方關心設計、供應商沒有創新
包裝	小、標準化容器包裝	普通包裝、沒有特別說明
信息交流	快速、可靠	一般要求

在供應鏈的管理模式下，準時採購工作的基本原則就是要做到五個恰當：恰當的數量、恰當的質量和時間、恰當的地點、恰當的價格、恰當的來源。

（一）恰當的數量

傳統的採購模式中，採購就是為了補充庫存；而在供應鏈管理模式下，採

購活動是以訂單驅動方式進行的，製造訂單驅動採購訂單，採購訂單再驅動供應商。這種準時化的訂單驅動模式，使供應鏈系統得以準時回應用戶的需求，從而降低庫存成本，提高了物流的速度和庫存週轉率。很多企業的採購部門近年來已逐步實行了訂單驅動的採購方式。採購數量根據企業月生產計劃和各分廠週計劃確定，按實際採購需要採購，降低了庫存成本，提高了經濟效益。

(二) 恰當的質量和時間

質量與交貨期是採購的一方要考慮的重要因素。傳統的採購模式下，要有效控制質量和交貨期只能通過事後把關的辦法。因為採購一方很難參與供應商的生產組織過程和有關質量控制活動，相互的工作是不透明的，往往依據國際標準、國家標準等進行檢查驗收。而供應鏈管理模式就是系統性、協調性、集成性、同步性。外部資源管理是實現供應鏈管理的上述思想的重要步驟——企業集成。它是企業從內部集成走向外部集成的重要一步。

(三) 恰當的地點

在選擇產品交貨地點時，應考慮到各種因素，如價格、時間、產品種類等。

(四) 恰當的價格

物資價格的確定是採購時的重要環節。為保證物資價格的恰當、合理、可以從以下幾個方面來確定價格：

(1) 採取大宗原料、輔料、包裝材料集中招投標的方式確定價格。

(2) 對於質量穩定、價格合理、長期合作的供應商優先考慮。

(3) 通過信息交流和分析、考察供求關係，瞭解物資交割的變化趨勢。

(五) 恰當的來源

傳統的採購模式中，供應與需求之間的關係是臨時性的，沒有更多的時間用來做長期性預測與計劃工作，而供應鏈管理模式是供應與需求的關係從簡單的買賣關係向雙方建立戰略性合作夥伴關係轉變。

(1) 戰略性的夥伴關係消除了供應過程的各種障礙，為實現準時化採購創造了條件。

(2) 戰略性合作夥伴關係可以降低由於不可預測的需求變化帶來的風險，如運輸過程的風險、信用風險、產品質量風險等。

(3) 通過合作夥伴，雙方可以為制訂戰略性的採購供應計劃共同協商，不必為日常瑣事消耗時間與精力。

二、全球採購

在過去一段時間裡，人們認為全球採購離自己的生活、離企業的經營好像

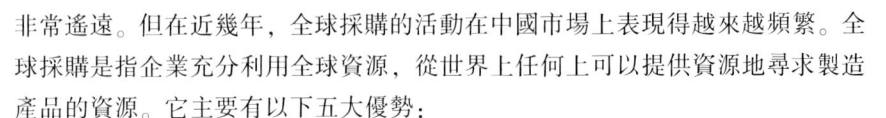

非常遙遠。但在近幾年，全球採購的活動在中國市場上表現得越來越頻繁。全球採購是指企業充分利用全球資源，從世界上任何上可以提供資源地尋求製造產品的資源。它主要有以下五大優勢：

(一) 可以擴大供應商價格比較範圍，提高採購效率，降低採購成本

通過全球化採購，在全球範圍內對有興趣交易的供應商進行比較，可以降低價格，獲得更好的產品和服務。由於地理位置、自然環境以及經濟差異，各個國家和地區的資源優勢是不同的。通過全球化採購，可以充分利用各國的資源優勢並加以合理的組合，使企業合理的價格獲得質量較高的商品，從而大大提高企業的經濟效益。

(二) 全球化採購可以利用匯率變動進一步降低商品的採購成本

在簽訂國際快遞間商品買賣合同時，應考慮到匯率變動對購買成本的影響。因為貿易合同從簽訂到實施有一定的時間間隔，而國際快遞匯率又是在不斷變化著的，因此在選擇以何種貨幣作為支付工具時，應考慮在該時段內國際快遞金融市場匯率的變動趨勢，以便從中獲得收益。全球化採購突破了傳統採購模式的局限，從貨比三家到貨比百家、千家，有助於企業大幅度降低採購費用，降低採購成本，大大提高採購工作效率。

(三) 實現生產企業為庫存而採購到為訂單而採購

在全球電子商務模式下，採購互動是以訂單驅動方式進行的。製造訂單是在用戶需求訂單的驅動下產生的；然後，製造訂單驅動採購訂單，採購訂單再驅動供應商，這種準時化的訂單驅動模式可以準時回應用戶需求，從而降低了庫存成本，提高了庫存週轉率。

(四) 實現採購管理向外部資源管理的轉變

由於全球化採購下供需雙方建立起了一種長期的、互利的合作關係，所以採購方可以及時把質量、服務、交易期的信息傳送給對方，使供方嚴格按要求來提高產品與服務，並根據生產需求協調供應商計劃，實現準時化採購。特別是採用電子商務採購，為採購提供了一個全天候超時空的採購環境，降低了採購費用，簡化了採購過程，大大降低了企業的庫存，使採購交易雙方形成戰略夥伴的關係。

(五) 實現採購過程的公開化和程序化

通過全球化採購可以實現採購業務操作程序化，有利於進一步公開採購過程，實現即時監控，使採購更透明、更規範。企業在進行全球化採購時，必須按軟件規定流程進行，大大減少了採購過程的隨意性，通過全球化採購還可以促進採購管理定量化、科學化，實現信息化的大容量與快速傳遞，為決策提供更多、更準確、更及時的信息，使得決策依據更充分。

閱讀資料10-2　本田的採購模式

　　供應鏈環境下的採購模式對供應和採購雙方是典型的雙贏。對於採購方來說，可以降低採購成本，在獲得穩定且具有競爭力的價格的同時，提高產品質量和降低庫存水準，通過與供應商的合作，還能取得更好的產品設計和對產品變化更快的反應速度；對於供應方來說，在保證有穩定的市場需求的同時，由於同採購方的長期合作夥伴關係，能更好地瞭解採購方的需求，改善產品生產流程，提高營運質量，降低生產成本，獲得比傳統採購模式下更高的利潤。

　　20世紀80年代，日本汽車工業因為大力改善採購工作，平均每一輛汽車成本節省了近600美元，在極大地增加了日本汽車公司利潤的同時，也極大地增強了日本汽車的國際市場競爭力。日本的本田汽車公司的採購管理工作很具有代表性，本田公司每輛車80%的成本都用於從外部供應商購買零部件，即每年在供應商處的購買額達60億美元。也就是說，公司13,000名員工所生產的只占每輛車成本的20%。他們認為：供應商的狀況如何對本田公司的贏利至關重要，好的供應商最終會帶來低成本、高質量的產品和服務，因此必須與供應商建立長期合作夥伴關係。

　　本田公司實施採購管理的一項重要舉措是「最佳夥伴」項目。首先，本田公司與供應商的關係是一種「永久關係」。一旦與某家供應商簽約，就希望這種關係能夠保持25～50年。其次，本田公司摒棄傳統的拼命壓價的採購方式，轉而採用一種新的方式。他們的信條是「我如何利用供應商的技能來增強自己在最終市場的競爭力？」在充分瞭解供應商製作零部件的成本（包括所有業務支出和利潤）的基礎上，本田公司的採購人員為所購貨物制定出成本表單，然後根據這些表單定出「目標價格」。如果有供應商收到目標價格後，對本田公司的採購人員說「你們真是瘋了」，本田公司馬上就會派出工程師到供應商的公司去，檢查供應商的生產流程，找出導致供應商價格過高的原因。本田公司不僅在採購價格方面節省不菲，並且通過同供應商的長期合作，本田公司也極大地縮減了新產品的開發成本和時間。各供應商為本田公司提供了許多關於如何改進質量，更有效利用零部件的建議。本田公司對所有建議進行分析和測試，然後採納最好的建議。

　　據本田公司的報告，供應商幫助、參與設計雅閣（Accord）轎車，把每輛車的生產成本降低了21.3%。顯然，採購部門不再是單純地負責購買貨物，還能夠創造價值並推動企業經營戰略的實施。

第四節　供應鏈中的「牛鞭效應」

一、牛鞭效應的概念

「牛鞭效應」(Bullwhip Effect) 也稱需求放大效應，是美國著名的供應鏈管理專家 Hau L. Lee 教授對需求的信息扭曲 (Information Distortion) 在供應鏈中傳遞的一種形象描述。早在 20 世紀 50 年代 Forrester 教授就發現這一現象，即微小的市場波動會造成製造商在進行生產計劃時遇到巨大的不確定性。後來許多實證研究與企業調查發現，這種現象廣泛地存在於製造業的供應鏈結構中。例如，寶潔公司在推廣「幫寶適」牌「尿不濕」時，研究人員在考察產品市場營運環節時發現了一個有趣現象：儘管最終顧客需求變動並不大，但是各零售商和批發商的庫存和延期交貨水準的波動卻很大。這種現象有點類似於養牛人揮鞭的情形：養牛人在揮動牛鞭趕牛時，他的手腕只要稍稍用力，牛鞭的梢部就會有較大幅度的擺動。因此，業界研究人員將這種隨著供應鏈往上游前進而需求變動程度增大的現象稱為「牛鞭效應」。這是對需求信息扭曲在供應鏈中傳遞的一種形象的描述。

「牛鞭效應」的基本思想是：當供應鏈上的各節點企業只根據來自其相鄰的下級企業的需求信息制定生產或供應決策時，需求信息的不真實性會沿著供應鏈逆流而上，產生逐級放大的現象。當信息達到最源頭的供應商時，其所獲得的需求信息和實際消費市場中的顧客需求信息往往會發生很大的偏差。由於這種需求放大效應的影響，上游供應商一般需要維持比下游供應商更高的庫存水準。這種現象反應出供應鏈上需求的不同步現象，它說明供應鏈庫存管理中的一個普遍現象：「看到的是非真實的」。

在供應鏈中，每一個供應鏈節點企業的信息都有一個信息的扭曲，並且這種扭曲程度沿著供應鏈向上游不斷擴大，使訂貨量的波動程度沿供應鏈不斷擴大。很顯然，這種現象將會給企業帶來嚴重後果：產品的庫存水準提高、服務水準下降、供應鏈的總成本過高以及定制化程度低等問題，這必然降低供應鏈企業的整體競爭力。因而減少「牛鞭效應」的負面影響，進而提高供應鏈敏捷性，降低供應鏈的成本、縮短產品的供貨時間等問題是提高供應鏈管理效果和贏得市場競爭優勢的一種最新手段。圖 10.3 顯示了「牛鞭效應」的需求變異加速放大過程。

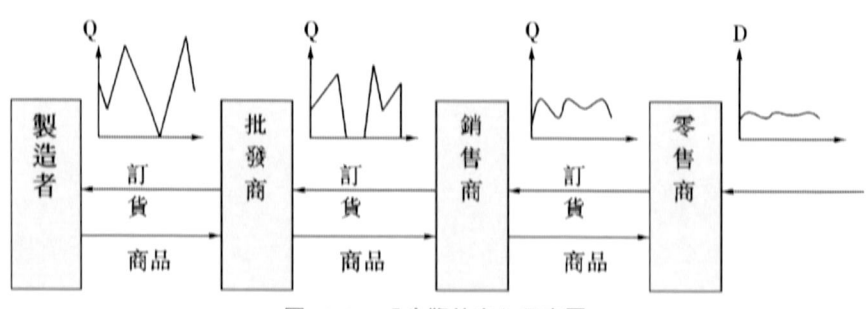

圖 10.3 「牛鞭效應」示意圖

二、「牛鞭效應」產生的原因

1994—1997 年，美國的 Hau L. Lee 教授對「牛鞭效應」進行了深入的研究，把「牛鞭效應」產生的原因歸結為四個方面：需求預測、批量訂貨、價格波動、限量供應和短缺博弈。

(一) 需求預測

在傳統上，供應鏈的上游總是將下游的需求信息作為自己需求預測的依據。當下游企業訂購時，上游企業的經理就會把這條信息作為將來產品需求的信號來處理。基於這個信號，上游企業的經理會調整需求預測，同時上游企業也會向其供應商增加訂購，使其做出相應的調整。這一需求信息的產生過程是導致「牛鞭效應」的主要原因。

(二) 批量訂貨

在供應鏈中，每個企業都會向上游企業訂貨，並且會對庫存進行一定程度的控制。由於存貨耗盡以後，企業很難馬上從其供應商那裡獲得補充，所以通常都會進行批量訂購。在交貨期間，保持數週的安全庫存是習以為常的，其結果是預期的訂貨量將比需求量變化更大。而置身於供應鏈中的該供應商，以接收的訂單上記錄的數量形成需求，向自己的上游企業發出訂貨信息。所以，從經銷商到製造商再到供應商，訂貨量要比實際銷售量大得多，由於大量的安全庫存，於是產生「牛鞭效應」。

(三) 價格波動

價格波動會促使提前購買。製造商通常會進行週期性促銷，其價格優惠會使其分銷商提前購買日後所需的產品，而提前購買的結果是顧客所購買的數量並不反應他們的即時需求——這些批量足以供他們將來一段時間使用。其結果是，顧客的購買模式並不能反應他們所需的真實情況，並且使其購買數量的波動較其消耗量波動拉大，從而產生「牛鞭效應」。

（四）限量供應和短缺博弈

當產品供不應求時，製造商常根據顧客訂購的數量按照一定的比例進行限量供應，客戶會在訂購時誇大實際的需求量；當供不應求的情況得到緩和時，訂購量便會突然下降，同時大量的客戶會取消他們的訂單。由此可見，對潛在的限量供應進行博弈，會使顧客產生過度反應。這種博弈的結果是供應商無法區分這些增長中有多少是由於市場真實需求而增加的，有多少是零售商害怕限量供應而虛增的，因而不能從顧客的訂單中得到有關產品需求情況的真實信息。

實際上，供應鏈上各成員的理性優化行為，即上述四方面因素形成「共振」後的綜合結果是產生「牛鞭效應」的原因。由於各成員之間的信息不能有效的共享造成各成員的局部優化行為，相對於整個供應鏈管理來說並非最優決策。

三、「牛鞭效應」的危害

「牛鞭效應」指出，由零售商那裡得到的需求數據的變化性要遠大於顧客需求的變化性。變化性的增加直接關係到供應鏈的先導時間，先導時間越長，變化性的增加量越大，兩者是相互促進的。這種變化性的增加量會導致以下結果：

（1）「牛鞭效應」使得整個供應鏈的庫存量增大，而且越是上游企業，其庫存水準越高，庫存成本越大。企業為了使其服務水準更高，及時滿足客戶的需求，最常見的策略就是保持足量的庫存，但高量庫存會占據大量的資金成本、人力成本、設備成本，加大營運成本，影響企業其正常的運轉。而且過量的庫存往往會造成企業產品積壓以致產生滯銷，給企業帶來巨額損失。所以，確定合理庫存一直是企業經營的一個關鍵問題。

（2）「牛鞭效應」使得整個供應鏈的穩定性變差，給整個鏈條的合作和協調造成不諧之音。由於信息的不完全性，上游供應商的訂貨與需求預測時有波動，對於處於供應鏈前端的製造商來說，由於其與最終客戶市場相距較遠，往往以直接訂貨商的訂單來進行市場需求預測，造成需求放大，會誤導企業做出錯誤的決策，影響企業的戰略規劃與未來發展。個體企業的這種危機有可能會使供應鏈的連接環節出現中斷或障礙，造成整個供應鏈營運的危機。

（3）「牛鞭效應」使整個供應鏈的服務水準變差。各企業之間之所以組建供應鏈，就是為了追求整體利益的最大化，提高為客戶服務的水準，但「牛鞭效應」大大損害了這一目標的實現。不難想像，當企業拖著沉重的資金成

本、人員成本，必然影響其管理水準，無疑加大了企業的經營風險，很不利於長期戰略目標的實現。

四、消除「牛鞭效應」的對策

如何減少「牛鞭效應」對企業經營以及供應鏈的影響已經成為供應鏈管理的一項重要內容。研究表明，可通過以下經營管理模式盡可能地減少「牛鞭效應」的影響。

（一）避免多方需求預測

避免重複處理供應鏈上的有關數據的一個補救方法是使上游企業可以獲得其下游企業的需求信息。信息共享是解決「牛鞭效應」的最有效手段。信息共享的範圍越大，「牛鞭效應」的潛在危害就越小。在一條理想的供應鏈上，所有信息在整個供應鏈中應該是透明的。EDI技術就可以很好地實現信息共享。在供應鏈中通過應用EDI技術，可以實現企業與企業之間、企業與客戶之間，以及企業總部與部門之間的信息共享傳輸與交換。如DELL通過Internet/Intranet、電話、傳真等組成了一個高效信息網絡，當訂單產生時即可傳至DELL信息中心，各區域中心可同時看到這些信息並提前做好準備，有效地防止了「牛鞭效應」的產生。

（二）減少訂貨批量

企業應調整其訂購策略，實行小批量、多次訂購的採購或供應模式。企業可根據歷史資料和當前環境分析，適當削減訂貨量。同時為了保證需求，企業可使用聯合庫存和集成運輸分發式多批次發送。這樣在不增加成本的前提下，也能保證訂貨的滿足。

（三）穩定價格

控制由於提前購買而引起的「牛鞭效應」的最好方法是減少對經銷商的折扣頻率和幅度。製造商可通過制定穩定的價格策略以減少對提前購買的激勵。

（四）消除短缺博弈行為

面臨供應不足時，供應商可以根據顧客以前的銷售記錄來進行限額供應，而不是根據訂購的數量，這樣就可以防止顧客為了獲得更多的供應而誇大訂購量。在供不應求時，客戶對製造商的供應情況缺乏信息，博弈行為就很容易出現。與顧客共享生產能力和庫存狀況的有關信息能減少顧客的憂慮，從而減少他們參與博弈的行為。

（五）減少供應鏈中的層次與庫存

解決此問題的關鍵是供應鏈上各成員的合作。由於供應鏈各環節的成員會

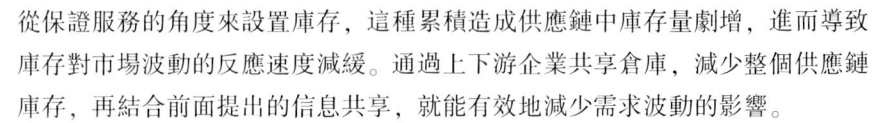

從保證服務的角度來設置庫存，這種累積造成供應鏈中庫存量劇增，進而導致庫存對市場波動的反應速度減緩。通過上下游企業共享倉庫，減少整個供應鏈庫存，再結合前面提出的信息共享，就能有效地減少需求波動的影響。

(六) 建立戰略性合作夥伴關係

通過建立戰略性合作夥伴關係，可以改變信息共享和庫存管理的方式，從而減少「牛鞭效應」。在若干種戰略性合作夥伴關係中，最具有代表性的是供應商管理庫存（Vendor Managed Inventory，VMI）。

VMI 的主要思想是供應商掌握市場需求與零售商存貨信息，並以此確定每一種產品的恰當庫存水準和維持這些庫存水準的恰當策略，並對零售商實施供貨，即零售商將成為供應鏈中的被動合作者。供應商在產品、市場和預測等方面具有豐富的知識，所以可能在進行補充供貨上做得比零售商更好，這也是 VMI 得以實現的基礎。

VMI 的作用主要體現為兩方面：一是削弱批量訂貨對需求波動放大的影響。當採用傳統的庫存補充策略時，由於考慮到採購成本和運輸成本的高昂，會將多期的需求集中在一個訂單裡。而 VMI 可避免這種現象，因為供應商可以從整體上考慮並優化各下級企業的各種產品的運輸策略。例如，可以組合一個零售商對多種產品的需求一起運送，也可以組合多個零售商對某一種產品的需求一起運送。無論採用哪種方式，都會提高產品的運輸頻率，而不會增加運輸成本，從而減少批量訂貨造成的波動。二是縮短提前期和增強供貨可靠性。當零售商自己管理庫存時，供應商是零售商訂貨行為的被動回應者，很難快速回應零售商的需求變化，因此存在較大的缺貨可能性。這時供應商或者以延長零售商的提前期為代價，加快速度生產，或者會失去零售商此次的訂單，同時供貨的不可靠也會讓零售商不得不儲備更高的安全庫存，以確保一定的服務水準。而在 VMI 方式下，供應商能夠隨時跟蹤和檢查到零售商的銷售情況和庫存狀態，從而更快速地對市場變化做出反應，對企業的生產計劃、銷售計劃和運輸計劃做出相應的調整，進而大大縮短雙方的交易時間和克服供貨的不穩定性，並且降低了供應鏈的庫存水準和庫存成本，提高了整個供應鏈的柔性。此外，VMI 還可以減少存貨過期的風險，降低採購、運輸、收貨等交易成本，提高供應鏈的持續改進能力等，實現供應鏈各節點企業的互贏。

沃爾瑪與寶潔自 1985 年開始的夥伴關係堪稱這方面最著名的例證。這種合作顯著改善了寶潔對沃爾瑪的按時交貨和快速反應的能力；同時加快了雙方的庫存週轉速度，降低了成本，提高了銷售額，實現了雙贏。

綜上所述，「牛鞭效應」是供應鏈系統中從零售商到供應商的各節點企業

自身的理性行為的結果。

第五節　供應鏈管理的實施

　　21世紀的市場競爭是供應鏈與供應鏈的競爭，面對全球經濟一體化的趨勢，中國企業的出路在於改變落後的管理模式和追求「大而全」「小而全」的縱向一體化的做法，實施現代供應鏈管理，與合作企業進行資源的優勢互補，快速增強企業供應鏈的競爭實力。企業在實施供應鏈管理時，應制定相應的策略，以保證實施能夠取得理想的結果。在供應鏈管理的實施方面，應注意遵循以下七項原則：

　　（1）根據客戶所需的服務特性來劃分客戶群。傳統意義上的市場劃分基於企業自己的狀況，如行業、產品和分銷渠道等，企業隨後對同一區域的客戶提供相同水準的服務，而供應鏈管理則強調根據客戶的狀況和需求來決定服務方式和水準。

　　（2）設計企業的物流網絡。例如，根據客戶需求和企業的可獲利情況，一家造紙公司發現兩個客戶群存在截然不同的服務需求：大型印刷企業允許較長的提前期，而小型地方印刷企業則要求在24小時內供貨，於是它建立了3個大型分銷中心和46個緊缺物品的快速回應中心。

　　（3）傾聽市場的需求信息。銷售和營運計劃必須監測整個供應鏈，以便及時發現需求變化的早期警報，並據此安排和調整計劃。

　　（4）時間延遲。由於市場需求的劇烈波動，距離客戶接受最終產品和服務的時間越早，需求預測就越不準確，而且企業還不得不維持比較大的中間庫存。在實施大批量客戶化生產的過程中，一洗滌用品企業首先在企業內將產品加工結束，然後才在銷售店完成最終的包裝。

　　（5）與供應商建立雙贏的合作策略。迫使供應商相互壓價固然會使企業在價格上受益，但相互協作則可以從根本上降低整個供應鏈的成本。

　　（6）在整個供應鏈領域建立信息系統。企業的信息系統首先應該處理日常事務和電子商務；其次支持多層次的決策信息，如需求計劃和資源規劃等；最後應該根據大部分來自企業之外的信息，進行前瞻性的策略分析。

　　（7）建立績效考核準則。企業應該在整個供應鏈的範圍內建立績效考核準則，而不應該僅僅依據個別企業建立局部、孤立的標準。供應鏈的最終驗收標準應是客戶的滿意程度。

由於中國企業的管理基礎較差，以及企業的特殊情況，中國企業在實施供應鏈管理時，切不可盲目照搬西方企業的做法，而應結合他人成功經驗與失敗教訓及自身的具體特點，探索適合企業的實施策略。中國企業在供應鏈實施時應注意以下問題：

（1）供應鏈管理應在有條件的企業實施，不能盲目推行。供應鏈上這種隨任務需求而產生、隨任務完成而消失的動態表明，對於一些信息化程度不高、協調能力不強的企業，頻繁的組織協調工作會導致很大的組織費用。需求到服務之間過多的擇優轉換也會導致營運費用過高，其結果會加大企業的總成本。因此，供應鏈管理必須結合實際情況具體分析，在有條件的企業中逐步開展，不能盲目推行，一哄而上。

（2）政府適當調控，完善資信評估機構。中國政府的宏觀調控能力很強，這有利於供應鏈的組織和標準化工作的開展。中國企業突出的信譽問題和供應鏈本身的風險性要求在供應鏈管理中必須適當介入政府的宏觀調控。為企業提供仲介服務的資信評估機構應當進一步完善和規範化，應對企業進行實事求是的資信評估，並在企業選擇合作夥伴時提供真實可靠的諮詢服務。

（3）注重企業文化和價值觀念的塑造。任何管理成功與否的關鍵問題都在於人。供應鏈管理是一種全新的管理理念，它要求企業著眼於長遠利益，以整條供應鏈為出發點，要求各成員樹立起集體協作、信息共享、友好配合的團隊精神。供應鏈管理突出問題在於供應鏈中的各成員不願與他人分享自己的商業信息。中國多數企業還受到傳統管理思想的束縛，職工素質比較低，要使供應鏈能夠成功實施，就必須重視企業文化和價值觀的塑造，重視全新的管理理念的塑造。

（4）加快企業的信息化建設進程。供應鏈管理的載體是現代電子技術和網絡系統。信息化程度高的企業易於組織起來形成供應鏈，而且在各個成員間信息交流充分、反饋速度快，整條供應鏈也會具有較高的應變能力。中國企業信息化程度不高也是實施供應鏈管理的主要障礙。因此，必須加快中國企業信息化建設的進程，為現代管理方式的運用積極創造條件。

（5）合理選擇供應鏈長度和合作夥伴。供應鏈上合作夥伴越多，則越有可能產生規模經濟效益，提高整體的競爭實力。但由於供應鏈的增長會導致協調工作和快速回應難度加大，因此企業必須根據實際情況，權衡利弊得失，合理選擇供應鏈長度。企業還應以保證整條供應鏈有效高速運行為基本要求，精心選擇合作夥伴，對合作夥伴的信譽、生產能力、信息化程度等應有比較細緻的瞭解。

(6) 建立規範的供應鏈內部約束機制。建立在共同協議基礎上的供應鏈管理在有效減少存貨、降低成本的同時也加大了企業的風險。如果一個成員的行為偏離了整體目標的要求，這種行為的結果會通過供應鏈放大，會對其他成員造成巨大危害，甚至可能使整個供應鏈崩潰。供應鏈的這種風險性要求必須明確各個成員企業的權利和義務；企業之間必須建立起規範的內部約束機制，對於合作範圍、工作方式、對外保密機制、違約情況處理等要有明確的協議和規定。

【綜合案例分析】青島啤酒供應鏈管理案例

在快速消費品行業裡，當商品的成本已壓至最低時，利潤的最大化則要從物流成本去體現。本文探討的啤酒行業，啤酒易腐，產品保質期短，儲存條件要求高，也不宜多次搬運。

由於這些產品特性的限制，必須採取較短的分銷途徑，把啤酒盡快送到消費者手中。所以，人們開始將目光從管理企業內部生產過程轉向產品生命週期中的供應環節和整個供應鏈系統。

在供應鏈管理方面，包括產品設計、生產製造、原物料的採購以及到產品的配送等，都涵蓋在整個供應鏈當中，也就是包括了採購供應鏈、生產供應鏈和行銷供應鏈等。

6月的青島，天氣異常悶熱。此時，青島啤酒銷售分公司的呂大海手忙腳亂地接著電話，應付著銷售終端傳來的一個又一個壞消息。

「車壞了？要過幾天才能回來？」「貨拉錯地點了？要隔一天才能送到？」「沒有空閒的車輛來運貨了？」……當時身為物流經理的呂大海每天都把精力花在處理運輸的麻煩事上，對於終端銷售的支持簡直就是有心無力。

都說到了炎炎夏季，正是啤酒巨頭較勁的時候。而那時的青島啤酒（以下簡稱青啤），卻因為自己內部混亂的物流網絡先輸一著。

——混亂的運輸，高庫存量的「保鮮」之痛

「當時我們在運輸的環節上，簡直可以用『失控』來形容。由於缺乏有效管理，送貨需要走多長時間我們弄不清楚，司機超期回來我們也管不了。最要命的是，本應送到甲地的貨物被送到了乙地，這一耽誤又是好幾天……」

隨著啤酒市場的逐漸擴大，在青啤想發力的時候，混亂的物流網絡成了瓶頸。

呂大海舉例子說，由於運輸的灰色收入比較多，司機出去好幾天拉別的客戶，青啤也不知道。經常是司機一句「車壞了」，然後過了幾天，運貨的車輛

才遲遲歸來。在旺季時間前方需要大量供貨的時候，不能及時調配車輛可謂是青啤心頭之痛。

而運輸的混亂，使啤酒的新鮮度受到了極大的考驗。

可以說，新鮮是啤酒品牌的競爭利器，注重口感的消費者如果碰上了過期酒，品牌忠誠度絕對會大打折扣。而在青啤原產地青島，由於缺乏嚴格的管理監控，外地賣不掉的啤酒竟流回了青島，結果不新鮮的酒充斥市場，使青啤的美譽度急遽下跌，銷量自然上不去。

北京商業管理幹部學院副院長楊謙說，整個物流網絡的規劃和設計，與快速消費品銷售的順利進行密切相關。青啤在運輸上的混亂，肯定會帶來竄貨、損耗過多等一系列問題。

事實驗證了楊謙的說法，青啤不僅內耗嚴重，對市場終端的管控也力不從心。這樣的結果是由於對銷售計劃的預估極其不準確造成的，使安全庫存數據的可信度幾乎為零。

「當時對倉儲的管理都是人為管理，沒有信息化。有時候倉庫裡明明沒有貨物了，還要簽條子發貨。而到了旺季，管理人員更是不知道倉庫裡還有沒有貨……」一位曾經參與過倉儲管理的員工說。

那位員工這樣描述當時的倉庫：陳舊、設備設施非常落後。不僅總部有倉庫，各個分公司也有倉庫。高居不下的庫存成本占壓了相當大的流動資金。有時存在局部倉庫爆滿、局部倉庫空閒的問題，同時沒有辦法完全實現先進先出，這樣使一部分啤酒儲存期過長，新鮮度下降甚至變質的情況自然會出現。

就這樣，青啤人坐不住了。如果沒有合適的解決辦法，青啤制定的「新鮮度戰略」根本實施不下去。而此時，供應鏈管理（SCM）的概念被引入到青啤，這個百年企業的變革也隨之開始。

——供應鏈管理不是簡單地調整物流配送網絡

青啤總經理陸文金回憶說，自己接觸供應鏈管理的概念是在1997年。當時由於同日本的朝日啤酒有合作關係，青啤便組織大家去參觀學習。

陸文金在參觀以後可謂感觸頗深。他感慨地說，朝日啤酒的「鮮度管理」，不僅實現了生產8天內送到顧客手裡的目標，庫存還控制在1.5～1.6天，「供應鏈管理讓它們的啤酒保持了最新鮮的口感，當時的我們，只能望其項背啊！」

而陸文金的供應鏈管理情結延伸到2001年，才從構想落到了實處——青啤提出要實施自己的供應鏈管理了。

2001年，青啤面向全國進行銷售物流規劃方案的招標，最終，招商局下

屬的物流集團勝出,與青啤同徵戰場。

形容這次的結盟,呂大海用了「結婚」這個詞,形容雙方都是誠心誠意地「過日子」。因為他們知道,「供應鏈管理」在當時還被視為一件新鮮事,迎接他們的必然是荊棘重重的障礙,要實施成功,他們必須密切合作。

「當時很多人不理解也不支持。為此,我們還辭退了青啤的兩個物流操作方面的經理,招商物流那邊也換過人。」呂大海回顧起當時的情景,不禁有些感慨。

在三年跌跌撞撞的摸索中,青啤意識到,供應鏈管理給予企業的影響是巨大的。它不是簡單地調整物流配送網絡那麼簡單。在沒實施之前,大家都認為只要擁有以物料需求計劃(Material Requirement Planning,MRP)為核心的ERP系統就足夠解決問題。

不少製造業的企業都認為,ERP等軟件能解決以下的問題:製造什麼樣的產品?生產這些產品需要什麼?需要什麼原料,什麼時候需要?還需要什麼資源和具備什麼生產能力,何時需要它們?

而這些問題解決完了,製造商們似乎就可以高枕無憂了。

「但供應鏈管理的意義,並不是一個軟件、一個操作系統就能涵蓋的。而我們這三年在苦心操作的,也不過是整條供應鏈裡的行銷供應鏈一環而已。」呂大海解釋說。

可以說,企業從原材料和零部件採購、運輸、加工製造、分銷直至最終送到顧客手中的這一過程被看成是一個環環相扣的鏈條。供應鏈管理是從原始供應商到終端用戶之間的流程進行集成,從而為客戶和其他所有流程參與者增值。

在整個供應鏈中,良好的供應鏈系統必須能快速準確地回答這些問題:
什麼時候發貨?
哪些訂單可能被延誤?
為什麼造成這種延誤?
安全庫存要補充至多少?
進度安排下一步還存在什麼問題?
現在能夠執行的最佳的進度計劃是什麼?

上面的問題幾乎個個都切中了青啤的要害。可以說在以前,一想起何時能發貨,倉庫裡還有多少的貨品,管理人員不由得「頭皮發麻」,因為他們對這些都不能做到心中有數。但現在,情況在逐漸好轉。

「每個環節我們都希望能改進,如果能從採購→生產→行銷都能全部改

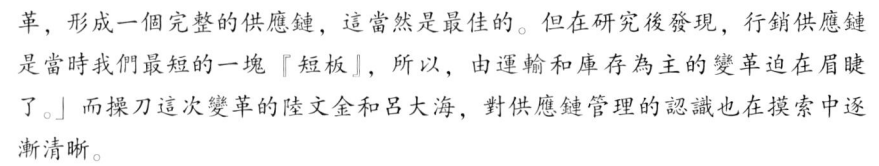

革，形成一個完整的供應鏈，這當然是最佳的。但在研究後發現，行銷供應鏈是當時我們最短的一塊『短板』，所以，由運輸和庫存為主的變革迫在眉睫了。」而操刀這次變革的陸文金和呂大海，對供應鏈管理的認識也在摸索中逐漸清晰。

——「物」與「流」的相輔相成產生了明顯效果

從變革一開始，青啤就狠心地在服務商和經銷商身上「動刀子」。

「在嚴格的評估後，只在山東一個省，我們幾乎把運輸方面的服務商全部換掉了，區域的經銷商則換掉了一半。這些改變可謂牽一發而動全身。」

呂大海解釋說，雖然青啤自己擁有進口大型運輸車輛46臺，但實際上是遠遠不夠用的，必須擁有大批的運輸服務商來解決運力問題。而以前這些服務商都由青啤自己管理，精力有限。現在評估篩選以後，青啤挑選了最優質的服務商，然後交給招商物流來營運。

由於有嚴格的監控，現在每段路線都規劃了具體的時間，從甲地到乙地，不僅有準確的時間表，而且可以按一定的條件客戶、路線、重量、體積自動給出車輛配載方案，提高配車效率和配載率，這都是以前不能做到的。

對於區域經銷商的要求，則是要有自己的倉庫。青啤由於將各銷售分公司改制為辦事處，取消了原有的倉庫及物流職能，形成統一規劃的CDC－RDC倉庫佈局。

所謂CDC－RDC倉庫佈局，可以說是重新規劃了青啤在全國的倉庫結構。

青啤的員工解釋說，青啤原本在各地設立了大量的銷售分公司，而每家分公司都租有一定規模的倉庫並配備車輛、人員、設備來負責當地的物流配送。

讓人感到不可思議的是，這些倉庫的管理方式仍是傳統的人工記帳，所以出錯率高，更無法保證執行基本的「FIFO」先進先出原則。這樣直接導致的結果就是總部對分公司倉庫的情況無法進行監控，成為管理盲點。

而CDC－RDC，則是先設立了CDC中央分發中心，Distribution Center Built by Catalogue Saler、RDC多個區域物流中心，Region Distribution Center and FDC（Front Distribution Center，前端物流中心），一改以前倉庫分散且混亂的局面。

這樣，青啤從原有的總部和分公司都有倉庫的情況，變成了由中央分發中心至區域物流中心，再到直供商，形成了「中央倉—區域倉—客戶」的配送網絡體系，對原來的倉庫重新整合。

呂大海說，全國設置了4個RDC，分別是在北京、寧波、濟南和大連。在地理上重新規劃企業的供銷廠家分佈，以充分滿足客戶需要，並降低經營成本。

而FDC方面的選擇則是考慮了供應和銷售廠家的合理佈局，能快速、準確地滿足顧客的需求，加強企業與供應和銷售廠家的溝通與協作，降低運輸及儲存費用。

不僅倉儲發生了變化，庫存管理中還採用信息化管理，提供商品的移倉、盤點、報警和存量管理功能，並為貨主提供各種分析統計報表，如有進出存報表、庫存異常表、商品進出明細查詢、貨卡查詢和跟蹤等。

對比以前，分公司不僅要做市場管理和拓展工作，還要負責所在範圍內的物流營運。

「可以說，我們以前80%的精力都放在處理物流的問題上，但現在，我們可以把精力完全放到行銷上了。」青啤辦事處的人員深有感觸地說。

由於把全部的精力投入到市場終端，銷售人員對終端的情況能及時掌控，所以對缺貨的要求能步步緊跟，青啤的銷量也就慢慢往上走了。

呂大海對此表示欣慰：「『物』與『流』的相輔相成在實施供應鏈管理後產生了明顯效果。」

在供應鏈管理裡面，有一個難題來自於市場方面需求的不確定因素。匹配供應與需求如何達到平衡，是每個快速消費品企業都深感頭痛的問題。而且到了銷售旺季，供應鏈中庫存和缺貨的波動也比較大。

但由於終端的有效維護，青啤能較為準確地做好每月的銷售計劃，然後報給招商物流。而對方根據銷售計劃安排安全庫存，這樣也就減少了庫存過高的危險。

可以說，從運輸到倉儲，青啤逐步理清頭緒，並通過青啤的ERP系統和招商物流的SAP物流管理系統的自動對接，借助信息化改造對訂單流程進行全面改造，「新鮮度管理」的戰略正在有條不紊地實施中。

——效果評估：「要像送鮮花一樣送啤酒」

可以說，在供應鏈中存在大量削減成本的機會。大量企業通過有效供應鏈管理大幅增加收入或降低成本，而青啤就是一個很好的例子。

在一系列的整合後，青啤原來的每年過千萬元虧損的車隊轉變成了一個高效誠信的運輸企業。而且就運送成本來說，由0.4元/千米降到了0.29元/千米，每個月下降了100萬元。

在青啤運往外地的速度上，也比以往提高了30%以上。據稱，山東省內300千米以內區域的消費者都能喝到當天生產的啤酒。

案例來源：http://www.sinotf.com/GB/Tax/.

課後習題

1. 什麼是供應鏈及供應鏈管理?
2. 如何理解供應鏈上的「牛鞭效應」?舉例說明可能的原因是什麼?
3. 準時採購的意義和特點是什麼?

第十一章　項目管理

本章關鍵詞

項目（Project）

項目組織（Project Orgnization）

項目計劃（Project Plan）

工作分解結構（Work Breakdown Structure）

網絡圖（Rhythm）

節點（Flexibility）

項目管理（Project Management）

項目經理（Project Manager）

項目範圍（Project Scope）

責任分配矩陣（Responsibility Matrix）

關鍵路線法（Critical Path Method）

活動（Activity）

【開篇案例】　IBM 對項目管理的承諾——良好的項目管理工作對 IBM 商務活動的成功具有重要的作用

在生產和開發部門，項目管理的方法和手段不僅對客戶而且對 IBM 本身都發揮出顯著的作用。在軟件部門，我們已經看到出錯率的降低和單位產品開發費用的減少；在硬件部門，我們已更好地完成了預訂計劃。通過實行項目管理，縮短了產品投放市場的時間，也為顧客增加了價值。

作為一個世界性的企業組織，我們必須能夠按計劃提交高質量的問題解決方案。通過培養合格的項目經理和運用恰當的工具和方法，我們可以監考工作的進展、預測結果和評估風險——所有這些都是不斷取得成功的保證。

在 IBM 的全球性商務活動中，我們必須具備傑出的項目管理能力，以履行對客戶的承諾。要使客戶對 IBM 保持永久的忠誠，訓練有素的項目經理是

很關鍵的。

由於認識到項目管理的重要作用，IBM 的決策者於 1996 年制訂了公司全球範圍內的初步計劃，以增強項目管理能力，並確定公司在全球範圍內的所有商務活動中均採取統一的項目管理原則。在各個地區，這一計劃目標的實現，要求有效的商務活動必須以項目為基本單元展開。為了保證此計劃目標的實現，IBM 成立了公司傑出項目管理中心（PM/COE）。該中心已在許多地區進行了艱辛的嘗試，旨在取得統一的項目管理原則，增強公司的項目管理能力。其中一部分工作如下：

（1）制定推廣新的世界範圍的項目管理課程，分別針對基層、中層、高層項目經理進行培訓。

（2）推行針對項目組所有成員、高級管理者、決策者的項目管理培訓。

（3）完善公司內部項目經理認證過程，從而額外賦予商務活動和項目經理新的價值。

（4）完善項目經理的主要項目管理手段。

（5）完善評估項目管理目標實現進程的診斷和補救工作。

（6）為公司與其他公司及政府部門合作的實踐活動制定最佳項目管理標準，從而為嘗試與採取新的項目管理方法奠定基礎。

（7）制定推廣項目管理專家諮詢制度。

IBM 意識到，要不斷增強項目管理能力就要堅持努力執行公司全球範圍內的初始計劃。我們的項目團隊由來自不同職能部門包括市場行銷、金融、技術、法律及其他部門的雇員組成。後來我們的項目隊伍逐漸發展成為一種國際混合型組織，其中包括客戶和供應商。由於團隊成員具有不同背景，來自不同區域，所以對所有成員來講，熟知項目管理基礎知識，明白各自的職能作用就明顯很重要。另外，項目管理實踐活動要求有章可循，按照特定規則，不同的團隊能夠迅速組織起來執行任務。這就需要所有項目團隊既要非常熟知項目管理實踐又要按一致的原則行事，這一點對於公司特別重要。

為使團隊操作熟練和協調一致，IBM 新的世界統一應用的項目管理課程強調，對所有商務過程和所有區域，要保證所有教授的項目管理基礎知識的一致性。此外，所設計的中高級項目管理課程旨在通過附加課程，如國際化管理以及複雜項目管理，拓寬基礎知識的應用。為幫助項目經理承擔具有不同特點的商務活動的項目，還設計了一些特殊課程，以適應風險處理、人員錄用、評估以及其他研究，特別是項目環境研究的需要。當然，我們亦特別重視項目管理實踐的協調一致性。

公司內部項目經理認證過程不僅對商務活動而且對項目經理都有一定益處。

(1) 通過對項目經理的認證過程，可考查項目經理的能力，以證實其是否具備項目管理基礎知識和管理諸多項目所需的項目管理實踐經驗。

(2) 通過對項目經理的認證過程，可幫助項目經理界定其技能水準和實踐經驗的類型。在工作中，項目經理必須獲取實踐經驗並加以昇華，以取得事業的進步。認證本身還是對項目經理成就認可的標誌。

(3) 在全球範圍內，認證過程都是相同的。其目的是使項目管理標準在全公司範圍內易於理解和比較。

近來，由富於經驗的IBM的項目經理組織制定的項目管理諮詢制度正在被亞太地區和北美地區的國家執行。這是一個綜合制度，需要商務部門、諮詢部門、受惠者多方共同執行。其設計出抬是為了給項目經理及商務活動帶來方便。

以上僅是IBM高級項目管理中心所做的一部分工作，主要是為了幫助項目管理者提高其項目管理能力。此外，許多嘗試還旨在改善項目管理過程、方法、手段以及提高團隊成員、項目經理、決策者的項目管理技能。

要想使項目管理工作取得成功，需要為全面增強組織的項目管理能力做出不懈的努力，IBM已做了上述不少工作。

案例來源：段世霞．項目管理［M］．南京：南京大學出版社，2007．

討論題

1. 結合案例談談項目經理在項目管理中的作用。

2. IBM成員為什麼要熟悉基礎知識？項目管理在我們的日常生活中有什麼作用？

第一節　項目管理概述

項目普遍存在於生產生活中，從考大學、找工作、結婚等個人的日常生活到中國舉辦奧運會以及國際合作組織進行的南極大氣層含氧量變化的考察活動等大型活動，都可以用項目來概括。對企業的營運來說，項目與一般的生產生活有著本質的區別。

一、項目的定義

項目是為創造（完成）某種獨特的產品或服務而進行的臨時性努力。能夠稱之為項目的例子很多。項目可以是建造一棟大樓，建設一個新工廠，合併兩家工廠，設計和安裝一個計算機系統，開發和推廣一種新產品，製造飛機、輪船或大型機器，安排一個演出活動，策劃一個生日聚會等。項目的內容千差萬別，但所有的項目都具有以下特徵：

（1）一次性特徵。這是項目與日常工作最大的區別。項目是有明確的起點和終點的一次性任務，任務完成，項目即宣告結束。項目通常沒有完全可以照搬的先例，大多帶有創新的性質。例如，中國舉辦的 2008 年奧運會這個項目，項目起點可以從中國被確定獲得 2008 年奧運會舉辦權那一刻開始，項目的終點為 2008 年奧運會閉幕那一刻截止。

（2）獨特性特徵。它是指每個項目的內涵是唯一的。任何一個項目之所以構成項目，其原因在於它有別於其他任務的特殊要求：或者名稱相同，但內容不同；或者內容基本相同，但要求不同。例如，中國舉辦的 2008 年奧運會這個項目，與歷史上其他國家舉行的奧運會相比，不僅名稱不同，而且比賽內容也有很大的變動，奧運會的成果也與往屆奧運會有異。

（3）整體性特徵。項目的整體性是指項目不是孤立存在的單項活動，是由若干個相互關聯的活動系列構成，同時又是由許多利益相關者共同完成的。因此，對一個項目進行管理必須從總體最優的角度出發去考慮。

（4）生命週期性。項目的生命週期是指項目是由若干個階段構成的，有起點也有終點。任何項目都有其生命週期，不同項目的生命週期階段劃分也不完全相同。項目的生命週期可以劃分為概念階段、開發階段、實施階段和收尾階段；有的專家也將其劃分為投資前時期、投資時期和生產時期。每個階段、每個環節有著一定的邏輯關係。一般情況下，許多環節和階段必須按照邏輯關係依次進行。

二、項目與日常工作的區別

人們的生產生活一般可以分為兩個部分：項目和日常工作。日常工作是在日常生活中純粹重複的工作，如提高產品質量、建設一流大學、團隊建設、提高生產率、處理訂單、生產某種產品、每天往返的公交車等。區分一個工作是項目還是日常工作最主要是看該項工作是否具有重複性，項目是一次性的獨特的工作。兩者的區別見表 11.1。

表 11.1　　　　　　　　　項目與日常工作的區別

項目	日常工作
獨一無二的	具有重複性
有限時間	無限時間（相對）
柔性的團隊組織	穩定的團隊組織
變更管理	管理有連續性
以完成任務為導向	以效率和有效性為導向
風險型	經驗型
多變的資源需求	穩定的資源需求

三、項目管理

（一）項目管理的內涵

項目管理是指項目經理及項目組織通過共同努力，在時間、費用、功能等條件的約束下，運用科學的理論和方法對項目及其資源進行高效率的計劃、組織、協調和控制，從而使項目執行的全過程處於最佳的運行狀態，最終實現項目的特定目標的管理方法體系。

項目管理具有如下特點：

（1）項目管理具有創新性。任何一個項目都有不同於其他項目的地方，這也就要求在對項目進行管理的過程中，需要採取一些特殊的方法，不可能完全照搬其他項目的管理方法，必須要根據項目自身的特點來完成對項目的管理。這一點也是項目管理與一般的重複性管理的區別之一。

（2）項目管理具有複雜性。項目一般由多個部分組成，工作跨越多個組織，需要運用多個學科的知識來解決問題；項目工作通常沒有或很少有以往的經驗可以借鑑，執行中有許多未知因素，每個因素又常常帶有不確定性，還需要將具有不同經歷、來自不同組織的人員有機地組織在一個臨時性的組織內，在技術性能、成本、進度等較為嚴格的約束條件下實現項目目標。不確定性、綜合性、交叉性決定了項目管理的複雜性。

（3）項目管理具有臨時性。項目管理的本質是計劃、組織和控制一次性的工作，在規定的期限內完成預期的目標。一旦目標實現，項目管理的任務也就結束，項目組織也會解散。

（4）項目管理需要專業的組織和團隊。項目管理通常需要跨越部門的界

限，在工作中將會遇到許多不同部門的人員，因此，需要建立一個不受現存組織約束的項目組織，組建一個由不同部門專業人員組成的項目團隊。

(二) 項目管理的知識體系

項目管理的知識體系是由美國項目管理學會（Project Management Institute, PMI）首先提出來的，是指項目管理專業領域中知識的總和。項目管理是管理學科的一個分支，同時又與項目相關的專業技術領域密不可分。目前，國際上普遍認為項目管理有九大知識體系：

1. 項目整體管理

整體管理也叫計劃管理，是項目組織根據項目目標的規定，對項目實施工作進行的各項活動做出周密安排。

2. 項目範圍管理

一個複雜的項目，有可能包括非常多的子項目，每個子項目又有許多的工作任務。對這樣的項目進行管理，首要工作是去確定該項目中哪些是必須要完成的工作，以期順利完成項目目標。這就是範圍管理。

3. 項目時間管理

項目時間管理又稱為項目進度管理或項目工期管理，是指在項目的進展過程中，為了確保項目能夠在規定的時間內實現項目目標，對項目活動進度及日程安排所進行的管理過程。

4. 項目成本管理

項目成本管理是為了保證項目實際發生的成本低於（或等於）項目預算成本所進行的管理過程和活動。

5. 項目質量管理

項目質量管理是為了保證項目的成果能夠滿足客戶的需求，圍繞項目的質量進行計劃、協調、控制等活動，包括項目質量規則、項目質量保證、項目質量控制等程序。

6. 項目人力資源管理

項目人力資源管理是項目組織對該項目的人力資源進行的科學的規劃、適當的培訓、合理的配置、準確的評估和有效的激勵等工作內容。

7. 項目溝通管理

項目溝通管理是為了確保項目信息合理收集和傳遞，對項目信息的內容、傳遞方式、信息傳遞的過程進行的全面管理。

8. 項目風險管理

項目風險管理是通過風險識別、風險評估去認識項目的風險，並以此為基

礎合理地利用各種管理方法、技術和手段對項目風險實行有效的控制，妥善處理風險事件所造成的不利後果，以最少的成本保證項目總體目標的實現。

9. 項目採購管理

項目採購管理是為了達到項目的目標而從項目組織的外部獲取物料、工程和服務所需的過程。

其中，項目質量管理、項目成本管理、項目時間管理被稱為項目管理的三大核心。

閱讀資料11-1　項目管理科學的興起

20世紀40年代美國著名的原子彈研製計劃——「曼哈頓計劃」標誌著現代項目管理的誕生。1942年，美國總統羅斯福決定研製原子彈。整個研究工程極為龐大、複雜，涉及大量的理論和工程技術問題，先後有15萬人參與，包括1,000多名科學家和3,000多名軍事人員。由於該計劃關係到第二次世界大戰的局勢和美國的國家利益，時間緊迫，任務艱鉅，人們開始思考如何對複雜過程和活動進行有效管理以實現既定目標的問題。1945年7月15日，在格羅夫斯上校指揮下，世界上第一顆原子彈試爆成功。自此，現代項目管理初步形成。

20世紀50年代項目管理取得突破性成就。1957年，美國路易斯維爾化工廠革新檢修工作，把檢修流程精細分解，憑經驗估計出每項工作的時間，並按網絡圖建立起控制關係。他們驚奇地發現，在整個檢修過程中不同路徑上的時間是有差別的，其中存在最長的路徑。通過反覆壓縮最長路徑上的任務工期，反覆優化，最後只用了78小時就完成了通常需要125小時完成的檢修，節省時間達到38%，產生效益100多萬美元。這種方法就是至今項目管理工作者還在應用的著名的關鍵路線法（Critical Path Method，CPM）。

1958年，美國海軍研製北極星導彈時，在CPM的技術基礎上，採用按悲觀工期、樂觀工期和最可能工期三種情況估算不確定性較大的任務所需時間，並用「三時加權」方法進行計劃編排，結果只用了4年就完成了預定6年完成的研製項目，時間節省1/3。這就是著名的計劃評審技術PERT（Program Evaluation and Review Technology），又稱網絡計劃技術。

20世紀60年代，美國實施著名的阿波羅登月計劃。該項目耗資300億美元，涉及2萬多家企業，有4萬多人參與，總共動用了700多萬個零部件。由於使用了網絡計劃技術，各項工作的進展井然有序，最終整個項目取得了巨大成功。

於是，項目管理的應用領域逐漸擴展開來。從建築、航天、國防等傳統領域，延伸至電子、通信、計算機、軟件開發、製造業、金融業、保險業，甚至政府機關和國家組織中也將其作為營運的重要模式。

圖 11.3　矩陣型組織結構

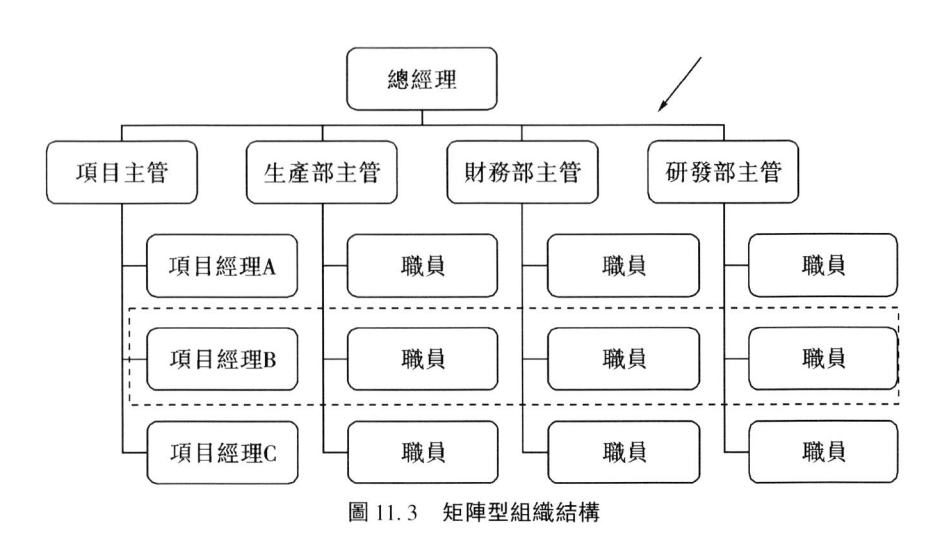

種組織結構形式及其特徵、對項目的影響如表 11.2 所示。

表 11.2　項目組織結構形式的特徵及對項目的影響

組織結構形式 特徵	職能型	項目型	矩陣型		
^	^	^	弱矩陣	平衡矩陣	強矩陣
項目經理的權限	很少或沒有	很高甚至全權	有限	小到中等	中等到大
全職工作人員的比例	幾乎沒有	85%～100%	0～25%	15%～60%	50%～95%
項目經理投入的時間	兼職	全職	兼職	全職	全職
項目經理的常用頭銜	項目協調員	項目經理	項目協調員	項目經理	項目經理
項目管理行政人員	兼職	全職	兼職	全職	全職

　　上述三種組織形式各有利弊，相互之間並不排斥，可以用於同一項目的不同階段，也可用於同一家公司的不同項目，組織結構沒有絕對的好壞之分，而只是適合或不適合的問題。不同的項目組織形式對項目實施的影響究竟使用哪一種項目組織結構，應該根據項目的特點及條件去做選擇。表 11.3 給出了項目組織結構與一些關鍵因素的關係。

表 11.3　　　　　　　項目組織結構選擇考慮的關鍵因素

組織形式 項目特點	職能型	項目型	矩陣型
項目風險程度	低	高	高
項目所用技術	標準	創新性高	複雜
項目複雜程度	低	高	高
項目投資規模	小	大	中等
項目重要性	小	大	中等
時間緊迫性	弱	強	中等
客戶類型	多種多樣	單一	中等
時間限制性	弱	強	中等

（二）項目經理

作為項目的管理者、項目的主要負責人，項目經理是項目小組的靈魂，是決定項目成功的關鍵人物。項目經理的素質、組織能力、知識結構、經驗水準、領導藝術等對項目管理的成敗有決定性的影響。

1. 項目經理的權力

（1）對項目成員的選擇與任務分配有最大的決策權。但是對項目成員的晉升、定級、薪金等方面，項目經理一般沒有決策權，只能對職能經理的決定起影響作用。

（2）制定和項目有關決策的權力。

（3）對項目所獲得的資源擁有使用和分配的權力。

2. 項目經理的責任

（1）項目經理要對項目有一個全局的、系統的觀點，保證項目的目標與公司的整體目標相一致。項目經理要與項目所屬公司的高層管理者進行及時有效的溝通，及時匯報項目的進展情況，成本、時間等資源的花費，項目實施可能的結果，以及將來可能發生的問題的預測，這樣才能使公司的高層管理者對項目的總體運行情況心中有數，才能在必要的時候對項目予以足夠的支持。

（2）項目經理對項目取得成功負有主要責任。項目經理要在時間、成本、績效的約束下，保證項目達到預期的效果；同時還要和客戶保持良好的關係，及時、準確地把握客戶的需求，當客戶需求變化時，對項目計劃及時做出更改，以確保項目的目標成功實現。當項目在實施過程中遇到了各種各樣的衝突時，應該盡量化解矛盾，平衡各種利害關係。

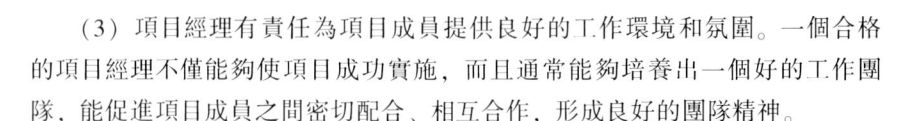

（3）項目經理有責任為項目成員提供良好的工作環境和氛圍。一個合格的項目經理不僅能夠使項目成功實施，而且通常能夠培養出一個好的工作團隊，能促進項目成員之間密切配合、相互合作，形成良好的團隊精神。

3. 項目經理應具備的素質和技能

（1）項目經理應該具備的技能有：團隊組建技能；領導技能；應付危機及解決衝突的技能；人際交往和溝通的技能；技術技能。

（2）項目經理應該具備的素質包括：豐富的管理經驗和實踐工作經驗，與高層領導的良好關係，成熟的個性，具有創造性的思維，具有靈活性，有高度的組織性和紀律性，果斷決策的能力。

閱讀資料 11－2　項目經理與部門經理的區別

項目經理應該是一個通才，具有豐富的經驗和廣闊的知識背景，但不一定是某個領域的專家；部門經理則應該是某一領域的專家，對本部門的業務非常精通，能對下屬的專業工作進行指導。

項目經理的責任是決定需要做什麼，什麼時候必須完成以及如何獲得項目所需的資源；部門經理通常是對已確定要做的工作進行細化，包括如何完成該工作，派誰去完成，以及完成該工作需要多少資源。

項目經理必須運用系統方法，從整體上對項目進行把握；部門經理則習慣於從局部角度去觀察和理解問題。

第二節　項目計劃管理

項目管理通常是一項非常複雜的工作，只有在項目開始正式實施前，制訂出高質量的、周密的計劃，才能保證項目的正常實施。因此，制訂項目的計劃是項目管理者必須掌握的技能。

一、項目計劃的主要內容

（一）工作計劃

工作計劃也叫實施計劃，是為保證項目順利開展，圍繞項目目標的最終實現而制定的實施方案。主要說明採取什麼方法組織實施項目，研究如何最佳地利用資源，用盡可能少的資源獲取最佳效益。

（二）人員組織計劃

人員組織計劃主要是確定各項工作任務該由誰來承擔以及各項工作間的關

係如何。人員組織計劃的編製通常是先自上而下地進行，然後再自下而上地進行修改確定。

（三）設備採購供應計劃

多數的項目會涉及儀器設備的採購、訂貨等供應問題。如果是進口設備，還存在選貨、訂貨和運貨等環節。設備採購供應計劃的好壞會直接影響到項目的質量及成本。

（四）其他資源供應計劃

這個計劃主要是針對大型項目而言的。諸如 2008 年北京奧運會這樣的大型項目，不僅需要設備的及時供應，還有許多項目建設所需的材料、半成品等資源的供應問題。它們的供應計劃也將影響到項目的工期和成本。

（五）變更控制計劃

變更控制計劃主要是針對項目的一次性特點，項目在實施過程中不可避免地會遇到與計劃不符的實際問題，如何有效地處理這些問題，使項目能夠順利進行並最終達成預期的目標是非常必要的。變更控制計劃就是對處理項目變更所需要履行的步驟、程序等規章制度。

（六）進度控制計劃

進度控制計劃要確定應該監督哪些工作，何時監督，誰去監督，用什麼樣的方法收集和處理信息，怎樣檢查工作進展和採取何種調整措施。

（七）財務計劃

財務計劃主要說明需要何種預算細則、核算哪些成本、進行哪些對比、用何種技術方法和處理財務信息以及如何及時檢查和採取補救措施。

（八）文件控制計劃

文件控制計劃由一些能保證項目順利完成的文件管理方案構成，需要闡明文件控制方式、細則，負責建立並維護好項目文件，以供項目組成員在項目實施期間使用。

項目管理的文件包括全部原始的及修訂過的項目計劃、全部里程碑文件、有關標準結果、項目目標文件、用戶文件、進度報告文件以及項目文書往來、工作分解結構與網絡圖。

（九）應急計劃

在制訂計劃時要保持一定的彈性，在工期和預算方面留有餘地，以備不時之需。應急計劃是良好的項目管理所需要的。沒有應急計劃，在項目實施過程中遇到問題時就不能採取合理的行動。

二、項目計劃的編製

(一) 項目範圍的確定

項目範圍是指根據項目目標體系的內在要求，實現項目總目標必須完成的所有工作的集合。項目範圍的確定就是定義出為順利完成項目而設置的一系列必要的工作，通過工作分解明確責任和結構，再通過項目計劃使其整個項目系統的工作在啟動階段就關係明確，次序清晰，從而減少規劃期的失誤。

對項目範圍進行管理，不僅可以幫助項目管理者更加準確地確定項目的工作範圍，提高整個項目需要的時間、費用和資源的估算精度，而且可以為進一步制定項目的進度、費用和資源計劃工作，以及更加明確地分派任務提供依據。

(二) 項目計劃編製的工具

1. 工作分解結構

工作分解結構（Work Breakdown Structure，WBS）是在20世紀60年代末期發展起來的一種方法。這種方法不僅可以應用於項目管理中，還可以用於一些大型複雜的產品中，比如汽車、飛機和輪船製造等。它是項目管理中最有價值的工具，是制訂項目進度計劃、項目成本計劃等多個計劃的基礎。WBS類似於產品的結構，將需要完成的項目按照其內在工作性質或內在結構進行逐層分解，形成相對獨立、內容單一、易於管理的工作單元的結構示意圖。圖11.4表示的是工作分解結構的框架圖。

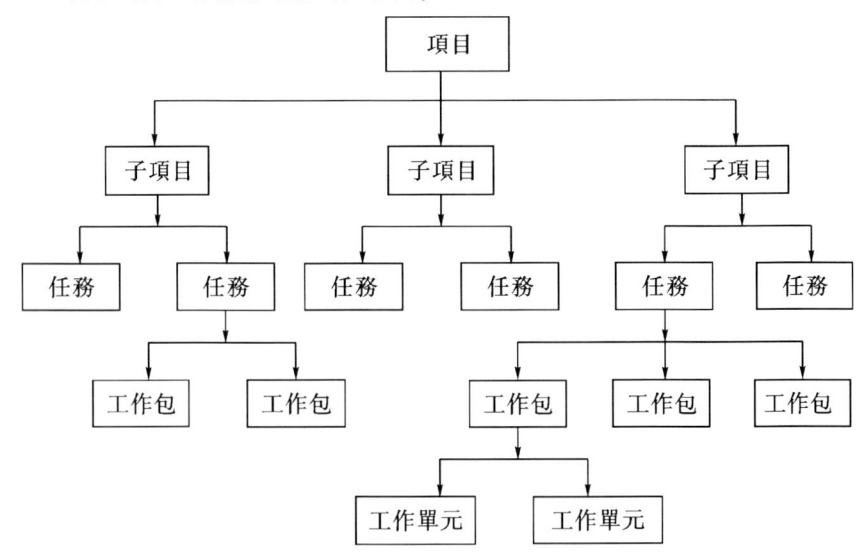

圖11.4 工作結構分解框架圖

在進行工作結構分解時，應注意根據項目的規模及複雜程度來確定分解的詳細程度；分解後的任務應是可管理的、可檢查的、可交付的獨立單元；分解任務時不必考慮工作進行的順序；不要求項目分解的層次及結構對稱。

為了方便項目管理中的信息交流，可以運用特定的規則對 WBS 中的各個節點進行編碼。這樣，在制訂項目的其他計劃時，就可以利用編碼代表任務名稱，還可以根據某任務的編碼情況，判斷出該任務在工作分解結構圖中的任務。編碼方法有很多種，但是最常見的是利用數字進行編碼。圖 11.5 就是一個製造機器人的項目的工作分解結構編碼圖。

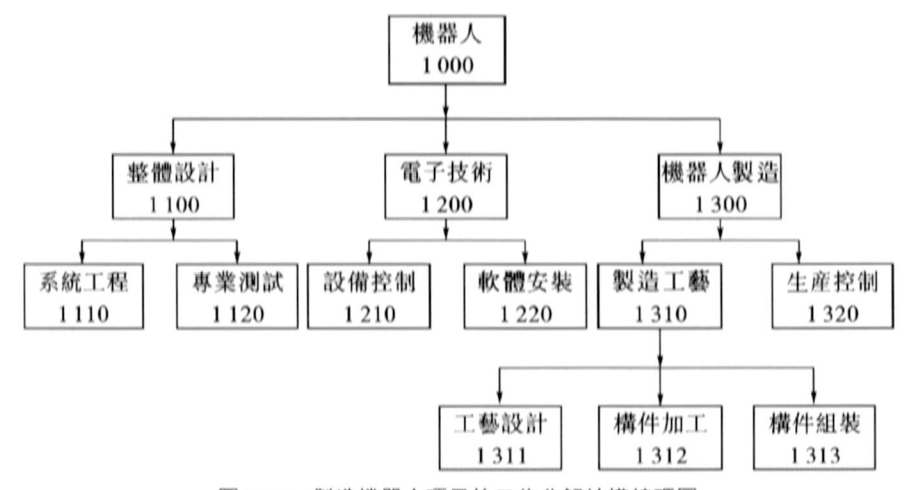

圖 11.5　製造機器人項目的工作分解結構編碼圖

2. 責任分配矩陣

責任分配矩陣（Responsibility Assignment Matrix，RAM）是一種將分解的工作任務落實到項目有關部門或個人，並明確表示出他們在組織工作中的關係、責任和地位的方法和工具。責任分配矩陣是建立在工作分解結構基礎上的矩陣結構圖。

在項目實施過程中，如果某項活動出現了錯誤，很容易從責任分配矩陣圖中找出該活動的負責人和具體執行人，當協調溝通出現困難或者工作責任不明時，都可以運用責任分配矩陣圖來解決。

在責任分配矩陣中，用來表示工作參與類型的符號有多種形式，如字母式、幾何圖形式、數字式等，一般可以自定義含義，只要組織內部能夠對其達成共識就可以。圖 11.6 和圖 11.7 分別是用字母和幾何圖形式來表示的責任矩陣圖。

編碼任務	任務名稱	楊十	張三	李四	王五	趙一	錢二	吳六	鄭七
1000	機器人	P							
1100	整體設計	P	S						
0	系統工程		P	S					
1120	專業測試		S	P					
1200	電子技術				P				
1210	設備控制				P	S			
1220	軟件安裝				S	P			
1300	機器人製造						P		
1310	製造工藝						P		S
1311	工藝設計						P	S	
1312	構件加工						S		P
1313	構件組裝						S		P
1320	生產控制							P	S

註：P（President）表示主要負責人；S（Service）表示次要負責人。

圖 11.6　製造機器人項目的責任分配矩陣圖

任務編碼	任務名稱	項目經理	項目工程師	程序員	測試員
100	新軟件項目	■			
110	確定需求	□	■		
120	系統設計	□	■		
130	系統開發	△	■		
131	修改外購軟件包		□	■	
132	修改內部程序		□	■	
133	修改手工操作系統流程	□	■		
140	系統測試	△	■		
141	測試外購軟件包			□	■
142	測試內部程序			□	■
143	測試手工操作流程			□	■
150	系統安裝	△	■	□	
151	安裝新軟件包		□	■	
152	培訓人員	■	□		

■主要負責人　　　□次要負責人　　　△協調人

圖 11.7　某軟件項目的責任分配矩陣

3. 甘特圖

甘特圖（Gantt Chart，GC）也叫橫道圖或條形圖，早在20世紀初就開始流行和使用，主要應用於項目計劃和項目進度的安排。它是以圖示的方式通過活動列表和時間刻度形象地表示出任何特定項目的活動順序與持續時間。它是在第一次世界大戰時期發明的，以亨利·L.甘特先生的名字命名，因為他制定了一個完整地用條形圖表示進度的標誌系統。由於甘特圖形象簡單，在簡單、短期的項目中，甘特圖都得到了最廣泛的運用。圖11.8是某實驗室局域網建設工作計劃甘特圖。

活動＼日期	5	10	15	20	25	30	35	40
機房裝修								
房間布置								
網絡布線								
硬件安裝								
軟件測試								

圖11.8　某實驗室局域網建設工作計劃甘特圖

傳統的甘特圖不能顯示項目中的各活動之間的邏輯關係，如果一項活動不能如期完成，會有哪些活動受到影響也無法在圖中顯示。因此，在複雜的項目中，單獨的一個甘特圖並不能為項目團隊成員之間的溝通和協調提夠足夠的信息。在現代的項目管理中，甘特圖更多地是和網絡結合在一起使用。

4. 里程碑計劃

里程碑計劃是以項目中某些重要事件的完成或開始時間點作為基準所形成的計劃，是一個戰略計劃，以中間產品或可實現的結果為依據，主要顯示項目在每一階段應達到的狀態，而不是如何達到。里程碑計劃是項目進度計劃的表達形式之一。圖11.9是與圖11.8對應的里程碑計劃圖。

活動＼日期	5	10	15	20	25	30	35	40
機房裝修竣工				△				
完成房間布置					△			
網絡布線完成						△		
硬件安裝完畢							△	
軟件測試								△

圖11.9　某實驗室局域網建設工作里程碑計劃圖

第三節　網絡計劃技術

網絡計劃技術是用網絡計劃對任務的工作進度進行安排和控制，以保證實現預定目標的科學的計劃管理技術。網絡計劃是在網絡圖上加註工作的時間參數等編成的進度計劃。因此，網絡計劃由兩部分組成，即網絡圖和網絡參數。網絡圖是由箭線和節點組成的用來表示工作流程的有向、有序的網狀圖形。網絡參數是根據項目中各項工作的延續時間和網絡圖所計算的工作、事件、線路等要素的各種時間參數。

網絡計劃技術是制訂項目進度計劃的一種常用工具。

一、主要的分析技術

常用的網絡計劃技術有關鍵路線法（Critical Path Method，CPM）和計劃評審技術（Program Evaluation and Review Technique，PERT）。CPM 和 PERT 是兩種幾乎同時發展起來的網絡計劃方法，但它們又是相互獨立發展起來的。

（一）關鍵路線法

關鍵路線技術產生於美國杜邦公司。1956—1957 年，美國杜邦公司在新建生產線時，為了使該項目能夠及時竣工投產，公司請蘭德諮詢公司研究出了一種新的計劃管理方法，即關鍵路線法。實施這種方法，使杜邦公司的新生產線的工期比原計劃縮短了兩個月。

關鍵路線技術用圖形描述出一項工程的全貌，並強調將注意力集中在關鍵路線上，因為關鍵路線決定了項目的最終完成時間。關鍵路線技術最適合用於以下特點的項目：工作或任務可以明確定義；工作或任務互相獨立；工作或任務有一定的順序，必須依次完成。關鍵路線技術的核心是計算時差，確定哪些活動的進度安排靈活性最小。

（二）計劃評審技術

計劃評審技術是 1958 年由美國海軍特種計劃局和洛克希德航空公司在規劃和研究核潛艇上發射「北極星」導彈時提出的。PERT 又稱計劃協調技術，是採用概率統計計算週期時間的一種概率性網絡計劃方法。它利用活動的邏輯關係和活動持續時間的三個權重估計值來計算項目的各種時間參數。

PERT 與 CPM 的主要區別是：PERT 使用活動持續時間三個值的加權平均，而 CPM 使用一個確定值；CPM 不僅考慮時間，還考慮費用，重點在於成本的

控制，而 PERT 主要用於含有大量不確定因素的大規模開發研究項目，重點在於時間控制；PERT 關注的是活動的開始或完成的事件或里程碑，而 CPM 關注的是執行的工作或活動自身。

在 CPM 和 PERT 之後還出現了一些新的網絡計劃技術，如圖型評審技術（GERT）、優先日程圖示法（PPM）、風險評審技術（VERT）等。儘管各種技術存在一定的差異，但是基本原理都是用網絡圖來表示項目中各項活動的進度及其相互關係，並在此基礎上進行網絡分析，計算網絡中的各項時間參數，確定關鍵活動與關鍵路線，利用時差不斷調整與優化網絡，以求得最短的工期。因此，統稱為網絡計劃技術。

二、網絡圖

網絡計劃技術的一個重要特徵是利用網絡圖來描述主要項目活動及其次序關係。

（一）網絡圖的基本形式

網絡圖是由若干圓圈和箭線組成的網狀圖，它表示一項工程或一項生產任務中各個工作環節或各道工序的先後關係和所需的時間。網絡圖有兩種形式：節點式網絡和箭線式網絡。

1. 節點式網絡

節點式網絡（Activity On the Node，AON）又稱為單代號網絡，是用單個節點表示一項活動，用節點之間的箭線表示活動之間的相互關係。每項工作活動由一個節點框表示，而項目活動之間的順序關係則是用連接活動框的箭線表示，箭頭指向的活動是後續活動，箭頭離開的活動是前序活動。節點式網絡圖如圖 11.10 所示。

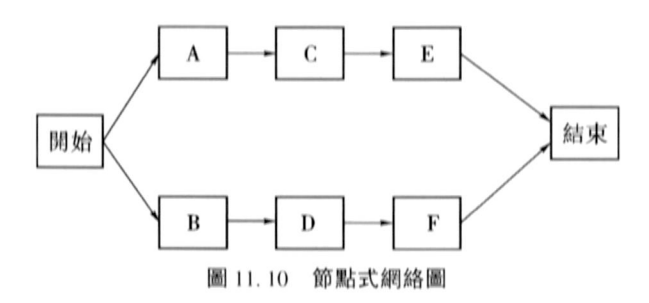

圖 11.10 節點式網絡圖

2. 箭線式網絡

箭線式網絡（Activity On the Arrow，AOA）又稱為雙代號網絡，也是一種描述項目活動順序的網絡圖。它是用箭線表示工作、節點表示工作相互關係的

網絡圖方法。箭線式網絡一般僅使用結束到開始的關係表示方法。箭線式網絡圖如圖 11.11 所示。有時為了反應各項活動之間的邏輯關係，需要引入虛活動。所謂虛活動就是不消耗時間和資源的活動，僅表示活動的邏輯關係，在箭線圖中用虛線表示虛活動。

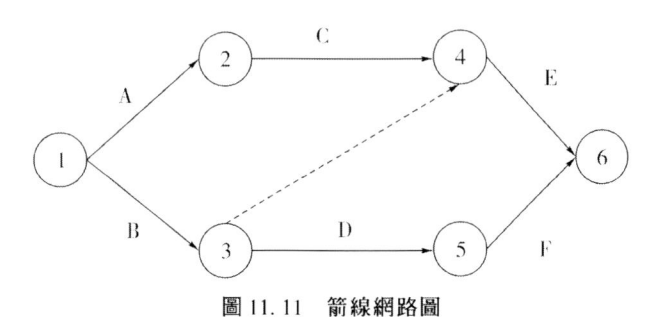

圖 11.11　箭線網路圖

(二) 網絡圖的構成

1. 活動

網絡圖中的「活動」是指需要消耗一定的資源，經過一定時間才能完成的具體工作。在箭線網絡圖中，活動以箭線表示，箭尾表示活動的開始，箭頭表示活動的結束。箭線的長短與活動耗時長短無關，這與甘特圖的橫道線有本質區別。工作名稱寫在箭線上面，工作的持續時間寫在箭線下面，如圖 11.12 所示。

圖 11.12　箭線圖中活動的表示

2. 事件

事件表示活動的開始或結束，它不消耗資源，也不占用時間和空間，在網絡圖上用節點（圓圈）表示。在網絡圖中，第一個事件稱為「始點事件」，表示計劃任務的開始。最後一個事件稱為網絡的「終點事件」，表示計劃任務的結束。其餘事件稱為「中間事件」，它包含兩個意思，即前一活動的結束和後一活動的開始。

3. 路線

路線是指從網絡始點事件開始，沿箭線方向，到網絡終點事件為止，中間有一系列首尾相接的節點和箭線組成的通道。路線所需時間是路線中各項活動的作業時間之和。時間最長的路線為關鍵路線。

（三）網絡圖的繪製原則

節點式網絡圖與箭線式網絡圖的繪製略有不同，節點式網絡圖所表示的邏輯關係更容易理解，繪製也不容易出錯，但是計算網絡時間就不如箭線式網絡圖那麼清晰；箭線式網絡圖繪製起來要困難一些，活動之間的邏輯關係表達起來比較複雜，特別是虛工序的使用容易出錯，但是計算網絡時間比較清晰，不易出錯。無論是節點式網絡圖還是箭線式網絡圖，在繪製時都必須遵循以下規則：

（1）網絡圖是單向圖，圖中不能出現回路。箭線從某一節點出發，只能從左向右，不能反向，更不能出現回路。

（2）網絡圖的開始節點和結束節點應是唯一的，不允許出現沒有先行事項或後續事項的中間事項。

（3）相鄰兩個節點之間只能用一條箭線直接相連。

（4）在箭線式網絡圖繪製中，對時間節點編號必須按照箭線箭頭的指向，升序排號，從小到大，從左到右，不能重複。

（5）箭線不宜交叉，若交叉不可避免，可採用過橋法或指向法。

圖11.13為幾種網絡圖繪製中的錯誤及正確的畫法。

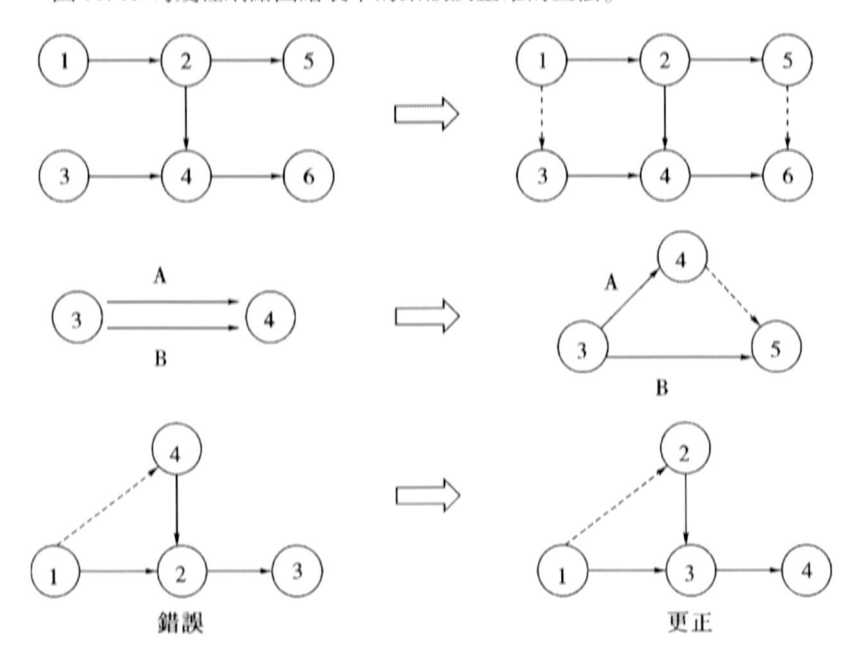

圖11.13　網路圖繪製中易犯錯的幾種情況及更正

第十一章　項目管理

例1：某企業進行新產品的研究開發項目，通過調查分析，確定該項目的活動清單，見表11.4。

表11.4　　　　　　　　新產品研發項目活動清單

活動名稱	活動代號	緊前活動	活動的作業時間
籌集資金	A	—	2
產品設計	B	A	2
設備採購	C	A	1
廠房建設	D	B	6
設備安裝	E	C	4
試生產	F	D、E	4

根據繪製網絡圖的原則，分別繪製出節點式網絡圖和箭線式網絡圖，見圖11.14 和圖 11.15。

1. **節點式網路圖**

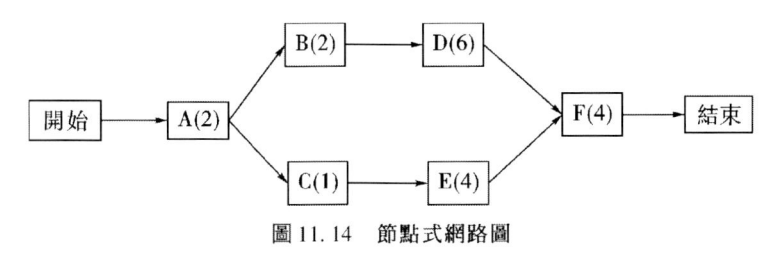

圖11.14　節點式網路圖

2. **箭線式網路圖**

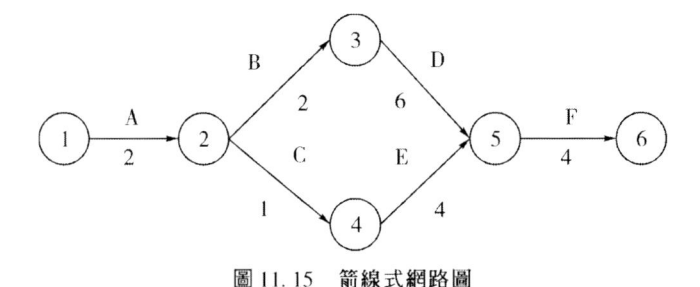

圖11.15　箭線式網路圖

三、網絡時間參數的計算

(一) 活動作業時間的計算

作業時間是指完成一項活動所需的時間。用 $t(i, j)$ 表示以 i 節點為起點，以 j 節點為終點的事件的時間。作業時間的單位可以是小時、日或週、月等。它是計算其他各項時間值的基礎。確定作業時間一般需要根據歷史的數據和項目的具體情況去估計，常用方法主要是單一時間估計法和三種時間估計法。

1. 單一時間估計法

單一時間估計法又稱為單點估計法，是指對各項活動的作業時間只確定一個時間值，即以最大可能的作業時間為準。這種方法適用於有類似的工時資料或經驗數據，且影響活動完成的有關因素相對確定的情況。

2. 三種時間估計法

三種時間估計法又稱為三點估計法。對於不確定性較大的問題，可預先估計三個時間值，應用概率的方法計算各項活動作業時間的平均值和方差。三個時間值分別為：①最樂觀時間 a。該時間是指在順利情況下最快可能完成時間。②最悲觀時間 b。該時間是指在不利情況下最慢可能完成時間。③最可能時間 m。該時間是指在正常情況下的可能時間。

作業時間為：

$$t = \frac{a + 4m + b}{6}$$

以此估計作業時間的方差為：

$$\sigma^2 = \left(\frac{b-a}{6}\right)^2$$

(二) 節點時間的計算

節點本身並不占用時間，它只是表示某項工作應在某一時刻開始或結束。因此，節點有兩個時間值：最早開工時間和最遲完工時間。

1. 節點最早開工時間

節點最早開工時間是指以該節點為開始的各項活動最早可能開工的時間，用 $ET(j)$ 表示。在此之前，各項活動不具備開工條件，不能開工。計算時，從網絡圖的起始節點開始，按節點編號順向計算，直到網絡圖的終止節點為止。一般假定網絡圖的起始節點的最早開工時間為零，即 $ET(1) = 0$。餘下節點的最早開工時間按下式計算：

$$ET(j) = \max\{ET(i) - t(i, j)\}$$

2. 節點最遲完工時間

節點最遲完工時間是指以該節點為結束的各項活動最遲必須完工的時間，用 LT（i）表示。若不能在此時間完工，將影響後續活動的按時開工，使整個項目不能按期完成。計算時，從網絡圖的終止節點開始，按節點編號逆向計算，直到網絡圖的起始節點為止。一般假定網絡圖的終止節點最遲完工時間等於其最早開工時間，即 LT（n）= ET（n）。其餘節點的最遲完工時間按下式計算：

$LT(i) = \min\{LT(j) + t(i,j)\}$

(三) 活動時間的計算

1. 活動最早開工時間

活動最早開工時間是指某項活動最早可能開始的時間，以 ES（i，j）表示，即：

$ES(i,j) = ET(i)$

2. 活動最早完工時間

活動最早完工時間是指該活動可能完工的最早時間，用 EF（i，j）表示，是該活動最早開工時間與其作業時間之和，即：

$EF(i,j) = ES(i,j) + t(i,j) = ET(i) + t(i,j)$

3. 活動最遲完工時間

活動最遲完工時間是指為了不影響今後作業的按期開工，某項活動最遲必須完工的時間，它等於代表該活動箭頭節點最遲完工時間，用 LF（i，j）表示，即：

$LF(i,j) = LT(j)$

4. 活動最遲開工時間

活動最遲開工時間是指為不影響今後活動如期開工而最遲必須開工的時間，用 LS（i，j）表示。其計算公式為：

$LS(i,j) = LF(i,j) - t(i,j) = LT(j) - t(i,j)$

計算最早時間從左到右，先計算開始時間，再計算結束時間；計算最遲時間，則從右到左，先計算結束時間，再計算開始時間。

計算出各項活動的最早開工時間與最早完工時間、最遲開工時間與最遲完工時間，能分析和找出各項活動在時間銜接上是否合理，是否有潛力可挖。

(四) 時差的計算

活動的時差是指在不影響整個工程工期的條件下，某項活動在開工時間安排上可以機動使用的一段時間。時差又稱為寬裕時間或緩衝時間。計算和利用

時差是網絡計劃技術中的一個重要問題，它既是確定關鍵路線的依據，又為計劃進度的安排提供了靈活性，時差越大，機動時間越多，潛力也越大。時差可以分為活動總時差、節點時差和線路時差三種。

1. 活動總時差

活動總時差是指在不影響整個項目完工時間的條件下，某項活動的最遲開工時間與最早開工時間之差，用 $S(i,j)$ 表示。它表明該活動開工時間允許推遲的最大限度，也稱「寬裕時間」或「多餘時間」。它以不影響緊後作業的最遲開始時間為前提，可在整個線路上利用。其計算公式為：

$$S(i,j) = LS(i,j) - ES(i,j) = LF(i,j) - EF(i,j) = LT(j) - t(i,j) - ET(i)$$

2. 節點時差

節點時差是指在不影響今後活動在其最早開工的前提下，本活動最遲完工時間與最早完工時間之差，是本活動可能具有的機動時間，用 $R(i,j)$ 表示。它又稱為「自由多餘時間」。其計算公式為：

$$R(i,j) = ES(j,k) - EF(i,j)$$

3. 線路時差

線路時差是指在一個網絡圖中，關鍵線路持續時間與非關鍵線路持續時間之差。

（五）關鍵路線的確定

總時差為零的活動即為關鍵活動，順次將所有時差為零的活動節點連接起來從網絡圖起點到終點所得到的路線就是關鍵路線。關鍵路線上的全部活動時間之和即為工期。關鍵路線一定是網絡圖中的耗時最長的路線。

控制關鍵路線是網絡計劃技術的重點。在關鍵路線上，如果各工作的作業時間提前或延後一天，則整個計劃任務的完工日期便會提前或延後一天。因此，要縮短項目的週期，就必須從縮短關鍵路線的持續時間入手。

例2：在例1的繪製的網絡圖基礎上，計算節點時間、活動時間、確定關鍵路線，計算總工期（見圖11.16）。

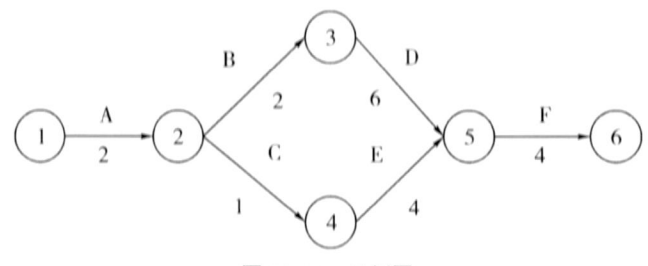

圖 11.16　示例圖

解：

1. 計算節點時間

（1）節點最早開工時間

$ET(1) = 0$

$ET(2) = 0 + 2 = 2$

$ET(3) = 2 + 2 = 4$

$ET(4) = 2 + 1 = 3$

$ET(5) = \max\{[ET(3) + t(3, 5)], [ET(4) + t(4, 5)]\}$

$\quad\quad\quad = \max\{4 + 6, 3 + 4\}$

$\quad\quad\quad = 10$

$ET(6) = 10 + 4 = 14$

（2）節點最遲完工時間

$LT(6) = ET(6) = 14$

$LT(5) = 14 - 4 = 10$

$LT(4) = 10 - 4 = 6$

$LT(3) = 10 - 6 = 4$

$LT(2) = \min\{[LT(3) - t(2, 3)], [LT(4) - t(2, 4)]\}$

$\quad\quad\quad = \min\{4 - 2, 4 - 1\}$

$\quad\quad\quad = 2$

$LT(1) = 2 - 2 = 0$

2. 計算活動時間

（1）活動最早開工時間

$ES(1, 2) = 0$

$ES(2, 3) = ET(2) = 2$

$ES(2, 4) = ET(2) = 2$

$ES(3, 5) = ET(3) = 4$

$ES(4, 5) = ET(4) = 3$

$ES(5, 6) = ET(5) = 10$

（2）活動最早完工時間

$EF(1, 2) = ET(1) + t(1, 2) = 2$

$EF(2, 3) = ET(2) + t(2, 3) = 2 + 2 = 4$

$EF(2, 4) = ET(2) + t(2, 4) = 2 + 1 = 3$

$EF(3,5) = ET(3) + t(3,5) = 4+6 = 10$

$EF(4,5) = ET(4) + t(4,5) = 3+4 = 7$

$EF(5,6) = ET(5) + t(5,6) = 10+4 = 14$

（3）活動最遲完工時間

$LF(1,2) = LT(2) = 2$

$LF(2,3) = LT(3) = 4$

$LF(2,4) = LT(4) = 6$

$LF(3,5) = LT(5) = 10$

$LF(4,5) = LT(5) = 10$

$LF(5,6) = LT(6) = 14$

（4）活動最遲開工時間

$LS(1,2) = LT(2) - t(1,2) = 2-2 = 0$

$LS(2,3) = LT(3) - t(2,3) = 4-2 = 2$

$LS(2,4) = LT(4) - t(2,4) = 6-1 = 5$

$LS(3,5) = LT(5) - t(3,5) = 10-6 = 4$

$LS(4,5) = LT(5) - t(4,5) = 10-4 = 6$

$LS(5,6) = LT(6) - t(5,6) = 14-4 = 10$

3. 計算活動總時差

$S(1,2) = LF(1,2) - EF(1,2) = 2-2 = 0$

$S(2,3) = LF(2,3) - EF(2,3) = 4-4 = 0$

$S(2,4) = LF(2,4) - EF(2,4) = 6-3 = 3$

$S(3,5) = LF(3,5) - EF(3,5) = 3-3 = 0$

$S(4,5) = LF(4,5) - EF(4,5) = 10-7 = 3$

$S(5,6) = LF(5,6) - EF(5,6) = 14-14 = 0$

4. 確定關鍵路線

活動總時差為零的活動路線即為關鍵路線，由上可知，關鍵路線為 A→B→D→F。

5. 總工期

關鍵路線上的全部作業時間之和即為該工程的工期（2+2+6+4=14）。

四、網絡計劃的調整與優化

通過繪製網絡圖，計算時間參數並確定關鍵路線，可以得到一個初始計劃

方案，但初始方案往往不是滿意方案，因此需要不斷地進行計劃的調整及優化，得到一個工期最短、費用最低、資源利用最佳的網絡計劃。網絡計劃的優化方法主要有時間優化、時間－成本優化、時間－資源優化。

(一) 時間優化

時間優化問題是在人力、物力、財力資源都有保證的條件下，尋找最短的工期。這種優化方法主要適用於任務比較緊急、資源有保障，但所需的工期較短的情況。

由於工期是由網絡的關鍵路線上的活動時間所決定的，因此時間優化就在於如何壓縮關鍵路線上活動的作業時間。主要措施有：

(1) 壓縮活動時間。通過採取新技術、新工藝、加班等方法，縮短活動所需的作業時間。

(2) 進行活動分解，改變活動的銜接關係，盡量組織平行作業交叉作業，以提高活動的平行程度。

(二) 時間－成本優化

時間－成本優化就是在考慮工期和費用之間的關係的前提下，找出一個縮短項目工期的方案，使得為完成項目任務所需的總費用最低。項目成本分為直接成本和間接成本。直接成本是指人工、材料、能源等費用；間接成本可分為管理費用、銷售費用等。一般來說，縮短工期會引起直接費用的增加和間接費用的減少，而延長工期會引起直接費用的減少和間接費用的增加。這兩種費用與時間的關係如圖11.17所示。

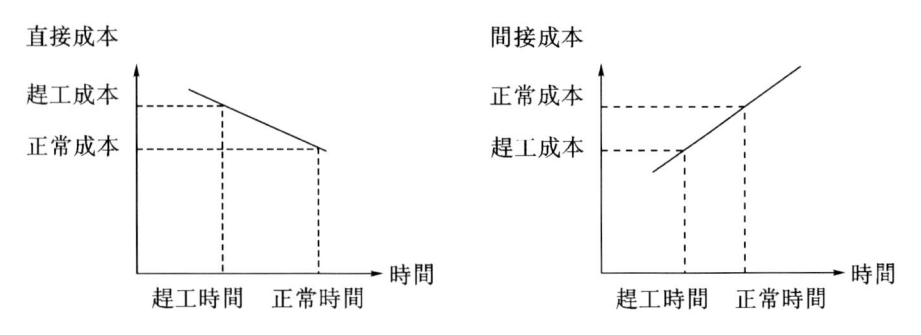

圖11.17　兩種費用與時間的關係

時間－成本優化有手算法和線性規劃法。手算法的基本思路是通過壓縮關鍵活動的作業時間來得到不同方案的總費用、總工期，從中進行比較，選出最優方案。具體步驟如下：

（1）繪製網絡圖。

（2）找出關鍵路線，計算工期。

（3）計算正常時間的成本，即在不趕工的情況下，直接成本與間接成本之和。

（4）計算網絡計劃中各項活動的成本斜率：

$$成本斜率 = \frac{正常時間 - 趕工時間}{趕工成本 - 正常成本}$$

（5）選取關鍵路線上成本斜率最低的活動作為趕工對象進行趕工，在壓縮工期時，確保本活動所在路線仍為關鍵路線。

（6）尋找新的關鍵路線，並計算趕工後的工期。

（7）計算趕工後的總成本。趕工後的總成本為直接成本、間接成本、趕工成本之和。

（8）重複以上步驟，計算各種改進方案的成本。

（9）確定總成本最低的工期為最優化方案。

例3：某工程擴建項目，各活動信息見表11.5，項目的間接成本為2,000元/週。試進行時間 - 成本優化。

表11.5　　　　　　　　工程成本與時間的資料

活動	緊前活動	正常時間（週）	趕工時間（週）	正常費用（元）	趕工費用（元）	成本斜率（元/週）
A	-	6	4	6,000	8,000	1,000
B	A	13	11	2,800	3,200	200
C	A	15	13	2,800	4,000	600
D	C	8	7	2,000	2,500	500
E	B	5	5	1,800	1,800	-
F	D、E	9	8	3,600	3,900	300
G	F	10	9	3,800	4,200	400

解：

（1）繪製網絡圖，見圖11.18。

（2）關鍵路線為：A→C→D→F→G。

總工期為：6 + 15 + 8 + 9 + 10 = 48（週）。

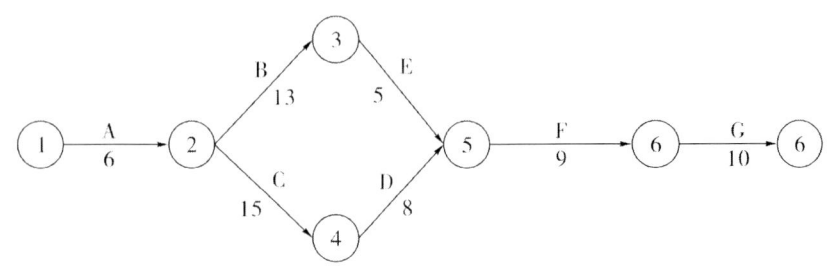

圖11.18　繪製網路圖

（3）正常時間下的總成本：

總成本 = 6,000 + 2,800 + 2,800 + 2,000 + 1,800 + 3,600 + 3,800 + 48 × 2,000

= 118,800（元）

（4）計算各活動的成本斜率，結果表示在表11.5上。

（5）關鍵路線上F的成本斜率最低，因此壓縮F的工期1天，此時關鍵路線仍然是A→C→D→F→G，總工期為47週。

趕工後成本 = 22,800 + 47 × 2,000 + 300 = 117,100（元）

（6）重複以上步驟，整個優化過程見表11.6。

表11.6　　　　　　　工程項目時間費用優化過程

方案	較前方案變動點	趕工後總工期	趕工後總費用	關鍵路線
1	-	48	118,800	A→C→D→F→G
2	活動F壓縮1週	47	117,100	同上
3	活動G壓縮1週	46	115,500	同上
4	活動D壓縮1週	45	114,000	同上
5	活動C壓縮2週	43	111,200	同上
6	活動A壓縮2週	42	109,200	同上

從表11.6可以看出，該工程項目最佳工期為42週，最低成本為109,200元。

（三）時間-資源優化

資源包括人力、物力、財力。資源是影響項目進度的主要因素。在一定條件下，增加投入的資源，可以加快項目進度，縮短工期；減少資源，則會延緩項目進度，拉長工期。資源利用得好，分配合理，就能帶來好的經濟效益。一

般分為下面兩種情況來進行時間－資源優化。

（1）資源一定，尋求工期最短。主要途徑有：縮短關鍵路線活動作業時間；採取組織措施，關鍵路線活動交叉作業；利用時差，從非關鍵活動中抽調資源用於關鍵活動。

（2）在工期一定的條件下，通過平衡資源，求得工期與資源的最佳結合。制訂網絡計劃時，對資源平衡的要求是：按規定工期和工作量，計算所需資源，做出日程安排；將資源優先分配給關鍵路線活動，並盡量均衡、連續地投入；充分利用時差，錯開非關鍵活動的開工時間，以避開資源需求高峰；必要時調整工期，以保證資源的合理利用。

【綜合案例分析】　項目團隊

如今的數字天氣預報能夠獲得10年前連想都不敢想的準確度。如果能開發出清晰度更高、物理性質大為改善的模型，美國國家海洋和大氣管理局就能夠提供三維清晰度更高的預報，而且預報的有效時間將遠遠超過以前。這些改進模型要求強大的計算能力，需要在非常短的時間段內執行大量計算。我們這個項目的主要目標是在有限的預算和時間內獲得盡可能高的計算性能。但現在的問題是，我們能否在預算內，按時完成一臺能滿足天氣預報高要求的超級計算機。

幾個團隊都非常積極地參與項目的規劃和交付工作。預算團隊分析戰略目標，評估資金的預期回報；信息技術團隊審查計算要求是否滿足任務目標，識別收益和技術風險，確保提議的項目能夠給政府的投資一個很好的回報；採辦團隊再次審查了需求和收益/成本分析，執行市場調研，並精心設計了合同，以確保政府獲得最大收益。一切都異常順利，每個團隊都認真地完成各自的工作，現在NOAA應可以確保實現目標，提供功能最全、可靠性最高和可用性最好的系統，而且還控制在預算內。一切都按計劃進行，我們幾乎不相信這是真的。

意外終於來臨。簽訂合同時，我們被告知，我們曾認為是安放地點的哥達德航天中心不可以再放置新系統了，NOAA被迫尋找其他地方，從而導致不得不延期簽訂合同和部署系統。合同終於簽訂了，系統的安裝推遲了整整六個月，儘管這仍在整個時間表範圍內，因為我們預留了足夠的時間預防此類問題的發生。

所有人從此經歷中獲得了一個重大教訓。儘管我們使用了團隊方法來管理這個項目，但各團隊都局限於他們自己狹隘的利益範圍內。沒有一個領導者和一個跨職能的團隊來統一管理項目，這樣一個跨職能的團隊應由各小團隊的代表組成。如果這樣做了，關鍵要素——超級計算機的安放位置——就會被納入

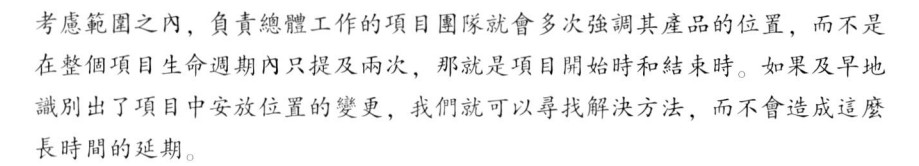

考慮範圍之內，負責總體工作的項目團隊就會多次強調其產品的位置，而不是在整個項目生命週期內只提及兩次，那就是項目開始時和結束時。如果及早地識別出了項目中安放位置的變更，我們就可以尋找解決方法，而不會造成這麼長時間的延期。

討論題

1. 從項目組織的角度分析項目沒有按照計劃完成的原因。
2. 你認為這個項目應該採用哪種項目組織形式？

課後習題

1. 什麼是項目？
2. 項目與日常工作的區別有哪些？
3. 請確定下面哪些是項目：開發一種新產品；修建新的小區；處理訂單；生產產品；競選總統。
4. 項目管理的知識體系包括哪些內容？
5. 項目組織的結構有哪些類型？各種類型的優缺點是什麼？
6. 項目經理擁有哪些權力？負有什麼責任？
7. 項目計劃編製使用的工具有哪些？
8. 下表是某研發項目的活動清單及活動時間關係，要求：①畫出該項目的網絡圖；②找出該項目的關鍵路線；③計算項目的總工期。

活動	緊前活動	時間（月）
A	-	12
B	A	10
C	A	6
D	C	9
E	B、D	5
F	D	8
G	E、F	5

9. 某技術改造項目，各作業的順序、所需時間以及正常、趕工時間下的成本如下表所示。已知項目的間接成本為1,000元/週，試進行時間-成本優化。

活動	緊前活動	正常時間（週）	趕工時間（週）	正常費用（元）	趕工費用（元）
A	－	4	2	10,000	14,000
B	A	6	5	30,000	42,500
C	A	2	1	8,000	9,500
D	B	2	1	12,000	18,000
E	B、C	7	5	40,000	52,000
F	D、E	8	3	20,000	29,000

第十二章　全面質量管理

本章關鍵詞

質量檢驗（Quality Inspection）
全面質量管理（Total Quality Management）
統計過程控制（Statistical Process Control）
質量管理體系（Quality Management System）
質量運行成本（Operating Quality Costs）

【開篇案例】　砸冰箱的故事

　　1985年，一位用戶向海爾反應：工廠生產的電冰箱有質量問題。
　　於是首席執行官張瑞敏突擊檢查了倉庫，發現倉庫中不合格的冰箱還有76臺！
　　當時研究處理辦法時，有幹部提出意見：作為福利處理給本廠的員工。
　　就在這時，張瑞敏卻做出了有悖「常理」的決定：開一個全體員工的現場會，把76臺冰箱當眾全部砸掉！而且，由生產這些冰箱的員工親自來砸！
　　聞聽此言，許多老工人當場就流淚了⋯⋯要知道，那時候別說「毀」東西，企業就連開工資都十分困難！況且，在那個物資還緊缺的年代，別說正品，就是次品也要憑票購買的！如此「糟踐」，大家心疼啊！當時，甚至連海爾的上級主管部門都認為難以接受。
　　但張瑞敏明白：如果放行這些產品，就談不上質量意識！我們不能用任何姑息的做法，來告訴大家可以生產這種帶缺陷的冰箱！否則今天是76臺，明天就可以是760臺、7,600臺⋯⋯所以必須實行強制，必須要有震撼作用！因而，張瑞敏選擇了不變初衷！
　　結果，就是一把大錘，伴隨著那陣陣巨響，真正砸醒了海爾人的質量意識！從此，在家電行業，海爾人砸毀76臺不合格冰箱的故事就傳開了！至於那把著名的大錘，海爾人已把它擺在了公司展覽廳裡，讓每一個新員工參觀時

都牢牢記住它。

1999年9月28日，張瑞敏在上海財富論壇上說：「這把大錘對海爾今天走向世界，是立了大功的！」可以說，這個舉動在中國的企業改革中，等同於福特汽車流水線的改革。

企業管理的最大挑戰，便是在事情出現不好的苗頭時，就果斷採取措施轉變員工的思想觀念。在次品依然緊缺時，海爾就看到了次品除了被淘汰，別無出路！任何企業要走品牌戰略的發展道路，質量就永遠是生存之本。所以，海爾提出：「有缺陷的產品就是廢品！」而海爾的全面質量管理，推廣的不是數理統計方法，而是提倡「優秀的產品是優秀的員工干出來的」，從轉變員工的質量觀念入手，實現品牌經營。

資料來源：http://www.haier.cn/about/culture_index_detail34.shtml.

討論題

1. 什麼是質量管理？如何進行質量管理？
2. 質量管理是如何提高企業競爭力的？

第一節　質量管理與全面質量管理

一、質量與質量管理的基本概念

（一）什麼是質量

ISO 9000：2000標準對質量的定義為：一組固有特性滿足要求的程度。

上述定義可以從以下幾方面去理解：

1. 質量的概念是廣義的

在全面質量管理中，「質量」的含義是廣義的，除了產品質量之外，還包括過程質量和工作質量。全面質量管理不僅要管好產品本身的質量，還要管好產品質量賴以產生和形成的過程質量和工作質量，並以過程質量和工作質量為著眼點。

產品質量是反應產品或服務滿足明確或隱含需要能力的特徵和特性的總和。產品的使用適宜性，可以從性能、壽命、可靠性、安全性和經濟性等幾個方面的質量特性來進行衡量。過程質量則通常從質量形成的全過程予以考慮。過程質量可分為開發設計過程質量、製造過程質量、使用過程質量與服務過程

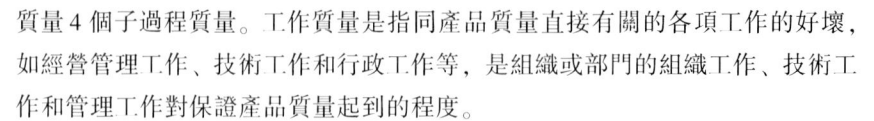

質量 4 個子過程質量。工作質量是指同產品質量直接有關的各項工作的好壞，如經營管理工作、技術工作和行政工作等，是組織或部門的組織工作、技術工作和管理工作對保證產品質量起到的程度。

2. 固有特性是指可區分的特徵

固有特性是通過產品、過程或體系設計和開發及其後的實現過程所形成的屬性。例如，物質特性（如機械、電氣、化學或生物特性）、感官特性（如用嗅覺、觸覺、味覺、視覺等感覺控制的特性）、行為特性（如禮貌、誠實、正直）、時間特性（如準時性、可靠性、可用性）、人體功效特性（如語言或生理特性、人身安全特性）、功能特性（如飛機最高速度）等。這些固有特性大多是可區分的，而賦予的特性（如某一產品的價格）則並非是產品、體系或過程的固有特性。

3. 滿足要求是多方面的

滿足要求就是應滿足明示的（如標準、協議中明確規定的）、通常隱含的（如不言而喻的、國際慣例等）或必須履行的（如法律法規、行業規則）需要和期望。只有全面滿足這些要求，才能評定為好的質量或優秀的質量。

4. 質量的要求是動態的

顧客和其他相關方對產品、體系或過程的質量要求是發展的和相對的，它將隨著時間、地點、環境的變化而變化。所以，應定期地對質量進行評審，按照變化的需要和期望，相應地改進產品、體系或過程質量，確保持續地滿足顧客和其他相關方的要求。

(二) 什麼是質量管理

1. 質量管理的含義

質量管理是指組織在質量方面指揮和控制的協調活動。

在質量方面指揮和控制的活動，通常包括制定質量方針和質量目標、質量策劃、質量控制、質量保證和質量改進。

質量管理工程是在質量管理實踐發展中逐步形成的，它是研究各種質量管理職能如何協調地進行，各項質量要素如何有效地控制，以達到產品、工程、服務質量最佳的有關理論、概念、方法、工具、技術等知識整體。它也是一項綜合性管理的系統工程。

質量管理是對確定和達到質量要求所必需的職能和活動的管理。這種管理活動，不僅僅只在工業生產領域，而且已擴大到農業生產、工程建設、交通運輸、教育衛生、商業服務等領域。無論是行業，還是具體的企業、事業單位的質量管理，客觀上都存在著一個系統對象——質量管理體系。

2. 質量管理「三部曲」

就其實質而言，產品質量的全過程管理可以概括為三個管理環節，即質量計劃、質量控制和質量改進，通常稱之為「朱蘭三部曲」。質量策劃是指為達到質量目標而進行籌劃的過程。策劃的結果所形成的文件稱為質量計劃。質量計劃制訂之後，一旦付諸實施就必須進行質量控制，使其不越出規定的範圍。通過質量改進，使組織的質量管理水準和體系素質得到提升，產品或服務的質量競爭力增強，更好地滿足顧客明確和隱含的質量要求。

二、全面質量管理的基本概念

(一) 全面質量管理的由來

質量管理是由於商品競爭的需要和科學技術的發展而產生、形成、發展的，是同科學技術、生產力水準以及管理科學化和現代化的發展密不可分的。從工業發達國家解決產品質量問題涉及的理論和所使用的技術預防方法的發展變化來看，它的發展過程大致可劃分為三個階段：質量檢驗管理階段、統計質量管理階段和全面質量管理階段。

1. 質量檢驗管理階段

質量管理產生於19世紀70年代。當時，科學技術落後，生產力低下，普遍採用手工作坊進行生產，加工產品和檢查質量沒有合理地分工，生產工人既是加工者又是檢驗者，這個階段的管理稱為「操作者的質量管理」。因此，在20世紀前的質量管理工作還沒有形成科學理論。20世紀初，美國工程師泰勒(F. W. Taylor) 根據18世紀末工業革命以來大工業生產的管理經驗與實踐，提出了「科學管理」理論，創立了「泰勒制度」。泰勒的主張之一就是計劃與執行必須分開，於是檢查產品質量的職責由工人轉移到工長手中，就形成了所謂的「工長的質量管理」。到了20世紀30年代，隨著資本主義大公司的發展，大多數企業都設置了專職檢驗人員和部門，並直屬經理（或廠長）領導，由他們來承擔產品質量的檢驗工作，負責全廠各生產部門的產品（零部件）質量管理工作，形成了計劃設計、執行操作、質量檢查三方面都各有專人負責的職能管理體系，此時的檢驗工作有人稱它為「檢驗員的質量管理」。人們對質量管理的理解還只限於質量的檢驗，即依靠檢驗手段挑出不合格品，並對不合格品進行統計，管理的作用仍非常微弱。

產品質量檢驗階段的質量管理的主要手段是：通過嚴格的檢驗程序來控制產品質量，並根據預定的質量標準對產品質量進行判斷。檢驗工作是質量管理工作的主要內容，其主導思想是對產品質量「嚴格把關」。

產品質量檢驗階段的長處在於：設計、製造、檢驗分屬三個部門，可謂「三權分立」。有人專職制定標準（計劃），有人負責製造（執行），有人專職按照標準檢驗產品質量。這樣，產品質量標準就得到了嚴格有效的執行，各部門的質量責任也得到嚴格的劃分。

這種「檢驗的質量管理」有下列缺點：一是解決質量問題缺乏系統的觀念；二是只注重結果，缺乏預防，「事後檢驗」只起到「把關」的作用，而無法在生產過程中「預防」和「控制」不合格產品的產生，一旦發現廢品，一般很難補救；三是它要求對成品進行 100% 的全數檢查，對於檢驗批量大的產品，或對於破壞性檢驗，這種檢驗是不經濟和不實用的，在一定條件下也是不允許的。

2. 統計質量管理階段

企業迫切需要解決「事後檢驗」的弱點，這就在客觀上為把數據統計的原理和方法引入質量管理領域創造了條件。

早在 20 世紀 20 年代，一些著名的統計學家和質量管理專家就注意到質量檢驗的弱點，並設法運用統計學的原理去解決這些問題。1924 年，美國貝爾電話研究所的休哈特（W. A. Shewhart）提出了控制和預防缺陷的概念——控制產品質量的「六西格瑪」法則，即後來發展完善的「質量控制圖」和「預防缺陷」理論。其目的是預防生產過程中不合格品的產生，認為質量管理除了具有對產品質量檢查監督的職能之外，還應具有預防產生不合格品的職能。休哈特連續發表了多篇有關質量管理的文章，並於 1931 年出版了《工業產品質量控制經濟學》一書。1929 年，貝爾電話公司的道奇（H. F. Dodge）和羅米格（H. G. Roming）發表了《挑選型抽樣檢查法》論文，提出了在對產品進行破壞性檢驗情況下如何保證產品質量，並降低檢驗費用的方法。瓦爾德（A. Wald）又提出了「序貫抽樣檢驗法」。他們是最早把數理統計方法引入質量管理領域的學者。然而，當時正處於資本主義經濟蕭條時期，人們對產品質量和質量管理的要求並不迫切，再加上運用數理統計方法需要增加大量的計算工作。因此，這些理論和方法並沒有引起重視，更沒有被普遍推廣，未能在質量管理中發揮其應有的作用。

第二次世界大戰初期，美國生產民用品的大批公司轉為生產各種軍需品。當時面臨的一個嚴重問題是：由於事先無法控制不合格品而不能滿足交貨期的要求；軍需物品檢驗大多數屬於破壞性試驗，質量檢驗工作立即顯示出其不可操作性的缺點。因為事先無法控制產品質量，所以美國提供的武器經常發生質量事故。美國國防部為瞭解決這一難題，特邀請休哈特、道奇、羅米格、瓦爾

德等專家以及美國材料與試驗協會、美國標準協會、美國機械工程師協會等有關人員研究，並於 1941—1942 年先後制定和公布了《美國戰時質量管理標準》，即 Z1.1《質量管理指南》、Z1.2《數據分析用的控制圖法》和 Z1.3《生產中質量管理用的控制圖法》，強制要求生產軍需品的各公司、企業實行統計質量控制。實踐證明，統計質量控制方法是在製造過程中保證產品質量、預防不合格品的一種有效工具，並很快地改善了美國軍需物品的質量。從此，統計質量管理在美國得到了發展。因為統計質量控制方法給公司帶來巨額利潤，所以在第二次世界大戰後那些公司轉入民用產品生產時，仍然樂於運用這一方法。其他公司看到有利可圖，也紛紛採用，於是統計質量控制方法風靡一時。20 世紀 50 年代初期，統計質量控制達到高峰。據報導，在聯合國教科文組織的贊助下，通過國際統計學會的一些國際性組織的努力，第二次世界大戰後很多國家都積極開展統計質量控制活動，並取得了成效。

統計質量管理階段的主要特點是利用數理統計原理，預防不合格品的產生並檢驗產品的質量。這時，質量職能在方式上由專職檢驗人員轉移給專業的質量控制工程師和技術人員承擔，質量管理由事後檢驗改變為預測、預防事故的發生。這標誌著將事後檢驗的觀念改變為預防質量事故發生的預防觀念。

但是，在宣傳、介紹和推廣統計質量管理的原理和方法的過程中，由於過分強調了質量控制的數理統計方法，搬用了大量的數學原理和複雜的計算，又不注意數理統計方法的通俗化和普及化工作，忽視了組織管理工作，人們誤認為質量管理就是數理統計方法、數理統計方法理論深奧、質量管理是數學家的事情，令人「望而生畏」，因而對質量管理產生了一種高不可攀的感覺，影響和妨礙了統計質量管理方法的普及和推廣，使它未能充分地發揮應有的作用。

3. 全面質量管理階段

20 世紀 50 年代以來，隨著社會生產力的迅速發展，科學技術以及社會經濟與文化的不斷進步，質量管理環境出現了許多變化。主要體現在以下幾個方面：

（1）人們對成品質量要求更高了。由於科學技術的發展，產品的精度和複雜程度大為提高，人們對產品質量的要求從僅注重性能指標轉向可靠性、安全性、經濟性等指標，對產品的可靠性等質量要求極大提高，但靠在製造過程中應用數理統計方法進行質量管理是難以達到要求的。

（2）在生產技術和企業管理中廣泛應用系統分析的理念，把質量管理看成是處於較大系統中的一個子系統。

（3）管理理論有了新的發展和突破，在生產技術企業管理中廣泛應用系統分析的理念和方法，並且越來越重視人的因素，出現了諸如「工業民主」「參

與管理」「共同決策」等管理口號。這一切都促使質量管理從單一方法走向多種方法共存，從少數人參與走向公司全體人員共同參與。

（4）「保護消費者利益」運動的興起，迫使質量管理方法進一步改善。

（5）隨著市場競爭，尤其是國際市場競爭的加劇，各國企業都很重視產品責任和質量保證問題。

統計質量管理相對於產品質量檢驗來說，無疑是質量管理發展史上的一次飛躍。但是，統計質量管理也有著其自身的局限性和不足之處。由於上述環境的變化，僅僅依靠質量檢驗和運用統計方法就很難保證與提高產品質量，把質量職能完全交給專業的質量控制工程技術人員去承擔也是不妥的。因此，自20世紀50年代起，許多企業就開始了全面質量管理的實踐。

（二）全面質量管理的含義及特點

全面質量管理是指一個組織以質量為中心，以全員參與為基礎，目的在於通過讓顧客滿意和本組織所有成員及社會受益而達到長期成功的管理途徑。

在理解全面質量管理的定義時，要注意：

（1）全面質量管理並不等同於質量管理，它是質量管理的更高境界。

（2）全面質量管理強調：一個組織以質量為中心，質量管理是企業管理的綱；全員參與；全面的質量；全過程都要進行質量管理；謀求長期的經濟效益和社會效益。

具體地說，全面質量管理就是以質量為中心，全體員工和有關部門積極參與，把專業技術、經濟管理、數理統計和思想教育結合起來，建立起產品的研究、設計、生產、服務等全過程的質量體系，從而有效地利用人力、物力、財力和信息等資源，以最經濟的手段生產出顧客滿意、組織及其全體成員以及社會都得到好處的產品，從而使組織獲得長期成功和發展。

最早提出全面質量管理概念的是美國通用電氣公司的總經理費根堡姆。1961年，他出版了《全面質量管理》一書。該書強調質量職能應由公司全體人員來承擔，解決質量問題不能僅限於產品製造過程，質量管理應貫穿於產品質量產生、形成和實現的全過程，且解決質量問題的方法是多種多樣的，不能僅限於檢驗和樹立統計方法。他指出：全面質量管理是為了能夠在最經濟的水準上，並考慮到充分滿足用戶要求的條件下進行市場研究、設計、生產和服務，把組織各部門的研製質量、維持質量和提高質量的活動構成一個有效的體系。由此產生了「全面質量管理」的思想。

全面質量管理理論和方法的提出，深深地影響著世界各國質量管理的發展。第二次世界大戰以後，日本從美國引進了科學的質量管理理論和方法，20

世紀60年代又學習了美國的全面質量管理，並結合自己的國情，實行了全公司性的質量管理（Company Wide Quality Control, CWQC）。日本企業的一些做法和在產品質量方面取得的成就，引起了世界各國的注意。20世紀60年代以來，全面質量管理的概念已經逐步被世界各國所接受，各國在應用過程中做了進一步的完善和豐富。

全面質量管理理論雖然發源於美國，但由於種種原因，在美國並未取得理想的效果，真正取得成效卻是在日本等國。20世紀80年代初，在激烈的國際商業競爭中逐漸處於不利地位的美國重新認識到質量管理的重要性，在著名質量管理專家戴明（W. E. Deming）的倡導下，大力推行統計過程控制理論和方法，取得顯著成效。

20世紀80年代以後，科學技術水準又有了新發展，人們認識到僅用「全面質量管理」來概括管理學的內容已遠遠不夠。於是又出現了各種概念，如美國的「質量經營管理」、歐洲一些國家提出的「全面質量保證」等。國際標準化組織已將質量經營管理和全面質量保證納入了ISO 9000系列國際標準。

全面質量控制（Total Quality Control, TQC）源於美國，後來一些工業發達國家開始開展全面質量管理活動，並且在實踐中各有所長，於是就有了各種各樣的叫法。比如，日本稱為公司範圍內的質量管理（CWQC），歐洲有些國家稱為全面質量（Total Quality, TQ），現在國際標準化組織把它統一稱為全面質量管理（Total Quality Management, TQM）。它是質量管理發展的最新階段。

全面質量管理與傳統的質量管理相比較，其特點是：把過去以事後檢驗為主轉變為以預防為主，即從管理結果轉變為管理因素；把過去就事論事、分散管理轉變為以系統的觀點為指導進行全面綜合治理；把以產量、產值為中心轉變為以質量為中心，圍繞質量開展組織的經營管理活動；由單純符合標準轉變為滿足顧客需要，強調不斷改進過程質量來達到不斷改進產品質量的目的。

（三）全面質量管理的基本要求

1. 全員參與的質量管理

全面質量管理要求組織中的全體員工參與，因為產品質量的優劣，決定於組織的全體人員對產品質量的認識和與此有密切關係的工作質量的好壞，是企業中各項工作質量的綜合反應，這些工作涉及組織的所有部門和人員。所以，保證和提高產品質量需要依靠企業全體員工的共同努力。

全面質量管理首先要求以人為主，必須不斷提高企業全體成員的素質，對他們進行質量管理教育，強化質量意識，使每個成員都樹立「質量第一」的思想，保證和提高產品質量；其次還應廣泛發動工人參加質量管理活動，這是

生產優質產品的群眾基礎和有力保證，是全面質量管理的核心，也是全面質量管理之所以有生命力的根本所在。

全面質量管理要求全體職工明確企業的質量方針和目標，完成自己所承擔的任務，發揮每個職工的聰明才智，主動、積極地工作，實現企業的質量方針與目標。實行全員參與的質量管理，還要建立群眾性的質量管理小組。質量管理小組簡稱「QC 小組」，是組織工人參加質量管理，開展群眾性質量管理活動的基本組織形式。

2. 全過程的質量管理

全面質量管理的範圍應當是產品質量產生和形成的全過程，即不僅要對生產過程進行質量管理，而且還要對與產品質量有關的各個過程進行質量管理。

產品質量是組織生產經營活動的成果。產品質量狀況如何，有一個逐步產生和形成的過程，它是經過生產的全過程一步一步實現的。根據這一規律，全面質量管理要求把產品質量形成全過程的各個環節和有關因素控制起來，讓不合格品消滅在質量的形成過程中，做到防檢結合、以防為主。產品質量的產生和形成過程大致可以割分為四個過程，即設計過程、製造過程、使用過程和輔助過程。

設計過程主要包括市場調查、產品規劃、實驗研究、產品設計和試製鑒定等環節，它是產品質量產生和形成的起點，產品質量的好壞取決於設計。根據國外質量管理專家的統計分析以及對國內現狀的調查，產品質量問題的 20%～50% 是設計不良引起的。如果研製和設計過程工作質量不好，倉促決策，草率投產，就會給製造過程留下許多隱患，可謂「先天不足，後患無窮」。質量管理發展至今，在設計過程中已形成了一系列專門的技術和方法，如系統設計、參數設計和容差設計等。

製造過程是產品質量的形成過程，製造過程的質量管理是組織中涉及面最廣、工作量最大、參與人數最多的質量管理工作。該階段質量管理工作的成效對產品符合質量起著決定性的作用。製造過程的質量管理，其工作重點和活動場所主要在生產車間。因此，產品質量能否得到保證，很大程度上取決於生產車間的生產能力和管理水準。在製造過程的質量管理活動中，不僅要對整個過程的各個環節進行質量檢查，而且還要對產品質量進行分析，找出影響產品質量的原因，將不合格品減少到最低限度。

使用過程主要包括產品流通和售後服務兩個環節。因為產品質量最終體現在用戶所感受的「適用性」上，這是對產品質量的真正評價。要使產品由生產者手中轉移到用戶手上，使其能充分發揮性能，就應充分重視產品的銷售和

售後服務這兩個環節。使用過程質量管理的主要工作：一是做好對用戶的技術服務；二是做好產品的使用效果和使用要求的調查研究；三是做好處理出廠產品的質量問題。只有做好這些工作，才能保證產品充分發揮作用，並且使改進產品的設計和製造有可靠的依據。因此，使用過程的質量管理，既是全面質量管理的歸宿點，又是它的出發點。

輔助過程既包括物資、工具和工裝供應，又包括設備維修和動力保證，還包括生產準備和生產服務。設計過程和製造過程中出現的很多質量問題，都直接或間接地與輔助過程的質量有關。因此，在全面質量管理系統中，輔助過程的質量管理佔有相當重要的地位。它既要為設計過程和製造過程實現優質、高產、低消耗創造物質技術條件，又要為使用過程提高服務質量和提供後勤支援。

實行全過程的質量管理，以防為主。一方面，要把管理工作的重點從管事後的產品質量轉到控制事前的生產過程質量上來，在設計和製造過程的管理上下工夫，在生產過程的一切環節上加強質量管理，保證生產過程的質量良好，消除產生不合格品的種種隱患，做到防患於未然；另一方面，要以顧客為中心，逐步建立一個包括從市場調查、設計、製造到銷售、使用的全過程的，能夠穩定地生產滿足顧客需要的合格產品的質量體系。

可見，全過程的質量管理就意味著全面質量管理要「始於識別顧客的需要、終於滿足顧客的需要」。

3. 全組織的質量管理

全組織的質量管理可以從兩個方面來理解。

從全局角度看，組織可以劃分為上層管理、中層管理、基層管理，「全組織的質量管理」就是要求組織各個管理層次都有明確的質量管理活動內容。當然，各層次活動的側重點不同。上層管理側重質量決策，制訂出組織的質量方針、質量目標、質量政策和質量計劃，並統一策劃；協調各部門、各環節、各類人員的質量管理活動，保證實現組織經營的目標；中層管理則側重貫徹落實上層管理的質量決策，更好地執行各自的質量職能，並對基層工作進行具體的管理；基層管理要求每個員工要嚴格地按標準、按規程進行生產，相互間進行分工合作，並結合本職工作，開展合理化建議和質量管理小組活動，不斷進行作業改善。

從質量職能角度看，產品質量職能是分散在組織的有關部門中的，要保證和提高產品質量，就必須把分散到各部門的質量職能充分發揮出來。但由於各部門職責和作用不同，其質量管理的內容也是不一樣的。為了有效地進行全面

質量管理，就必須加強各部門的協調。為了從組織上、制度上保證組織長期穩定地生產出符合規定要求、滿足顧客需要的產品，組織應建立健全質量管理體系，使研製、維持和改進的質量活動構成一個有效的體系。

可見，全組織的質量管理就是要「以質量為中心，領導重視，組織落實，體系完善」。

4. 全社會推動的質量管理

全面質量管理是全社會推動的質量管理。隨著社會的進步，生產力水準的提高，整個社會大生產的專業化和協作化水準也在不斷地提高。在發達國家自有成本發生率有的達到30%左右的水準，每個產品都凝聚著整個社會的勞動，是社會分工與合作的產物，反應著社會的生產力水準。因而，提高產品質量不僅是某一個組織的問題，還需要全社會的共同努力的推動，以提高全社會質量意識和質量水準，提高和增強產品的全球競爭力。

(四) 全面質量管理的基本過程

全面質量管理是全過程的管理。企業產品質量形成過程可分為四個基本過程：產品的設計過程、產品的製造過程、輔助生產過程和銷售使用過程。

1. 設計過程的質量控制

設計過程是形成產品質量的第一步，其質量好壞直接決定產品的適銷性和適用性。設計的第一步是找市場，通過市場調研，瞭解消費者需要何種產品以及有何質量要求。

設計質量可以通過設計過程的質量控制來保證。其內容包括：制訂設計計劃、制定檢驗測試規程、進行設計評審和驗證、改進設計、樣機的試製、鑒定和設計定型、銷售前的準備工作。

2. 製造過程的質量控制

製造過程開始於工藝準備，體現於工藝規範，整個製造過程必須嚴格執行工藝規範。這一過程質量控制的內容包括以下幾個方面：

(1) 原材料和外購件的質量控制

原材料質量是影響產品質量的重要因素之一，企業應做到不合格的原材料不許入庫，禁止發生混料和錯料的事件。例如，在基礎地理信息工程中要嚴把原始數據、原始圖紙的關，不規範的數據和圖紙不能接受。要從根本上保證原材料和外購件的質量，有效的方法是對供方的質量保證體系進行質量評審和質量監督。

（2）嚴肅工藝紀律

企業要嚴格要求操作者忠實執行工藝規程，並在關鍵工序設立質量控制點，有重點地控制工序質量。

（3）驗證工序能力

驗證工序能力即驗證工序是否能穩定地加工出符合要求的產品。通過試生產，邊加工、邊檢驗、邊調試，保證工序具有生產合格產品的能力。

（4）工序檢驗

在生產過程中，操作者應牢固樹立「一切為了用戶」「下一道工序就是用戶」的觀念。要做到這一點，必須對每一道工序出產的製品進行質量檢驗。檢驗的方法包括操作者自檢、自動化檢驗、工序巡迴檢驗、最終檢驗。同時，工序檢驗要做到自檢、互檢、專檢三結合。

（5）驗證狀態的控制和不合格品處理

驗證狀態有三種：合格狀態、不合格狀態和待檢驗狀態。對各狀態應做好明顯標記，以防混淆。

對不合格品的處理，一定要慎重，處理不妥，可能會給企業帶來無法挽回的損失。如廣州某大企業生產了一批次品，當時的廠長採納了部分人「降價處理」的建議，以減少損失。由於產品牌子倒地，結果不到三個月，一個名聲顯赫的大企業就迅速陷入了銷售的困境，企業最後破了產。

（6）檢驗設備的控制

沒有先進的檢驗設備，就不可能有高質量的產品，企業應按計量工作的具體要求，建立健全計量器具管理制度和嚴格實行計量器具的檢測制度。

（7）技術文件的控制（略）

（8）糾正措施（略）

3. 輔助生產過程的質量控制

輔助生產過程的質量控制包括輔助材料的質量控制；生產工具的質量控制、生產設備的質量控制；動力、水、暖、風、氣等的質量控制；運輸、保管中的質量控制。

輔助生產過程的質量控制容易被人忽視，而事實上，這一過程對產品質量的影響仍然非常大。食品因保管不善而變質，家用電器因粗暴搬運而損壞等，都是因為輔助生產過程的質量控制不嚴而造成的。

4. 銷售和使用過程的質量控制

生產線上出產了合格產品並不等於質量管理的終結，企業還應把合格產品送到用戶手上，並對產品使用過程中的質量進行跟蹤控制。

使用過程的質量控制的內容包括：提供產品說明書、用戶使用手冊，提供專用工具，便於用戶安裝、使用、保養；做好售後服務工作，如對用戶提供技術諮詢、辦培訓班、建立維修網點，保證零備件供應，支持版本的更新，執行產品責任制。

使用過程的質量控制不僅是為用戶提供服務，而且是為了企業自身的發展。企業因此可廣泛收集市場信息，瞭解客戶的需求，拓寬銷售渠道，提高企業信譽，改進和提高產品質量，完善產品的功能，更好地滿足用戶的需要。

第二節　質量管理方法

一、PDCA 循環 ——質量管理的基本方法

（一）PDCA 循環的內容

質量管理工作循環，即按照計劃→執行→檢查→處理四個階段的順序不斷循環進行質量管理的一種方法，簡稱為 PDCA 循環。PDCA 循環是組織質量管理體系運轉的基本方式。

TQM 工作程序的內容有四個階段和七個步驟：

1. 四個階段的內容

（1）計劃階段包括制訂方針、目標、計劃書、管理項目等。

（2）執行階段，即實地去幹，去落實具體對策。

（3）檢查階段：對策實施後，評價對策的效果。

（4）處理階段：總結成功的經驗，形成標準化，以後按標準進行。對於沒有解決的問題，轉入下一輪 PDCA，循環解決，為制訂下一輪改進計劃提供資料。

2. 七個步驟的內容

（1）計劃階段。經過分析研究，確定質量管理目標、項目和擬定相應的措施，其工作內容可分為四個步驟：

第一步驟，分析現狀，找出存在問題，確定目標。

第二步驟，分析影響質量問題的各種原因。

第三步驟，從影響質量問題的原因中找出主要原因。

第四步驟，針對影響質量的主要原因，擬訂措施計劃。

（2）執行階段。根據預定目標和措施計劃，落實執行部門和負責人，組織計劃的實現工作。其工作步驟為：

第五步驟，執行措施，實施計劃。

(3) 檢查階段。檢查計劃實施結果，衡量和考察取得的效果，找出問題。其工作步驟為：

第六步驟，檢查效果，發現問題。

(4) 處理階段。總結成功的經驗和失敗的教訓，並納入有關標準、制度和規定，鞏固成績，防止問題重新出現；同時，將本循環中遺留的問題提出來，以便轉入下一個循環去加以解決。其工作步驟為：

第七步驟，總結經驗，把成功的經驗肯定下來，納入標準。

PDCA循環按照以上四個階段和七個步驟，周而復始地運轉。

(二) PDCA循環的特點

質量管理活動按照PDCA循環運轉時，一般有下列特點：

1. 四個階段缺一不可

計劃→實施→檢查→處理（處置）四個階段是一個完整的過程，缺少哪一個階段都不會成為一個完整的環。

2. 大環套小環，環環相扣

整個組織的質量保證體系構成一個大的管理循環，而各級、各部門的管理又都有各自的PDCA循環。上一級循環是下一級循環的依據，下一級循環是上一級循環的組成部分和具體保證，大環套小環，小環保大環，一環扣一環，推動大循環。

3. 循環每轉一週提升一步

管理循環如同爬扶梯一樣，逐級升高，不停地轉動，質量問題不斷得到解決，管理水準、工作質量和產品質量就能達到新的水準。

4. 關鍵在於「處理」階段

「處理」就是總結經驗，肯定成績，糾正錯誤，以利完善。為了做到這一點，必須加以「制度化」「標準化」「程序化」，以便在下一循環進一步鞏固成績，避免重犯錯誤，同時也為快速地解決問題奠定了基礎。

二、質量管理與控制的統計方法

統計過程控制（Statistical Process Control，SPC）是企業提高質量管理水準的有效工具。它利用數理統計原理，通過對過程特性數據的收集與分析，達到「事前預防」的效果，從而有效控制生產過程，協同其他手段持續改進、提升品質。統計過程控制是指將過程中由隨機因素的作用而導致的正常質量波動限制在合理範圍之內，同時將由系統因素的作用而導致的異常質量波動完全杜絕

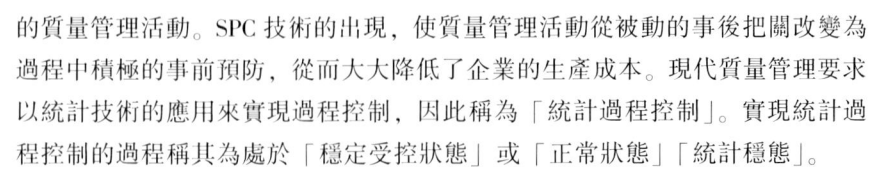

的質量管理活動。SPC 技術的出現，使質量管理活動從被動的事後把關改變為過程中積極的事前預防，從而大大降低了企業的生產成本。現代質量管理要求以統計技術的應用來實現過程控制，因此稱為「統計過程控制」。實現統計過程控制的過程稱其為處於「穩定受控狀態」或「正常狀態」「統計穩態」。

SPC 是一系列工具的集合，包括發現質量缺陷、尋找質量波動的原因、監視過程的波動狀態以及對異常波動及時報警的一系列方法。統計過程控制的常用工具包括調查表法、分層法、排列圖法、因果圖法、散布圖法、直方圖法、控制圖法。

(一) 調查表法

調查表又稱統計分析表、檢查表、核對表，它用來記錄、收集和累積數據，並能對數據進行整理和粗略分析。它簡便易用、直觀清晰。根據需要調查常用的調查表有：不合格項目調查表、缺陷位置調查表、質量分佈調查表、矩陣調查表等。調查表常見形式如表 12.1 所示。

表 12.1　　　　　　　　　織布廠質量調查表

不良項目	1月1日	1月2日	1月3日	……	1月19日	合計
布疵	2	4				
色差	10	13				
線跡扭曲	2	8				
污點	4	8				
其他	1	2				
合計	19	35				
檢查數	100	100				
不良率	19	35				

(二) 分層法

分層就是把所收集的數據進行合理的分類，把性質相同、在同一生產條件下收集的數據歸在一起，把劃分的組叫做「層」，通過數據分層把錯綜複雜的影響質量因素分析清楚。因為在實際生產中，影響質量變動的因素很多，如果不把這些因素區別開來，難以得出變化的規律。數據分層可根據實際情況按多種方式進行。例如，按不同時間，不同班次進行分層，按操作者分層（如表 12.2 按操作者分層表），按生產廠家分層（如表 12.3 按密封圈生產廠家分層），按使用設備的種類進行分層，按原材料的進料時間、原材料成分進行分

層，按檢查手段、使用條件進行分層，按不同缺陷項目進行分層等。數據分層法經常與上述的統計分析表結合使用。

表12.2　　　　　　　　　　按操作者分層表

操作者	漏氣/個	不漏氣/個	漏氣率/%
趙××	6	13	32
李××	3	9	25
張××	10	9	53
共計	19	31	38

表12.3　　　　　　　　　　按密封圈生產廠家分層

供應廠	漏氣/個	不漏氣/個	漏氣率/%
甲橡膠廠	9	14	39
乙橡膠廠	10	17	37
共計	19	31	38

（三）排列圖法

排列圖法又稱帕累托圖法，用於尋找主要問題或影響質量的主要原因。排列圖是根據「關鍵的少數和次要的多數」的原理製作的，也就是將影響產品質量的眾多影響因素按其對質量影響程度的大小，用直方圖形順序排列，從而找出主要因素。其結構是由兩個縱坐標和一個橫坐標，若干個直方形和一條折線構成。左側縱坐標表示不合格品出現的頻率（出現次數或金額等的累計百分數），右側縱坐標表示不合格品出現的頻數（出現次數或金額等），橫坐標表示影響質量的各種因素，按影響大小順序排列，直方形高度表示相應的因素的影響程度（即出現頻率為多少），折線表示累計頻率（也稱帕累托曲線）。通常，累計百分比將影響因素分為三類：0～80%為A類因素，也就是主要因素；80%～90%為B類因素，是次要因素；90%～100%為C類因素，即一般因素。由於A類因素占存在問題的80%，此類因素解決了，質量問題大部分就得到瞭解決。

應用步驟如下：

（1）將用於排列圖所記錄的數據進行分類。

（2）確定收集數據的時間。

（3）按分類項目進行統計。

（4）計算累計頻率。

（5）準備坐標紙，畫出縱坐標和橫坐標。

（6）按頻數大小順序畫直方圖。

（7）按累計比率畫排列曲線。

（8）根據排列圖，選擇嚴重影響質量的、累計百分率最大的或較大的一個或幾個關鍵問題作為質量改進項目。

(四) 魚刺（因果）圖法

魚刺圖又稱石川圖、因果圖。這種圖繪製出來之後形似魚的骨骼，它是日本質量管理專家石川蓉教授提出來的。所謂魚刺圖是指表示質量特徵與各種因素關係的圖形。影響產品質量的因素可能非常多，要想把它們列舉出來比較難，但魚刺圖卻具有這樣的功能，它能幫助人們循序漸進而又清晰地尋找產生質量問題的各種原因。繪製魚刺圖的基本思路是，邊找原因邊畫圖。

邊找原因邊畫圖的過程如下：

第一步，選定產品的某一質量特徵。

第二步，從左往右畫一條水準直線並把它描粗，在線段的右端點標出質量特徵，用方框框起來以示醒目。

第三步，把影響該質量特徵的幾個主要因素在直線的上方或下方用粗一點的線表示出來，同樣在線的上端點標出原因的名稱。

第四步，再尋找影響主要原因的各次要原因，用細一點的線表示。如此進行下去，就可以繪成魚刺圖。

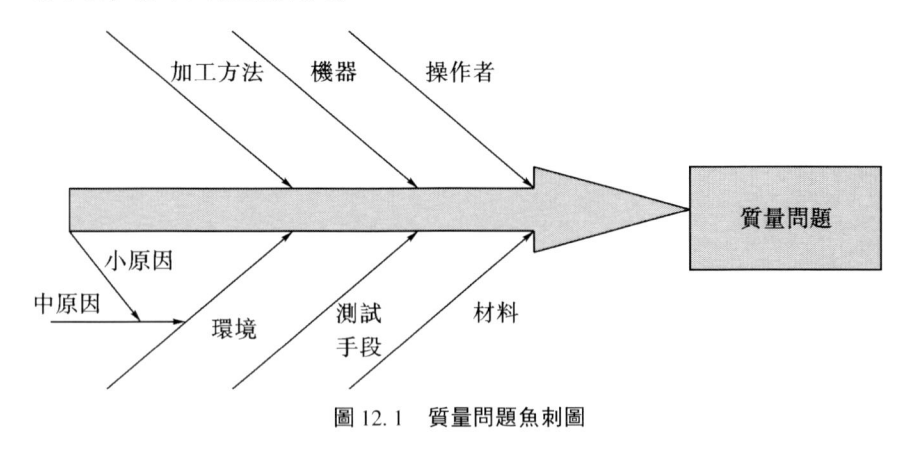

圖 12.1　質量問題魚刺圖

畫因果分析圖的注意事項：

（1）影響產品質量的人原因，通常從六個大方面去分析，即人、機器、

原材料、加工方法、測試手段和工作環境。每個大原因再具體化成若干個中原因，中原因再具體化為小原因，越細越好，直到可以採取措施為止。

（2）討論時要充分發揮技術民主，集思廣益。別人發言時，不準打斷，不開展爭論。各種意見都要記錄下來。

（五）散布圖法

散布圖法是指通過分析研究兩種因素的數據之間的關係，來控制影響產品質量的相關因素的一種有效方法。有些變量之間有關係，但又不能由一個變量的數值精確地求出另一個變量的數值。將這兩種有關的數據列出，用點子標在坐標圖上，然後觀察這兩種因素之間的關係。這種圖就稱為散布圖。

畫散布圖的注意事項：

（1）應將不同性質的數據分層作圖。

（2）相關性規律僅適用於觀測值數據範圍內。

（3）異常點可在查明原因後剔除。

（六）直方圖法

直方圖是將所收集的測定值或數據的全距分為幾個相等的區間作為橫軸，並將各區間內的測定值所出現次數累積而成的面積，用柱子排起來的圖形。故我們亦稱之為柱狀圖。

（七）控制圖法

控制圖等方法因具有捕捉異常先兆的功能，因而成為實現統計過程控制的首選方法。在統計過程控制中，應用統計技術實現對過程中各個階段的監控和診斷，捕捉到異常先兆後立即採取糾正和預防措施，將異常消滅在萌芽狀態、消滅在過程之中，因而可以有效減少過程中的質量損失，降低成本，對保證產品質量和增加企業的經濟效益都將起到非常重要的作用。

控制圖依概率統計原理構造，是判斷生產工序是否處於控制狀態的一種手段，利用它可以區分質量波動是由偶然還是系統原因造成的。

三、質量管理的其他方法

（一）六西格瑪質量管理方法

六西格瑪意味著每100萬個機會中只有三四個錯誤或故障。六西格瑪管理是一項以顧客為中心、以質量經濟性為原則、以追求完美無瑕為目標的管理理念；是通過以統計科學為依據的經濟分析，實施確定問題、測量目標、分析原因、改進優化和保持效果的過程，使企業在營運能力方面達到最佳境界的綜合管理體系；也是尋求同時增加顧客滿意和保持企業經營成功並將其業績最大化

的發展戰略。

(二) QC 小組活動

QC 小組是指企業的員工圍繞著企業的質量方針和目標，運用質量管理的理論與方法，以改進質量、改進管理、提高經濟效益和人員素質為目的，自覺組織起來、開展質量管理活動的小組。

(三) 新 QC 七大工具

它包括親和圖法（KJ 法）、關聯圖法、系統圖法、矩陣圖法、PDPC 法、箭形圖法、矩陣數據解析法等。

第三節　ISO 9000 系列標準

一、什麼是 ISO 9000

(一) ISO 9000 族標準的產生與發展

隨著地區化、集團化、全球化經濟的發展，市場競爭日趨激烈，顧客對質量的期望越來越高，每個組織為了競爭和保持良好的經濟效益，努力設法提高自身的競爭能力以適應市場競爭的需要。

為了成功地領導和營運一個組織，需要採用一種系統的和透明的方式進行管理。針對所有顧客和相關方的需求，必須建立、實施並保持持續改進其業績的管理體系，從而使組織獲得成功。

顧客的要求通常由規範來體現，如果提供和支持產品的組織體系不完善，那麼規範本身就不能始終滿足顧客的需要。因此，這方面的關注導致了質量管理體系標準的產生，並以其作為對技術規範中有關產品要求的補充。

國際標準化組織於 1979 年成立了質量管理和質量保證技術委員會（TC176），負責制定質量管理和質量保證標準。隨著全球經濟的發展，要求貿易中質量管理和質量保證要有共同的語言和準則，作為質量評價所依據的基礎。為適應全球性質量體系認證的多邊互認、減少技術壁壘和貿易壁壘的需要，國際標準化組織（ISO）在總結世界各國特別是工業發達國家質量管理經驗的基礎上，通過協調各國質量標準的差異，於 1986 年發布了 ISO 9402《質量術語》標準，於 1987 年發布了 ISO 9000《質量管理和質量保證標準選擇和使用指南》、ISO 9001《質量體系設計開發、生產、安裝和服務的質量保證模式》、ISO 9002《質量體系生產和安裝的質量保證模式》、ISO 9003《質量體系最終檢驗和試驗的質量保證模式》、ISO 9004《質量管理和質量體系要素指南》

5 項標準。以上 6 項標準，通稱為 ISO 9000 系列標準。這套標準發布後，立即在全世界引起了強烈的反響。

　　1994 年 ISO 組織對 ISO 9000 系列標準進行了修訂，並提出了「ISO 9000」族的概念。為了適應不同行業、不同產品的需要，ISO 9000：1994 族標準，已達 27 項標準和文件，它分成術語標準、兩類標準的使用或實施指南、質量保證標準、質量管理標準和支持性技術標準五類。

　　ISO 9000 系列標準的頒布，使各國的質量管理和質量保證活動統一在 ISO 9000 標準的基礎之上。該標準總結了工業發達國家先進企業的質量管理的實踐經驗，統一了質量管理和質量保證的術語和概念，並對推動組織的質量管理、實現組織的質量目標、消除貿易壁壘，提高產品質量和顧客的滿意程度等產生了積極的影響，並受到了世界各國的普遍關注和採用。

　　目前，ISO 9000 族標準已被全世界 150 多個國家和地區等同採用為國家標準，並廣泛用於工業、經濟和政府的管理領域，有 50 多個國家和地區建立了質量體系認證制度，獲得質量體系認證的企業已超過了 34 萬家。1995 年成立了國際審核員培訓和認證協會（IATCA），促進了世界各國管理體系審核員註冊的互認。質量體系認證的國家的互認制度也在廣泛範圍內得以建立和實施，截至 1999 年 10 月，已有 25 個國家簽署了國際認可論壇（International Accreditation Forum，IAF）質量體系認證多邊承認協議。

　　ISO/TC176 在 1999 年 9 月召開的第 17 屆年會上，提出了 ISO 9000：2000 族標準的文件結構，在 ISO 9000：2000 族標準中，只包括 ISO 9000、ISO 9001、ISO 9004、ISO 19011：1994，ISO 9000：1994 族其他標準的主要內容則納入上述 4 項核心標準之中。

　　2008 年 8 月 20 日，ISO 和 IAF 發布聯合公報，一致同意平穩轉換全球應用最廣的質量管理體系標準，實施 ISO 9001：2008 族標準認證。ISO 9001：2008 族標準是根據世界上 170 個國家大約 100 萬個通過 ISO 9001 認證的組織的 8 年實踐，更清晰、明確地表達 ISO 9001：2000 族標準的要求，並增強與 ISO14001：2004 族標準的兼容性。

　　2008 年 11 月 15 日，ISO 發布 GB/T 19001－2008《質量管理體系要求》。ISO 9001：2008 族標準發布 1 年後，所有經認可的認證機構所發放的認證證書均為 ISO 9001：2008 族標準認證證書。中國國家標準 GB/T 19001－2008《質量管理體系要求》和 GB/T 19000－2008《質量管理體系 基礎和術語》已於 2 月 26 日經中國標準出版社正式出版發行，並於 2009 年 3 月 1 日實施。從國家認監委獲悉，各認證機構自 2009 年 11 月 15 日起不得再頒發 2000 版標準認證

證書。2010 年 11 月 15 日起，任何 2000 版標準認證證書均屬無效。

(二) ISO 9000 族標準的構成

1. ISO 9000：2008 族標準的構成

ISO 9000 族標準是指由 ISO/TC176 制定的標準（Standards）、指南（Guidelines）、技術報告（Technical Reports）和小冊子（Brochure）。ISO 9000 族現有四個核心標準，除此之外的文件均為「附屬物」，應用者可根據需要參考。在 ISO 9000：2008 族標準中，只包括 4 個核心標準：ISO 9000、ISO 9001、ISO 9004、ISO 19011。1 個其他標準 ISO 10012。6 個技術報告：ISO 10006、ISO 10007、ISO 10013、ISO 10014、ISO 10015、ISO 10017。

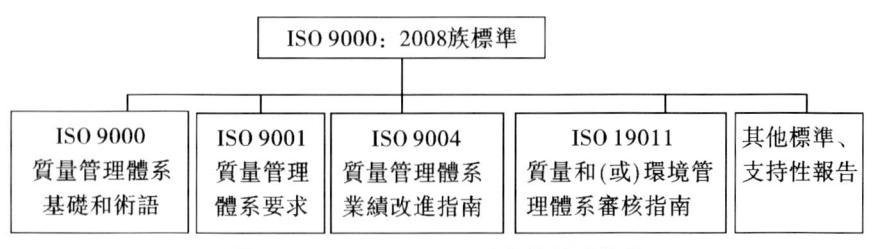

圖 12.2　ISO 9000：2008 族標準總體構成

ISO 9000：2008 族核心標準的構成如下：

（1）ISO 9000：2008 族標準質量管理體系基礎和術語。此標準表述了構成 GB/T 19000 族標準主體內容的質量管理體系的基礎，並定義了相關的術語。

（2）ISO 9001：2008 族標準質量管理體系要求。此標準規定了質量管理體系的要求，其規定的所有要求是通用的，旨在適用於各種類型、不同規模和提供不同產品的組織。

（3）ISO 9004：2008 族標準質量管理體系業績改進指南。此標準著重於改進組織的過程，從而提高組織的業績；也可用於評價質量管理體系的完善程度。

（4）ISO19011：2008 族標準質量和環境審核指南。

三、TQM 和 ISO 9000 系列標準的關係

全面質量管理作為以質量為中心的現代管理方式，是指企業為了保證和提高產品質量綜合運用的一整套質量管理思想、體系、手段和方法，它已發展成為指導企業質量管理的學科。而 ISO 9000 系列標準則是在總結各國質量管理經驗的基礎上，經過廣泛研究協商，由國際標準化組織所制定的一系列質量管理和質量保證標準，它在技術合作、貿易往來上作為國際認可的標準規範。兩

者的形式和作用雖不同，但 ISO 9000 系列標準實質上是全面質量管理思想的延續，兩者存在一致性。具體表現在：

（1）遵循的原理是相同的。在全面質量管理理論中，描述產品質量的產生、形成和實現運動的規律是朱蘭博士提出的「質量進展螺旋」曲線。這是開展全面質量管理的基本原理。而 ISO 9000 系列標準中明確提出「質量體系建立所依據的原理是質量環」，這實際就是以質量螺旋曲線為依據，兩者原理是相同的。

（2）基本要求是一致的。全面質量管理的基本特徵包括質量、全過程管理、全面參與、全面地綜合利用各種科學方法；而 ISO 9000 系列標準中也同樣貫徹了這些要求。

（3）指導思想及管理原則相同。全面質量管理與 ISO 9000 系列標準都同樣貫徹以下思想：系統管理、為用戶服務、預防為主、過程控制、全面參與、全面地綜合利用各種科學方法；而 ISO 9000 系列標準中也同樣貫徹了這些要求。

（4）強調領導的作用。全面質量管理強調必須從領導開始；系列標準首先規定了企業領導的職責，都要求企業領導必須親自組織實施。

（5）重視評審。全面質量管理重視考核與評價；系列標準重視質量體系的審核、評審和評價。

（6）不斷改進質量。兩者都強調任何一個過程都可以不斷改進，並不斷完善。因此，可以不斷改進產品的服務質量。

通過比較可以看出，全面質量管理與 ISO 9000 系列標準是可以互相結合、互相促進的。全面質量管理把建立質量體系作為自己的基本要求，而系列標準則把建立質量體系作為達到全面質量管理的必經之路。推行系列標準可以促進全面質量管理的發展並使之規範化，還可以實現與國際合作夥伴間的雙邊或多邊認可；系列標準也可以從全面質量管理中吸取先進的管理思想和技術，不斷得到完善。

另外，全面質量管理與 ISO 9000 系列標準之間也存在以下幾個細緻的差別：

（1）ISO 9000 與全面質量管理雖然都講質量，但 ISO 9000 的質量含義比全面質量管理所講的質量含義更廣。ISO 9000 對質量的定義是「反應實體滿足明確和隱含需要的能力的特性綜合」，這裡的實體是指可以單獨描述和研究的事物，可以是活動或過程、產品、組織、體系、人或它們的任何組合。可見，ISO 9000 所指的質量的對象非常廣泛。而全面質量管理所指的全面質量是產品的設計質

量、製造質量、使用質量、維護質量等，其對象不如 ISO 9000 的領域寬。

（2）ISO 9000 與全面質量管理都指全過程控制，但 ISO 9000 強調文件化，而全面質量管理更重視方法和工具。

（3）ISO 9000 是通用的標準，可比較、可檢查、可操作，而全面質量管理沒有規範化。

（4）按 ISO 9000 能夠進行國際通用的認證，而全面質量管理則不能。

上述這些差別都不是什麼關鍵問題，不影響兩者之間的相容、相通和相近的主流。

縱觀質量管理的發展歷史，後一階段從來都是在前一階段基礎上的繼承和發展，而不是對前一階段的取代和否定。就像全面質量管理不能取代檢驗和統計質量管理一樣，系列標準也不可能取代全面質量管理。因此，要正確處理兩者的關係，既要防止以實施系列標準來否定全面質量管理，也不能借口推行全面質量管理而不貫徹系列標準，而是以貫徹系列標準來促進全面質量管理的規範化，以全面質量管理的思想作指導來學習、貫徹系列標準，並結合實際充實和完善企業質量體系，這樣才能取得更好的效果。

第四節　質量成本管理

一、質量成本概念

（一）質量成本的概念和構成

1. 質量成本的概念

質量成本的概念最早是由美國質量管理專家費根堡姆（A. V. Feigenbaum）在 20 世紀 50 年代初提出來的。費根堡姆第一次將企業中質量預防和鑒定活動的費用與產品質量不合乎要求所引起的損失一起考慮，並形成質量成本報告。

質量成本是將產品質量保持在規定的質量水準上所需的有關費用，ISO 8402：1994 給出了質量成本的定義。所謂質量成本是指「為了確保和保證滿意的質量而發生的費用以及沒有達到滿意的質量所造成的損失」。

2. 質量成本的構成

質量成本分為兩部分：運行質量成本和外部質量保證成本。運行質量成本是指企業內部運行而發生的質量費用運行質量成本可分成兩類：一類是企業為確保和保證滿意的質量而發生的各種投入性費用，如預防成本和鑒定成本；另一類是因沒有獲得滿意的質量而導致的各種損失性費用，如內部故障成本和外

部故障成本。外部質量保證成本是指根據用戶要求，企業為提供客觀證據而發生的各種費用。如表 12.4 所示。

表 12.4　　　　　　　　　　質量成本構成表

質量成本	質量保證費用	預防成本（Prevention Cost）是指為避免或減少不合格品（如質量故障、不能滿足質量要求或無效工作等）而投入的費用。	包括：質量工作費、質量培訓費、質量獎勵費、產品評審費、質量改進措施費、工資及福利獎金。
		鑒定成本（Appraisal Cost）是指為了評定是否存在不合格品而投入的費用。諸如試驗、檢驗、檢查和評判的費用。	包括：檢測試驗費、工資及福利獎金、辦公費、檢測設備折舊費。
	質量損失成本	內部損失成本（Internal Failure Cost）是指出現的不合格品在交貨前被檢出而構成的損失。諸如為消除不合格而重新提供服務、重新加工、返工、重新鑒定或報廢等。	包括：廢品損失、返修損失、停工損失、事故分析處理費、產品降級損失。
		外部損失成本（External Failure Cost）是指出現的不合格品在交貨後被檢出而構成的損失。諸如保修、退貨、折扣處理、貨物回收、責任賠償等。	包括：索賠費用、退貨損失、保修費用、訴訟費、產品降價損失。

3. 質量成本的特點

（1）針對產品製造過程的符合性質量而言，其前提是設計質量標準或規範已經確定。不應包括重新設計、改進設計、用於提高質量等級和質量水準而支付的費用。

（2）質量成本是在製造過程中同出現不合格品有密切聯繫的相關費用。

（3）質量成本不包括製造過程中與質量有關的全部費用，而只是其中一部分，是同不合格品的產生最直接、最密切的費用。

（4）計算的目的是為了分析，通過分析尋找改進質量、控制質量成本的途徑和評定質量管理體系的有效性，達到用最經濟的手段實現規定的質量目標。

針對企業合同中顧客的質量要求而進行的產品質量改進設計導致的費用支出不能計入質量成本。正常生產狀態下的工人工資及福利費、材料費、能源費等，都不計入質量成本。必須注意，企業只有在明確了顧客的質量要求而制定

第十二章　全面質量管理

20多年來六西格瑪應用領域的不斷擴展，六西格瑪已經從早先的缺陷降低工具逐漸演變成為企業營運管理的各個方面提供價值提升的管理手段。

銀行作為企業和個人服務領域最典型的服務提供方，其營運的各個方面都與業務流程息息相關。中國銀監會幾年前就提出「流程銀行」概念，要求國內銀行業的服務提供要高度流程化、標準化。可以說，流程就是銀行的大動脈。一切價值、創新、服務都需要依靠業務流程從銀行流向消費者和企業。而業務流程的改善和優化，在國外早已是銀行業的關鍵工作。多年持續改善的結果，將是非常高速的回應、良好的客戶滿意度、很低的交付和服務成本。以投訴處理為例，中國銀監會規定任何在國內開業的銀行必須在12個工作日內解決客戶投訴所涉及的業務問題。而國外大銀行的客戶投訴解決時間標準有的已經達到1個工作日之內。

同樣的「血管」，為什麼運輸能力有如此大的差別呢？12倍的差距，折射出國內外銀行在流程營運能力上的差距。

招行可以說是對業務流程改進最敏感的國內銀行之一。招行多年前就以良好的服務和靈活的業務吸引了大批個人客戶。六西格瑪在招行的應用，首先就是為了加快客戶回應，進一步提升客戶滿意度，在鞏固市場份額的基礎上進一步擴大市場份額，提升招行在個人銀行、信用卡、網上銀行等關鍵業務領域的領先地位，並進一步改善對公銀行的業務流程效率和質量。

分析招行六西格瑪實施的成功經驗，至少有兩個方面值得借鑑：

一、增強和利用樣板項目的示範效應

六西格瑪改進的關鍵內容是DMAIC方法論，也就是定義、測量、分析、改進和控制。具體的DMAIC過程並不困難，困難的是在招行的業務範圍內如何讓各個層次的員工和經理們更輕鬆地接受新的思想和方法，並且改變原有的「拍腦袋」模式，把量化思維和手段完全無縫地變成日常行為和習慣。招行充分利用了六西格瑪項目的示範作用，將這些項目及其實施情況總結成實施經驗，供更多的人員學習和借鑑，這樣既起到了在潛移默化中改變員工思路和行為的作用，也大大增強了銀行上下繼續更廣泛地開展六西格瑪的信心，可謂「潤物細無聲」。

定義階段是一個六西格瑪項目成功的關鍵之一。因為項目的範圍、目標、對象、人員等定義質量的高低，將直接影響到項目收益的可測量性和可達性、項目實施的可行性等關鍵內容。招行在六西格瑪項目的定義中，嚴格按照項目定義的SMART原則，利用專業六西格瑪軟件對包括客戶投訴的及時回應流程、網上銀行的業務申請週期等進行了細緻的量化分析，在此基礎上確定項目的範

圍、改善對象和目標。

在測量方面，招行多年來在IT層面的投入展現出了巨大的優勢。大部分六西格瑪項目需要的數據都能很高效地獲得，針對業務部門的數據需求可以隨時在可行的範圍內調整業務系統，增加數據採集點，這為六西格瑪項目順利實施打下了堅實的基礎。

分析階段是六西格瑪項目過程中對統計知識、分析工具要求最高的階段。有些公司推進六西格瑪，早期取得了一些進步，後來就和其他一些管理「三字經」一樣無疾而終，往往就是因為無法跨越業務數據的分析門檻。分析階段就是要通過專業的統計分析方法，抓到對關鍵改善指標Y有重要影響的因素X，以及盡力定量地確立他們的相互影響模式。對六西格瑪推廣者而言，這個階段需要解決的主要問題是如何讓統計基礎並不太好的項目人員用好用對統計方法，縮短他們的學習時間，讓他們有更多的時間解決業務問題，而不是學習統計知識。行業經驗表明，這時候就需要借助專業的六西格瑪分析軟件了，而且軟件的操作簡便性、圖形化、傻瓜化效果越優越好。

招行在這方面沒有走太多的彎路，尤其在六西格瑪軟件選擇方面，招行IT部門和六西格瑪領導小組的思路非常清晰且有前瞻性。他們認為：知道如何使用分析工具就足夠了，不必要求員工深入瞭解工具背後的原理。而目前國內六西格瑪業界普遍存在的典型誤區，就是實施六西格瑪，一定要從統計理論培訓開始，而且一培訓就是三四個月，成本高昂，時間拖沓冗長，令六西格瑪的成功推行背負了相當大的負擔。

多年的信息化進程為招行IT部門在軟件工具選型方面累積了豐富的經驗。他們認為，好的六西格瑪軟件，必須能讓六西格瑪參與人員「能用專業的統計方法和工具進行分析又不必瞭解太多工具背後的統計學原理」。他們和項目推進組一起，對當前主流的六西格瑪軟件Minitab和JMP進行了大規模的軟件試用、測評、對比、招標等過程，最終選定了JMP軟件。

JMP和Minitab的主要區別在於，前者的圖形功能很好，而且分析能力也很強大，既能幫助不懂統計知識的人很快學習和使用，並進行一些描述性統計分析；也可以讓專業人士對流程和業務數據進行深入操作和大規模分析，其集成的決策樹、神經網絡等數據挖掘分析方法在銀行業六西格瑪中也非常有用！Minitab作為一款誕生於教學領域的軟件，展示統計工具和概念方面特點比較突出，新手學習起來不是特別方便，對統計方法原理不熟悉的情況下容易用錯統計工具，從而一不小心得到錯誤結論。在使用頻率最高的迴歸、假設檢驗等工具方面，相對JMP會自動根據數據類型選擇正確工具的特點而言，使用

第十二章 全面質量管理

Minitab 的用戶需要自己先弄懂這些工具的原理和使用注意事項，難度會比較大，出錯的概率也會大；對同樣的數據，不同的人分析得到的結果差異可能會很大甚至相反。

改進和控制階段也是 DMAIC 方法論的重要內容。六西格瑪參與人員需要基於對現有流程的分析，提出業務改進的方案並實施，並對實施取得的成果進行控制，以使業務流程的效率保持在改善後的良好狀態上。在一些六西格瑪項目中，新的改善方案往往需要到實際的應用中進行驗證，如果應用效果不好，則需要再次進行項目優化和選擇。目前常用的一種辦法是在驗證之前利用六西格瑪軟件進行計算機仿真和模擬，確定改進方案可行後才實施。這樣，一方面大大節省了因為驗證新流程而對原有業務流程的影響、節省了人力和其他成本；另一方面也能有效縮短項目的實施週期，提高六西格瑪項目的投資效率和回報率。招行利用了 JMP 軟件工具裡面的專業模擬功能，通過對業務環節關鍵參數（X 因子）的模擬仿真，來校驗前面得到的 Y＝F（X），這節約了項目成本，縮短了六西格瑪項目週期，而且更科學地對統計分析結果進行驗證，從而進一步提高了六西格瑪項目的產出。

改善的成果需要用專業的方法——控制圖——進行監控，以便即時發現和預測過程的失效情況，這就需要現有業務系統或者六西格瑪軟件能夠提供即時的控制圖（real time SPC），而不是事後靜態分析和事後反饋。在這一點上，招行的項目團隊利用 JMP 的實施控制圖工具很好地解決了這一問題，使業務人員能夠即時地看到業務流程的運行狀況，提高了流程反應的效率和能力。

二、將已經取得的成功大規模複製

從思維轉變和項目推廣的角度來說，六西格瑪成功的前提是公司管理層的支持。六西格瑪不單單是個管理工具，更涉及個人的思想、技能，組織的流程、方法等方方面面的轉變。這樣的轉變沒有制度層面的支持，難以「觸及靈魂」。

除此之外，合作夥伴的推動也非常關鍵。六西格瑪顧問本身的六西格瑪素養，以及溝通、演講、鼓動等技巧也極其重要。所有這些，是一個「六西格瑪黑帶大師」頭銜所遠遠無法涵蓋的。國內的「專家」和「大師」又是這麼的鋪天蓋地，要找到恰當的專業人士和夥伴來確保六西格瑪的順利推進，實在是國內銀行業值得花時間去瞭解的問題。

企業的六西格瑪推廣不應該永遠依賴外力，而是需要培養自己獲得新方法的能力。離開了諮詢公司，實施六西格瑪的企業需要將六西格瑪的實施經驗和方法迅速推廣到各個層面，這時候制度的支持和高度模板化的工具就非常關鍵

了。很多國內企業都存在類似問題，早先的項目很成功，但是顧問公司的成功，而不是企業的成功。顧問公司一旦離開，企業的六西格瑪就難以為繼。

招行在上述關鍵問題上抓得很緊。招行專門成立了流程改進部門，以延續這一重大管理變革。在工具和方法層面，他們利用了JMP模板化項目管理和自動化分析功能，幫助新加入六西格瑪項目的分公司員工大大縮短培訓週期，使得複雜的六西格瑪分析工作變成點擊幾下鼠標就能得到的結果——將六西格瑪的原來面貌還原出來，也就是使用分析工具的人不必知道太多工具背後的原理。

與此同時，如何讓高層領導對業務狀況一目了然？管理層不會學統計，更不會瞭解業務細節，保持管理層對於項目的高度參與感和熱情就顯得非常重要。招行項目組成員在諮詢公司和JMP顧問的幫助下，開發了一套向領導匯報的報表展示系統。所有項目過程、結果和一些關鍵KPI，都可以自動分析和構建圖表，並通過電子郵件發送給相關管理人員。這種自動化系統使得領導對發生的一切問題都可以時時瞭解和把握。

在各大銀行越來越關注客戶滿意度和流程效率的今天，借助專業的六西格瑪管理哲學和方法論，幫助銀行提升流程能力和服務質量水準，正在成為越來越多銀行的選擇。希望這些源自西方的方法能夠在中國大地上生根發芽，幫助國內更多銀行提升業務水準，增強競爭能力，在激烈的競爭中走得更好。

資料來源：http://finance.baidu.com/2009-03-26/116064344.html。

討論題

1. 什麼是六西格瑪管理？如何推進六西格瑪管理？招商銀行實施六西格瑪管理對中國服務業質量管理有什麼啟示？

2. 六西格瑪管理與其他管理方法、體系的關係是什麼？

課後習題

1. 什麼是全面質量管理？試述全面質量管理的要求與基本過程。

2. 質量管理有哪些基本方法？檢查表、分層法、排列圖、因果圖、散布圖、直方圖、控制圖的主要用途是什麼？應用時的基本步驟是什麼？

3. ISO 9000：2008族有哪些核心標準？ISO 9001：2008標準與ISO 9004：2008標準的適用範圍有何不同？

4. 什麼是質量成本？質量成本的構成有哪些？如何優化質量成本？

第十三章　先進生產方式與管理模式

本章關鍵詞

準時生產（JIT）
大規模定制（Mass Customization）
約束理論（Theory of Constraints）
精益生產（Lean Production）
敏捷製造（Agile Manufacturing）

【開篇案例】　豐田生產方式

　　豐田汽車公司在2003年3月底結束的會計年度，獲利81.3億美元，比通用、克萊斯勒、福特3家公司的獲利總和還要高，同時也是過去10年所有汽車製造商中年度獲利最高者。該年度，豐田的淨利潤率比汽車業平均水準高8.3倍。

　　2003年，美國前三大汽車製造商的股價下跌，豐田汽車公司股份卻比2002年上漲了24%，截至2003年，豐田的市值為1,050億美元，比福特、通用、克萊斯勒3家汽車公司的市值總和還要高，這是非常驚人的數字。豐田汽車公司的資產報酬率比汽車業平均報酬率高出8倍。在過去25年，該公司年年呈現獲利，手中總是維持200億~300億美元的營運現金。

　　豐田長達數十年維持日本汽車製造商排名第一，但在北美地區運遠遠落後美國前三大龍頭，排名第四。不過，自2003年8月，豐田在北美地區的汽車銷售量首度進入前三名，把克萊斯勒擠下前三名寶座。由此顯示，豐田似乎最終還是能夠成為稱霸美國汽車市場前三大的常勝軍（2002年，豐田「凌志」車款在美國總計賣出180萬輛，其中120萬輛是在北美地區製造的；在美國汽車製造商尋找機會關閉工廠、降低在美國的產能、把生產基地移往海外的同時，豐田反而在美國快速擴張以提高新產能。

　　2003年，豐田汽車品牌在美國的銷售量超越過去100年在美國市場銷售量獨占鰲頭的兩大知名品牌——福特與雪佛蘭，其中，「凱美瑞」（Camry）車款是2003年美國小客車銷售量中排名第一者，在前面幾年也曾經五度奪冠，

「花冠」（Corolla）車款銷售量則在全球小型車市場領先。

豐田以製造小型、基本的交通工具聞名，但在10年間躍居豪華車市場龍頭之列，該公司於1989年推出「凌志」車款，到了2002年，已經連續3年在美國市場的銷售量超越寶馬（BMW）、凱迪拉克（Cadillac）、梅塞德斯－奔馳（Mercedes-Benz）。

豐田發明了「精益生產」（Lean Production），又名「豐田生產方式」（Toyota Production System，簡稱TPS），在過去10年帶動全球幾乎所有產業進行變革，採用豐田的製造與供應鏈的管理理念與方法。豐田生產方式是許多探討精益主題書籍的藍本，包括兩本暢銷書：《改變世界的企業經營體制：精益生產的故事》（Ten Machine That Changed the World: The Story of Lean Production），《精益思維》（Lean Thinking）。全球各地幾乎每個產業的公司都希望招攬豐田的員，以利用他們的專長。

豐田的產品發展流程是全世界最快速的，新客車與卡車的設計耗時不到12個月，而其他競爭者通常得花上2～3年。

豐田被全球各地事業夥伴與競爭者視為高品質、高生產力、製造速度與靈活彈性的典範。多年來，豐田製造的汽車一向被專業汽車研究機構J. D. Power公司及《消費者報告》（Consumer Reports）等期刊評選為最優品質之列。

討論題

1. 豐田生產方式的哲理和內涵是什麼？
2. 豐田生產方式的技術體系結構包含哪些內容？

第一節　準時生產與大規模定制

> 為了完全適應市場多品種需求，企業必須根據市場的需求來安排生產計劃，做到準時生產、及時滿足，即市場需要什麼產品就生產什麼產品，需要多少就造多少，這樣才能使企業達到高效運轉。
>
> 　　　　　　　　　　　　　　　　　　　　　　　　［日］豐田喜一郎

一、準時生產方式的含義

準時生產方式是日本豐田汽車公司所創立的一種先進的生產管理制度。準時生產是指在必要的時候，按必要的數量，生產必要的產品（零件、部件、

成品)。準時生產制是一種講求最大經濟效益的生產管理制度，它強調「準時」和「準量」，不單純追求高設備開工率、高勞動生產率和高產值。準時生產的出發點是不斷消除浪費，進行永無休止的改進。它的基本思想在於，嚴格按照市場需要生產產品，盡量縮短生產週期，壓縮在製品占用量，從而最大限度地節約資金、提高效率、降低成本、增加利潤。準時生產方式以其先進的管理思想和新穎的管理方法受到各國普遍的重視。

二、準時生產方式的實現

(一) 適時適量生產的實現

適時適量生產，是為了達到無庫存生產。為了實施適時適量生產首先需要致力於生產同步化，主要包括合理布置設備、縮短調整準備時間、調整生產節拍等。

為了實現準時生產，需要對車間進行重新布置整理，實行定置管理。每個工位都要有一個入口存放處和一個出口存放處。要依據所生產的產品和零件種類，將設備重新排列，使每個零件從投料、加工到完工都有一條明確的流動路線。零件存放到車間會帶來一些問題。如果零件雜亂無章地堆放，在需要時難以找到，就會造成生產中斷，甚至引起安全事故。因此，零件必須放在確定的位置上，並要用不同顏色做出明顯的標記。要及時消除一切不需要的東西，創造一個整潔的環境。

(二) 建立準時生產的製造單元

準時生產為了達到消滅庫存的目的，首先是「把庫房搬到廠房裡」，使問題明顯化。當工人看到他們加工的零件還沒有為下道工序所使用時，就不會盲目生產，也只是在看到哪種零件即將使用完時，才會自覺地生產。其次是不斷減少工序間的在製品庫存，「使庫房逐漸消失在廠房中」，以實現按準時生產方式生產。

對車間進行重新布置的一個重要內容，是建立準時生產的製造單元，建立了這樣的製造單元才能實現零件一個一個不停地流動。準時生產單元是按產品對象布置的。一個製造單元配備有種種不同的機床，可以完成一組相似零件的加工。準時制生產製造單元，有兩個明顯的特徵：一是在該製造單元內，零件是一個一個地經過各種機床加工的，而不是像一般製造單元那樣，一批一批地在機床上移動。在單元內，工人隨著零件走，從零件進入單元到加工後離開單元，始終是由一個工人操作。工人不是固定在某臺設備上，而是逐次操作多臺不同機器，這與一般的多機床操作不同。一般的多機床操作，通常是由一個工

人操作多臺相同的機器。二是準時生產的製造單元具有很大的柔性，它可以通過調整單元內的工人數量，使單元的生產率與整個生產系統保持一致。為了維持製造單元的生產率與產品裝配的生產率一致，保證同步生產，當生產率改變時，應調整製造單元的工人數量，從而保證勞動力得到合理的利用。

(三) 彈性配置作業人數的實現

　　JIT生產方式打破了過去實行的「定員制」，創造出了一種全新的「少人化」技術，來實現隨生產量而變化的彈性作業人數配置。「少人化」技術旨在通過削減人員來提高生產率和降低成本。

　　所謂「少人化」是指根據生產量的變動，彈性地增減各生產線的作業人數，以及盡量用較少的人力完成較多的生產。「少人化」是通過如下兩條途徑達到降低成本的目的：一是按照每月生產量的變動，彈性增減各生產線以及作業工序的作業人數，保持合理的作業人數，從而通過排除多餘人員來實現成本的降低；二是通過不斷地減少原有的作業人數來實現成本降低。

　　實現「少人化」是當生產量增加時，作業人員也增加；更重要的是，當生產量減少時，能夠將作業人數減少。同時，即使生產量沒有變化，但通過改善作業能減少人員，就能夠提高勞動生產率，從而達到降低成本的目的。

　　實現上述的「少人化」的主要途徑有聯合U型設備布置；培育訓練有素和具有多項技能的「多面手」；經常審核和定期修改標準作業組合。

(四) 質量保證的實現

　　在準時生產中，當需要一件生產一件時，如果某道工序出現廢品，則後續工序將沒有輸入，立即會停工，先前的每道工序都必須補充生產一件，這樣就會完全打亂生產節拍。要實現準時制生產，必須消滅廢品。

　　傳統的質量管理方法，主要是依靠事後把關來保證質量的。全面質量管理強調事前預防不合格品的產生，要從操作者、機器、工具、材料和工藝過程等方面保證不出現不合格品。強調開始就把必要的工作做正確，從根本上保證質量。準時生產方式，使全面質量管理的思想更具有可操作性。它使「必要的工作」這一模糊的概念變得十分清楚，大大提高了質量管理的有效性。「必要的工作」是指那些增加價值的活動。不增加價值的活動是應該消除的，把不增加價值的工作做得再正確也是沒有必要的，只是一種浪費。使質量管理工作從事後把關變成事先預防要經過三個步驟：正確地規定質量標準、使工藝過程得到控制和維持這種控制。產品是為用戶所用的，產品能夠滿足用戶的需要，才達到了質量標準。因此，應該將用戶的要求做出明確規定，將其作為產品質量的標準。

要使工藝過程得到控制，需要做好兩件事：一是操作工人的參與；二是要解決問題。操作工人的參與，對於工序質量控制至關重要。工人在操作過程中，要收集必要的數據，以發現問題，實行自檢。解決問題要採取正確的方式，找出影響質量的根本原因。找出根本原因的標準，主要看問題是否重複出現。如果沒找到根本原因，不能採取措施消除產生這種質量問題的根本原因，則這種質量問題一定會再現。一旦工藝過程處於控制狀態，就要維持這種狀態，才能保證質量。維持控制狀態可以採用三種方法：操作者更多的參與、統計過程的控制和防錯。要使操作工人參加維持控制狀態的活動，一是要使他們瞭解下道工序的要求；二是要有反饋機制，通過控制圖使工人瞭解工藝過程是否處於控制狀態；三是要使工人懂得如何採取行動，糾正所出現的偏差。

三、大規模定制的含義及特點

大規模定制是指既具有大批量生產方式下的高效率、低成本，又能像定制生產方式那樣滿足顧客個性需求的一種全新生產模式。大規模生產方式之所以可以存在，是人們對產品功能的需求儘管有差別，但也有共性。這種差別需求與共性需求分佈在產品的各個生命週期階段，因此需要從本質上分清顧客的需求分佈在哪個階段。大規模定制往往將定制化環節盡可能向生產過程的下游移動，以減少為滿足定制化的特殊需求而增加設計、製造及裝配等環節的各項費用。

四、大規模定制的實施

（一）樹立以顧客滿意為中心的經營理念

實施大規模定制，需要企業真正建立顧客至上的經營理念，時刻考慮顧客的個性化需求，將全面顧客滿意作為自己的經營目標。當然，企業在考慮外部客戶需求的同時，還要考慮企業自身的生產經營成本。總之，需要經營者建立大規模定制和經營成本兼顧的理念，選擇適合自己企業的大規模定制生產方式。

（二）客戶需求的採集

在大規模定制生產中，需要採集客戶的以下信息，如客戶的身分；客戶對所提供的可選菜單的選擇；物理性的測量以及客戶對模型的反應；而採集客戶的信息比較困難。主要是客戶往往不知道自己的真正需求；而且為客戶提供可選菜單也並非易事。

（三）生產流程的柔性設計

生產流程的柔性設計包括模塊化設計、精益生產、信息技術以及數控製造

設備的使用。

(四) 物流的支持

物流是困擾大規模定制的一個難題，電子物流的發展將會使得物流技術越來越適合大規模定制的需求。因此，企業需要充分利用第三方物流企業的資源。

(五) 建立良好的技術支撐體系

企業可以利用計算機和信息網絡技術與客戶建立更為直接和密切的聯繫，從而有利於客戶與的溝通，顧客參與設計也變得更容易。各種先進的加工方法和柔性的製造技術使得大規模定制滿足客戶的特有需求更加方便。信息技術的發展使得企業內部以及企業與企業之間的溝通、協調和合作得到進一步加強，從而使所有這些內外合作夥伴在產品全生產週期中共同滿足客戶的需求。

第二節　約束理論

以色列物理學家高德拉特於20世紀80年代在他的小說《目標》中提出了約束理論。該書描述了一位廠長應用約束理論在短時間內將工廠扭虧為盈的故事。

一、約束理論的基本思想

約束理論的一個重要觀點是任何一個系統的強度取決於其中最弱的一環，而不是其最強的一環。如果我們把企業看成一個鏈條，想達到企業目標就必須從最弱的一環，也就是從瓶頸或約束的一環開始改善。換句話說，如果這個約束決定一個企業目標的效率，那麼我們必須從克服該約束入手，才可以在短時間內提高效率。

約束理論的方法是使約束工序百分之百滿負荷工作，同時通過零件流全程同步化使零件流動速度與瓶頸工序生產效率相匹配並使在製品庫存最少。

二、約束理論的九條原則

約束理論主要在於找出瓶頸工序，使其資源充分利用，同時合理安排非瓶頸資源配置使之與瓶頸生產率保持同步。為此，高德拉特提出了九條原則：

(1) 平衡生產過程的物流，而非平衡生產能力。

(2) 非瓶頸工序生產率由系統內其他因素決定而非本身生產能力決定。

（3）資源的效用不等於資源的使用。
（4）瓶頸工序應達到最大生產率。
（5）在非瓶頸工序上節約時間沒有意義。
（6）瓶頸工序決定著產出率和庫存水準。
（7）零件運輸批量不應與加工批量相同。
（8）零件的加工批量應隨需要量而調整。
（9）編製作業計劃時應同時考慮系統內所有的約束因素。

三、約束理論的實現

為了實現系統改進，約束理論提出了一套持續改進的方法。
（1）找出約束。約束存在的方面主要有原材料、零配件供應方面，設備生產能力與人力資源方面，工藝流程方面，環境與市場方面以及經營策略方面等。
（2）最大限度地提高瓶頸利用率。盡量讓瓶頸滿負荷工作，以增加整個系統的有效產出。
（3）按瓶頸的節奏安排企業的所有其他活動。實現系統其他部分與瓶頸同步。
（4）打破舊瓶頸，逐步採取措施提高瓶頸的生產能力。
（5）循環改進，持續提高。

第三節　精益生產

一、精益生產的產生及其基本思想

精益生產是一種生產管理哲理，它的基本目標是尋求消除企業生產活動各方面浪費的原因，包括員工關係、供應商關係、技術水準及原材料、庫存的管理。精益生產方式與大量生產方式的最終目標是不同的。大量生產的工廠要求自己的產品「足夠好」，它容忍相當龐大的庫存量，認為要求過高是人力所不能及的。而精益生產是通過協力工作與溝通，不斷改進，消除對資源的浪費。

根據麻省理工學院汽車項目組的對比調查研究，採用精益生產方式的日本企業以及其他國家的一些企業，與採用大量生產方式的企業相比，在精益生產中：

（1）所需人力資源無論是在產品開發、生產系統還是工廠的其他部門，

與大量生產方式下的工廠相比，均能減至 1/2。

(2) 新產品開發週期可減至或 1/2 或 2/3。

(3) 生產過程中的在製品庫存可減至大量生產方式下一般水準的 1/10。

(4) 工廠占用空間可減至採用大量生產方式工廠的 1/2。

(5) 成品庫存可減至大量生產方式下工廠平均庫存的 1/4。

(6) 產品質量可提高 3 倍。

由此可見，精益生產既是一種原理，又是一種新的生產方式。它所強調的徹底排除浪費以及不斷改進等思想都具有普遍意義。

二、精益生產的主要內容

精益生產是對準時生產方式的進一步提煉和理論總結，是一種擴大了的生產管理、生產方式的概念和理論。其主要內容可概括如下：

(1) 在生產管理方面，以作業現場具有多種技能的工人和獨特的設備配置為基礎，將質量控制融入到每一道生產工序中去。在零部件供應系統方面，在運用競爭原理的同時，與零部件供應廠家保持長期穩定的全面合作關係。進一步地，通過管理信息系統的支持，使零部件供應廠家也共享企業的生產管理信息，從而保證及時、準確地交貨。

(2) 在流通方面，與顧客以及零售商、批發商建立一種長期的關係，使來自顧客和零售商或批發商的訂貨與工廠的生產系統直接掛勾，銷售成為生產活動的起點；極力減少流通環節的庫存，並使銷售和服務機能緊密結合，以迅速、周到的服務來最大限度地滿足顧客的需要。

(3) 在新產品研發方面，以並行工程和團隊工作方式為研究開發隊伍的主要組織形式和工作方式，以「主查」負責制為領導方式。在一系列開發過程中，強調產品開發、設計、工藝、製造等不同部門之間的信息溝通和同時並行開發。這種並行開發還擴大至零部件供應廠家，充分利用它們的開發能力，促使它們從早期開始參加開發，由此而大大縮短開發週期和降低成本。

(4) 在人力資源管理上面，形成一套勞資互惠的管理體制，通過小組、提案制度、團隊工作方式、目標管理等一系列具體方法，調動和鼓勵職工進行「創造性思考」的積極性，並注重培養和訓練工人以及各級管理人員的多方面技能，最大限度地發揮和利用企業組織中每一個人的潛在能力，由此提高職工的工作熱情和工作興趣。

第四節 敏捷製造

一、敏捷製造的含義及特點

敏捷製造是美國為重振其在製造業中的領導地位而提出的一種新的製造模式。它的特點可概括為：將先進的柔性生產技術，有技術、有知識的高素質人員與靈活的動態管理集成在一起，著眼於獲取企業的長期經濟效益；通過所建立的共同基礎結構，對迅速改變的市場需求和用戶做出靈敏和有效的回應。

具體地講，它具有以下幾個特點：

（1）快速滿足用戶需求。從產品開發到產品生產週期的全過程，敏捷製造採用柔性化、模塊化的產品設計方法和可重組的工藝設備，使產品的功能和性能可根據用戶的具體需要進行改變，從而大大縮短交付週期。

（2）靈活的管理結構。虛擬公司是敏捷製造再管理上提出的創新思想之一，是一種利用信息技術打破時空阻隔的新型企業組織形式。它能把與任務項目有關的各領域的優勢集中起來。當既定任務一旦完成，公司即行解體；當出現新的市場機會時，再重新組建新的虛擬公司。虛擬公司這種動態管理結構，大大縮短了產品交付週期。

多功能團隊形式是敏捷製造企業具有的高度柔性的動態組織結構。根據任務的不同，請供應者和用戶參加團隊，充分利用各種資源。

（3）建立新型的標準基礎結構，實現技術、管理和人的集成。敏捷製造企業需要充分利用分佈在各地的各種資源，要把這些資源集中在一起，以及把企業中的生產技術、管理和人集成到一個相互協調的系統中，必須建立新的標準基礎結構來支持這一集成。這些標準基礎結構包括大範圍的通信基礎結構、信息交換標準等的硬件和軟件。

（4）充分發揮人的積極作用。敏捷製造提倡以人為中心的管理。強調用分散決策代替集中控制，用協商機制代替遞階控制機制。敏捷製造把不斷對人進行教育、提高人員素質看成是企業管理層應該積極支持的一項長期任務，積極探索和實施激勵人的主動性和創造性的措施，為他們的發明和合理化建議能夠實現創造條件。

二、敏捷製造模式的實施

國內外眾多的經驗證明，先進的製造技術必須在與之相匹配的製造模式裡

才能充分發揮作用。敏捷製造是一種大量生產時代之後的製造產品、分配產品和提供服務的製造模式。在國外，敏捷製造被定義為能在不可預測的持續變化的競爭環境中取得繁榮成長，並具有能對由顧客需求的產品和服務驅動的市場做出迅速回應的能力。

（1）員工培訓。將繼續教育放在實現敏捷製造的首位，高度重視並盡可能創造條件使員工獲得最新的信息和技術。有知識和技術的人員是敏捷製造企業中唯一寶貴的財富。

（2）虛擬企業的組成和工作。從競爭走向合作，從相互保密走向信息交流，以全球通信網絡為基礎，在網絡中實現合作關係並實施敏捷製造。

（3）計算機技術和人工智能的廣泛應用。未來製造業中強調人的作用，但卻絲毫沒有貶低技術的作用。計算機輔助設計、仿真與模擬技術都應在敏捷製造中發揮重要作用。

（4）方法論的指導。方法論是在實現某一目標時所需要使用的一整套方法的集合。企業的整體集成對於每個時期、每項具體任務都應有明確的規定和指導方法。這能幫我們少走彎路。

（5）美化環境。美化環境不僅是企業範圍內的美化，而且是對廢棄物的再利用或妥善處理。

（6）標準和法規的規範與建設。目前產品和生產過程的各種標準還不統一，這對企業、對企業間合作、對用戶都不利。因此，有必要強化規範與建設標準化和法規工作。

（7）組織實踐。外部形式的改變必然要求企業內部進行變革。這就需要領導組織變革、引進新技術、進行與其他企業的新合作。只有這樣，才能推動企業的長遠發展。

第五節　全球化生產營運管理模式展望

一、全球化國際市場的競爭特點

經濟全球化趨勢日益明顯，而且進程正在加快。科學技術的進步無疑加速了經濟全球化的進程。各個企業面對的將是日益激烈甚至可以說是殘酷的市場競爭。

與嚴峻的市場環境相呼應的是市場競爭的特點也在不斷變化。認清競爭因素的變化對企業來說有著非常重要的意義。

在新的競爭形勢下，隨著消費者需求的多樣化發展，企業的研發能力在不斷提高，產品的研發週期越來越短，與此對應的是產品的壽命週期也在不斷縮短。消費者需求的多樣化發展也直接導致了產品品種數量的飛速膨脹。

隨著市場競爭的加劇，經濟活動的節奏越來越快，這使得客戶對產品和服務的質量要求逐漸提高，對交貨的時間要求也越來越高。

二、生產營運管理模式的新挑戰

隨著全球國際市場的發展，特備是信息技術突飛猛進的發展和普及，一方面為生產營運管理增添了新的有力手段，使生產營運管理的研究內容更加豐富，體系更加完善；另一方面也使生產營運管理面臨新的挑戰。具體表現在以下幾個方面：

（1）目前的生產營運管理範圍已從傳統製造業擴散到非製造業，但這方面的研究還只僅僅局限在非製造業營運過程的組織和設計上，有些方法操作性並不強。第三產業的發展壯大要求學術界與企業聯手加大對服務業營運管理的研究與實踐，使生產營運管理理論體系不斷完善。

（2）生產營運管理已不再局限於生產過程的設計、組織與控制，而是包括生產營運戰略的制定、生產營運系統設計與運行等多個層次內容。如何把這些環節組合成一個完整的價值鏈並對其進行組合管理，將成為未來生產營運管理研究的重點。

（3）信息技術的應用與管理組織結構和管理方法的結合已成為一個重要的研究內容。

（4）生產方式的逐漸轉變、全球經濟一體化趨勢的加劇、管理的集成難度的加大，都對生產營運管理提出了新的要求。

三、全球化生產營運管理模式展望

（1）在生產方式方面，隨著客戶個性化、多樣化需求的日益發展，生產方式逐漸從少品種、大批量向多品種、小批量的定制方式轉變。中國企業應積極創造條件，加快吸收國外的先進生產技術方法。

（2）在管理手段方面，要由手工管理轉變為計算機管理，在這方面中國企業相對落後。需要企業實行管理工作的程序化、管理業務的標準化、報表文件的統一化、數據資料的規範化，為有效實施計算機管理打下基礎。

（3）在管理模式方面，認真學習國外先進的管理經驗，分析企業存在的問題，並結合企業的實際狀況建立與之相適應的生產經營綜合管理模式，同時

合理選擇戰略合作夥伴，借助其他資源以形成有效的供應鏈。

（4）在庫存管理方面，逐漸實行需求牽引的庫存管理方式。通過有效的計劃控制和全企業的同步化均衡生產的協調，使庫存大量減少，從而給產品的質量管理、成本管理、勞動生產率、對市場的反應能力等方面帶來更好的影響。

課後習題

1. 精益生產的內容主要包括哪些方面？
2. 大批量定製與傳統的大批量生產有什麼區別？
3. 敏捷製造的基本特徵是什麼？
4. 未來的生產營運管理模式有何發展趨勢？
5. 闡述未來生產管理人員在企業管理中的地位變化趨勢。
6. 如何從根本上保證產品的質量？
7. 你從精益生產方式得到了哪些啟示？

國家圖書館出版品預行編目（CIP）資料

營運管理（第三版）/ 李震, 王波　主編. -- 第三版.
-- 臺北市：崧博出版：崧燁文化發行, 2019.04
　　面；　公分
POD版

ISBN 978-957-735-786-1（平裝）

1.企業管理 2.生產管理

494　　　　　　　　　　　　108005530

書　　　名：營運管理(第三版)
作　　　者：李震、王波 主編
發 行 人：黃振庭
出 版 者：崧博出版事業有限公司
發 行 者：崧燁文化事業有限公司
E - m a i l：sonbookservice@gmail.com
粉絲頁：　　　　　　　網址：
地　　　址：台北市中正區重慶南路一段六十一號八樓 815 室
8F.-815, No.61, Sec. 1, Chongqing S. Rd., Zhongzheng
Dist., Taipei City 100, Taiwan (R.O.C.)
電　　　話：(02)2370-3310　傳　真：(02) 2370-3210

總 經 銷：紅螞蟻圖書有限公司
地　　　址: 台北市內湖區舊宗路二段 121 巷 19 號
電　　　話:02-2795-3656　傳真:02-2795-4100　網址：

印　　　刷：京峯彩色印刷有限公司（京峰數位）

　　本書版權為西南財經大學出版社所有授權崧博出版事業股份有限公司獨家發行電子
　　書及繁體書繁體字版。若有其他相關權利及授權需求請與本公司聯繫。

定　　　價：550 元
發行日期：2019 年 04 月第三版
◎ 本書以 POD 印製發行